中国安装工程关键技术系列丛书

水务环保工程关键技术

中建安装集团有限公司　编写

中国建筑工业出版社

图书在版编目（CIP）数据

水务环保工程关键技术 / 中建安装集团有限公司编写. — 北京：中国建筑工业出版社，2020.12

（中国安装工程关键技术系列丛书）

ISBN 978-7-112-25760-7

Ⅰ．①水…　Ⅱ．①中…　Ⅲ．①水环境-环境保护-设备安装　Ⅳ．①X143

中国版本图书馆 CIP 数据核字（2020）第 256195 号

本书重点从水工构筑物关键施工技术、管线工程关键施工技术、设备安装与调试关键技术、流域水环境综合治理关键技术、生活垃圾焚烧发电工程关键施工技术等方面，系统梳理并筛选提炼水务环保工程的关键技术，以期进一步促进企业科技成果的推广应用，提升企业技术水平。本书的内容可以为环保水务工程建设同行提供借鉴与参考，对我国水务环保工程建设有所帮助。

责任编辑：张　磊

文字编辑：高　悦

责任校对：张　颖

中国安装工程关键技术系列丛书

水务环保工程关键技术

中建安装集团有限公司　编写

*

中国建筑工业出版社出版、发行（北京海淀三里河路9号）

各地新华书店、建筑书店经销

北京鸿文瀚海文化传媒有限公司制版

临西县阅读时光印刷有限公司印刷

*

开本：880毫米×1230毫米　1/16　印张：17¾　字数：544千字

2021年6月第一版　2021年6月第一次印刷

定价：**198.00**元

ISBN 978-7-112-25760-7

（36751）

把专业做到极致

以创新增添动力

靠品牌赢得未来

——摘自 2019 年 11 月 25 日中建集团党组书记、董事长周乃翔在中建安装调研会上的讲话

丛书编写委员会

主　任：田　强

副主任：周世林

委　员：相咸高　陈德峰　尹秀萍　刘福建　赵喜顺　车玉敏
　　　　秦培红　孙庆军　吴承贵　刘文建　项兴元

主　编：刘福建

副主编：陈建定　陈洪兴　朱忆宁　徐义明　吴聚龙　贺启明
　　　　徐艳红　王宏杰　陈　静

编　委：（以下按姓氏笔画排序）
　　　　王少华　王运杰　王高照　刘　景　刘长沙　刘咏梅
　　　　严文荣　李　乐　李德鹏　宋志红　陈永昌　周宝贵
　　　　秦凤祥　夏　凡　倪琪昌　黄云国　黄益平　梁　刚
　　　　樊现超

本书编写委员会

主　编：夏　凡

副主编：朱国平　王运杰　黄益平

编　委：（以下按姓氏笔画排序）

王　川　王希龙　毛东辉　刘　帅　刘　玮　刘　杰
刘延涛　齐笑章　许维宗　孙玮晨　李　宁　李　浩
李双涛　李宝科　李树民　李德鹏　杨中俊　豆　浩
陈　星　陈　豪　张小峰　张保龙　张艳芳　张继财
张鹏飞　罗能星　侍山坤　金　刚　郑　阳　房锦楼
赵振强　胡承军　施发杰　姜昌强　秦钜成　袁　灯
倪娇娇　倪嵩波　徐　渠　高世贵　黄晶晶　梁为超
虞海涛　熊　炜　戴林宏

序

改革开放以来，我国建筑业迅猛发展，建造能力不断增强，产业规模不断扩大，为推进我国经济发展和城乡建设，改善人民群众生产生活条件，做出了历史性贡献。随着我国经济由高速增长阶段转向高质量发展阶段，建筑业作为传统行业，对投资拉动、规模增长的依赖度还比较大，与供给侧结构性改革要求的差距还不小，对瞬息万变的国际国内形势的适应能力还不强。在新形势下，如何寻找自身的发展"蓝海"，谋划自己的未来之路，实现工程建设行业的高质量发展，是摆在全行业面前重要而紧迫的课题。

"十三五"以来，中建安装在长期历史积淀的基础上，与时俱进，坚持走专业化、差异化发展之路，着力推进企业的品质建设、创新驱动和转型升级，将专业做到极致，以创新增添动力，靠品牌赢得未来，致力成为"行业领先、国际一流"的最具竞争力的专业化集团公司、成为支撑中建集团全产业链发展的一体化运营服务商。

坚持品质建设。立足于企业自身，持续加强工程品质建设，以提高供给质量标准为主攻方向，强化和突出建筑的"产品"属性，大力发扬工匠精神，打造匠心产品；坚持安全第一、质量至上、效益优先，勤练内功、夯实基础，强化项目精细化管理，提高企业管理效率，实现降本增效，增强企业市场竞争能力。

坚持创新驱动。创新是企业永续经营的一大法宝，建筑企业作为完全竞争性的市场主体，必须锐意进取，不断进行技术创新、管理创新、模式创新和机制创新，才能立于不败之地。紧抓新一轮科技革命和产业变革这一重大历史机遇，积极推进 BIM、大数据、云计算、物联网、人工智能等新一代信息技术与建筑业的融合发展，推进建筑工业化、数字化和智能化升级，加快建造方式转变，推动企业高质量发展。

坚持转型升级。从传统的按图施工的承建商向综合建设服务商转变，不仅要提供产品，更要做好服务，将安全性、功能性、舒适性及美观性的客户需求和个性化的用户体验贯穿在项目建造的全过程，通过自身角色定位的转型升级，紧跟市场步伐，增强企业可持续发展能力。

中建安装组织编纂出版《中国安装工程关键技术系列丛书》，对企业长期积淀的关键技术进行系统梳理与总结，进一步凝练提升和固化成果，推动企业持续提升科技创新水平，支撑企业转型升级和高质量发展。同时，也期望能以书为媒，抛砖引玉，促进安装行业的技术交流与进步。

本系列丛书是中建安装广大工程技术人员的智慧结晶，也是中建安装专业化发展的见证。祝贺本系列丛书顺利出版发行。

中建安装党委书记、董事长

2020 年 12 月

丛书前言

《国民经济行业分类与代码》GB/T 4754—2017 将建筑业划分为房屋建筑业、土木工程建筑业、建筑安装业、建筑装饰装修业等四大类别。安装行业覆盖石油、化工、冶金、电力、核电、建筑、交通、农业、林业等众多领域，主要承担各类管道、机械设备和装置的安装任务，直接为生产及生活提供必要的条件，是建设与生产的重要纽带，是赋予产品、生产设施、建筑等生命和灵魂的活动。在我国工业化、城镇化建设的快速发展进程中，安装行业在国民经济建设的各个领域发挥着积极的重要作用。

中建安装集团有限公司（简称中建安装）在长期的专业化、差异化发展过程中，始终坚持科技创新驱动发展，坚守"品质保障、价值创造"核心价值观，相继承建了 400 余项国内外重点工程，在建筑机电、石油化工、油气储备、市政水务、城市轨道交通、电子信息、特色装备制造等领域，形成了一系列具有专业特色的优势建造技术，打造了一大批"高、大、精、尖"优质工程，有力支撑了企业经营发展，也为安装行业的发展做出了应有贡献。

在"十三五"收官、"十四五"起航之际，中建安装秉持"将专业做到极致"的理念，依托自身特色优势领域，系统梳理总结典型工程及关键技术成果，组织编纂出版《中国安装工程关键技术系列丛书》，旨在促进企业科技成果的推广应用，进一步培育企业专业特色技术优势，同时为广大安装同行提供借鉴与参考，为安装行业技术交流和进步尽绵薄之力。

本系列丛书共分八册，包含《超高层建筑机电工程关键技术》、《大型公共建筑机电工程关键技术》、《石化装置一体化建造关键技术》、《大型储运工程关键技术》、《特色装备制造关键技术》、《城市轨道交通站后工程关键技术》、《水务环保工程关键技术》、《机电工程数字化建造关键技术》。

《超高层建筑机电工程关键技术》：以广州新电视塔、深圳平安金融中心、北京中信大厦（中国尊）、上海环球金融中心、长沙国际金融中心、青岛海天中心等 18 个典型工程为依托，从机电工程专业技术、垂直运输技术、竖井管道施工技术、减震降噪施工技术、机电系统调试技术、临永结合施工技术、绿色节能技术等七个方面，共编纂收录 57 项关键施工技术。

《大型公共建筑机电工程关键技术》：以深圳国际会展中心、西安丝路会议中心、江苏大剧院、常州现代传媒中心、苏州湾文化中心、南京牛首山佛顶宫、上海迪士尼等 24 个典型工程为依托，从专业施工技术、特色施工技术、调试技术、绿色节能技术等四个方面，共编纂收录 48 项关键施工技术。

《石化装置一体化建造关键技术》：从石化工艺及设计、大型设备起重运输、石化设备安装、管道安装、电气仪表及系统调试、检测分析、石化工程智能建造等七个方面，共编纂收录 65 项关键技术和 24 个典型工程。

《大型储运工程关键技术》：从大型储罐施工技术、低温储罐施工技术、球形储罐施工技术、特殊类别储运工程施工技术、储罐工程施工非标设备制作安装技术、储罐焊接施工技术、油品储运管道施工技术、油品码头设备安装施工技术、检验检测及热处理技术、储罐工程电气仪表调试技术等十个方面，共编纂收录 63 项关键技术和 39 个典型工程。

《特色装备制造关键技术》：从压力容器制造、风电塔筒制作、特殊钢结构制作等三个方面，共编纂收录 25 项关键技术和 58 个典型工程。

《城市轨道交通站后工程关键技术》：从轨道工程、牵引供电工程、接触网工程、通信工程、信号工程、车站机电工程、综合监控系统调试、特殊设备以及信息化管理平台等九个方面，编纂收录城市轨道交通站后工程的 44 项关键技术和 10 个典型工程。

《水务环保工程关键技术》：按照净水、生活污水处理、工业废水处理、流域水环境综合治理、污泥处置、生活垃圾处理等六类水务环保工程，从水工构筑物关键施工技术、管线工程关键施工技术、设备安装与调试关键技术、流域水环境综合治理关键技术、生活垃圾焚烧发电工程关键施工技术等五个方面，共编纂收录 51 项关键技术和 27 个典型工程。

《机电工程数字化建造关键技术》：从建筑机电工程的标准化设计、模块化建造、智慧化管理、可视化运维等方面，结合典型工程应用案例，系统梳理机电工程数字化建造关键技术。

在系列丛书编纂过程中得到中建安装领导的大力支持和诸多专家的帮助与指导，在此一并致谢。本次编纂力求内容充实、实用、指导性强，但安装工程建设内容量大面广，丛书内容无法全面覆盖；同时由于水平和时间有限，丛书不足之处在所难免，还望广大读者批评指正。

前　言

　　自 20 世纪 60 年代中后期以来，随着我国工业化、城镇化的快速发展，生态环境污染和自然资源破坏等问题日益成为国家经济和社会可持续发展的严重制约。习近平总书记一直高度重视生态环境保护，十八大以来多次对生态文明建设作出重要指示，明确指出，"绝不能以牺牲生态环境为代价换取经济的一时发展"，提出"既要金山银山，又要绿水青山""绿水青山就是金山银山"，党中央、国务院也相继出台了一系列政策以加强生态环境保护。在保护生态环境、建设美丽中国的理念下，污染防治攻坚战深入开展，庞大的环保市场空间持续释放。

　　中建安装集团有限公司（简称"中建安装"）紧抓水务环保行业市场发展机遇，已累计承建近百个水务环保项目，日处理水量达到 1500 余万吨。在城市供水、生活污水处理、工业废水处理、流域水环境治理、固废处理及资源化利用等领域积累了丰富的工程建造和调试运行的能力与经验，总结形成了一系列成套施工技术。尤其是 2018 年至今，已相继承接多个水务环保 EPC（Engineering Procurement Constrction，工程总承包）工程，积极推动企业转型升级发展，充分履行央企责任担当。

　　在城市供水领域，徐州市骆马湖水源地及第二地面水厂工程应用叠池净水系统，有效减少了占地面积，简化和节约了原独立构筑物之间复杂的输水管道及各种线缆；句容市长江引水暨城区水厂、下蜀水厂工程构建以长江水源、水库水源为主，区域供水作为补充的多水源供水格局，实现"江库联动，近远结合"，打造全系统、全周期智慧水务工程的典范；厄瓜多尔圣埃伦娜水利工程将安全、绿色、节能、智慧等理念融入项目中，并带动了中国标准、设备、材料走出国门。

　　在污水工程领域，西安市第三污水处理厂扩容 EPC 工程为国内首座全地下式污水厂，项目结构复杂，施工难度高；张家港保税区胜科新生水有限公司污水再生利用 EPC 工程作为污水零排江的试点，对我国工业园区的污水综合治理和再生利用起到引领示范作用；杭州市七格污水处理厂项目处理单元集成度高、环环相扣，水池深埋地下，极大节约了城市土地。

　　在工业废水领域，承建了"徐州大晶圆工业污水处理厂""绍兴滨海印染产业集聚区污水深度处理工程""新疆天雨煤化工集团有限公司 500 万 t/年煤分质清洁高效综合利用项目"等多项 EPC 工业废水处理项目，并围绕高含盐废水、高酚氨废水、印染废水、光伏园区废水等开展工艺及关键装备技术研究，通过研发与工程项目的结合，更增强了企业在该领域深耕的信心。

　　在水环境综合治理领域，形成了包括市政管网清淤疏通、尾水处理、小微水体截污及补水活水、新型水体原位曝气充氧、底泥生物清淤、水质净化等内容的水体生态整治和修复的综合技术，并在"南京市浦口区城南河等河道消除劣 V 类水体水质提升总承包工程"

　　"南山区小微水体综合治理兜底工程"中综合运用物联网、大数据、GIS 等先进技术，构建智慧流域运营平台，实现全局统筹智能控制优化，对流域水环境综合治理行业的发展起到了较好的推动作用。

　　同时，积极拓展固废治理及资源化利用市场，相继承建了"乐昌市循环经济环保园垃圾焚烧发电项目""禹城市生活垃圾焚烧发电项目""博乐市生活垃圾焚烧发电项目"等项目，总结形成了多项关键建造技术，充分保障了施工安全和工程质量。

　　中建安装以承建的典型工程为依托，基于多年来在水务环保项目中的工程建设管理、科技创新与技术集成应用方面的成果总结，组织编写出版《水务环保工程关键技术》，作为中国安装工程关键技术系列丛书之一。本书重点从水工构筑物关键施工技术、管线工程关键施工技术、设备安装与调试关键技术、流域水环境综合治理关键技术、生活垃圾焚烧发电工程关键施工技术等方面，系统梳理并筛选提炼水务环保工程的关键技术，以期进一步促进企业科技成果的推广应用，提升企业技术水平；同时希望本书的内容为水务环保工程建设同行提供借鉴与参考，对我国水务环保工程建设有所帮助。环保监管趋严必将催生更大市场，中建安装将进一步加大技术研发和总结推广力度，不断提升服务质量和管理水平，加强行业交流与合作，共同促进水务环保产业可持续发展，为响应国家政策、创建和谐社会做出新的贡献。

　　本书在编写过程中参考以及引用了部分文献资料，并邀请行业、企业专家对本书稿进行了审阅。在此，谨对参考文献的原作者和对本书提出宝贵意见和建议的行业、企业专家表示衷心的感谢。由于本书的编写者以工程一线的建设管理人员为主，理论功底不够丰富，系统性、科学性、创新性有待进一步提高，书中不当甚至谬误之处在所难免，期望读者批评指正并提出宝贵意见，帮助我们把工作做得更好。

目　录

第 1 章

概　述

生态文明建设是我国的基本国策。水务环保行业包含城镇水资源供应、生活污水及工业废水处理、水环境整治、生活垃圾与固废资源化利用等领域，作为民生基础性项目，对保障国民经济稳定发展和改善人民生活环境具有重要意义。

1.1　水务环保行业现状

1. 行业类型与特点

我国正处在经济社会发展的战略转型期，绿色发展成为了新的发展理念，节能环保产业被列为国家战略性新兴产业[1]。作为节能环保产业的主要内容，水务环保行业近年来在一系列政策红利的推动下取得了快速发展。水务环保行业涉及的领域较广，不仅包括城镇水资源供应、生活污水及工业废水处理、水环境整治，也涉及生活垃圾及固废资源化利用等。

（1）城镇水资源供应

城市供水系统通常包括城市取水工程、净水工程和输配水工程。除此之外，还包括在特殊情况下为蓄、引城市水源所筑的水闸、堤坝等设施，其主要功能为取用水源水。城市供水水源分为地下水和地表水。地下水是指埋藏在地表下岩隙、孔隙或溶洞等含水层介质中储存运移的水体；地表水主要是指江河、湖泊、蓄水库等中的水。城市供水系统必须以满足国民经济工业、民用安全用水需求为目标，结合水源情况、供水管网、净水厂之间各个环节的联动配合，进行全过程的用水安全保障，并通过节能和智慧化信息系统保证用水的智能供应、便捷和节能化需求。

（2）城镇污水处理

城镇污水以洗涤污水和排泄物等为主。城镇污水主要来自于住宅、商业、城市公用设施等排放的生活污水。污水中的主要污染物有动植物油、悬浮物、碳水化合物、蛋白质、表面活性剂、氮和磷的化合物、微生物等，这些有机污染物一般较易生物降解，可生化性 BOD/COD 值达到 0.5～0.6，且含有氮磷等营养物质，为生物提供良好的生长环境。城镇污水经污水处理厂集中处理后回用或达标排放，污泥通过减容、减量、稳定及无害化处理后，可用于堆肥、焚烧、填埋或资源化利用。

（3）工业废水处理

工业废水是指工业生产过程中产生的废水和废液，通常将工业废水简单的区分为有机废水和无机废水。实际上，某一工业生产企业可排出多种不同性质的废水，而同一废水又有不同的污染物和污染效应，即便是一套生产装置排出的废水也可能同时含有多种污染物。

工业废水来源于冶金、造纸、炼焦煤气、纺织印染、制革、农药化肥生产等行业，污染物包括酸性废水、碱性废水、含酚废水、含镉废水、含铬废水、含锌废水、含汞废水、含氟废水、含有机磷废水、含放射性废水等，由于工业废水中常含有多种有毒物质，不仅污染环境，对人类健康也有较大危害，需根据废水中污染物成分和浓度，采取相应的净化措施进行处置后方可排放。

工业废水的处理虽然早在 19 世纪末已经开始，并且在随后的半个世纪进行了大量的试验研究和生产实践，但是由于工业废水成分复杂、性质多变，处理技术仍存在缺陷。我国在 10 多年前开始工业废水的治理，并不断加大投入，大部分工业企业也都建设了废水处理设施；同时，国家实行排污许可证制度，要求直接或者间接向水体排放废水的企事业单位应取得排污许可证。但由于违法成本低，加之监管不到位、执法不严等原因，工业企业偷排而造成严重环境污染的现象仍旧频频发生。废水污染事件引发社会舆论持续关注，并将进一步成为推动政府出台更严格治理政策措施的催化剂。

（4）流域水环境综合整治

河道和湖泊治理是流域水环境综合整治的重点，河道是衔接城市肌理的生态廊道，面临的污染压力和治理压力较大；湖泊则容易遭受富营养化、蓝绿藻水华等灾害，使生态系统受损退化，严重影响了居民的健康及生存，制约了经济的发展。随着"水十条""环保十三五规划"等相关政策、规划及治理工作的深入推进，"源头减排、过程控制、系统治理"[2] 的全过程、综合化水环境治理模式愈加得到重视。水环境综合治理项目也逐渐延伸，形成了以管网、污水处理厂、河道、湖泊、生态修复、岸线景观单元等组成的"流域综合治理模式"[3]。流域水环境治理不仅涵盖污水和污泥处理处置、管网、农村环境整治、黑臭河道治理等[4] 传统的水务板块业务，还融合未来城市规划、建设、产业发展、智慧城市等内容，是技术、管理和信息的综合体。

（5）固废与生活垃圾

固体废物是指在生产、生活和其他活动中产生的丧失原有利用价值被抛弃和放弃的固态、半固态的物品和物质。固废种类繁多，按其污染特性可分为一般废物和危险废物，按废物来源又可分为城市固体废物、工业固体废物和农业固体废物。城市固体废物一般成分复杂，各类垃圾混杂在一起，垃圾中含有大量蔬果皮，含水率高；垃圾中的煤渣、砂石、金属、玻璃等无机物含量高，纸张、塑料、木料、纺织物、皮革等高热值物质含量较少，热值较低。工业固体废物通常含有酸、碱、氰化物、乳化油、重金属废液以及有机废液等。农业固体废物来自农业生产、畜禽饲养、农副产品加工所产生的废物，如农作物秸秆、农用薄膜及畜禽排泄物等。

固废处理行业通常执行的是减量化、无害化和资源化三类技术政策。发展中国家以无害化处理为主，经济发达国家更多的进行资源化利用。我国的固废处理方式包括卫生填埋、焚烧和其他方式。固废处理系统一般由垃圾运输、垃圾储存、垃圾焚烧、烟气发电、尾气净化排放等设施组成。

2. 行业发展历程

（1）净水工程

我国大规模建设净水厂是从 20 世纪 50 年代开始的。1954 年以后，全国各大区相继成立了给水排水设计院，有力地推动了净水厂的建设。通过 60 年来的努力实践，已逐步形成了我国自己的净水厂建设风格。

纵观人类 100 多年来净水厂处理工艺的发展，在混凝、沉淀、过滤、消毒的常规处理基础上，正进一步向提高供水水质和适应不同原水特点的处理工艺发展，从而推动了工艺设计和处理构筑物类型的不断优化和迅速发展。

1）混凝

水中含有悬浮颗粒和胶体物质，一般很难通过自然沉降去除，应通过混凝工艺进行处理。混凝是给水处理中的一个关键环节，分为凝聚和絮凝两个过程。凝聚和絮凝是通过投加药剂使水中胶体粒子和微小悬浮物与水分离达到自沉状态。具有混凝作用的药剂统称为混凝剂，混凝剂以铝盐或铁盐为主。20世纪 70 年代我国研制成功聚合氯化铝以后，无机高分子混凝剂得到了广泛应用。有机高分子聚合物作为絮凝剂，最早出现在 20 世纪 60 年代后期，近年来更得到了广泛关注。

对于混凝理论的研究，至目前各国科学家还未达成共识。20 世纪 60 年代，国内还曾对混凝的主要作用是"水解"还是"离解"展开过讨论。对于絮凝池设计，虽然有了颗粒碰撞的基本原理，并推导了速度梯度 G 的计算，但长期以来设计中仍采用流速和时间等外部条件作为控制指标。尽管絮凝理论还在进一步发展和探讨，但通过实践总结，絮凝池的形式有了明显改进和提高。早期传统的往复隔板絮凝、穿孔旋流絮凝、涡流絮凝等已由效率更高、效果更好的折板絮凝、网格（栅条）絮凝所取代，机械絮凝也得到了一定的应用。

2）沉淀

1904 年，Allen Hazen 撰写了《沉淀论》（On Sedimentation）一文，奠定了平流沉淀池的设计基础。1958 年，我国在湖南、上海等地相继作了多层多格沉淀池的生产性试验，但由于其结构复杂、排泥困难，未能推广。长期以来，单层平流沉淀池是我国沉淀池选用的主要形式。1959 年，日本宇野昌彦和田中和美依据浅层沉淀原理，提出了斜板沉淀；1968 年上海市政工程设计院在取水工程中进行了斜管除砂的试验；1972 年，我国汉阳首次在生产上应用了斜管沉淀池，之后各地陆续推广应用。多年来，我国对各种类型斜板、斜管沉淀均有应用实践。总之，通过不断地总结改进，斜板、斜管的设计技术已日趋成熟。

利用接触凝聚原理以去除水中悬浮颗粒的澄清池，早在 20 世纪 30 年代已在国际上应用，至今仍是净水厂设计中重要的沉淀手段之一。我国自 20 世纪 60 年代初开始采用澄清池，以应用机械搅拌澄清池为主，多年来变化不大，主要是对搅拌桨板、进水方式及排泥措施部分有所改进。近年来，随着国外技术的引进，一些新型沉淀构筑物在水厂设计中得到应用，例如 DEN-SADEG 沉淀池、MULTIFLO 沉淀池、ACTIFLO 沉淀池等。这些沉淀池综合应用了多种技术，例如利用了泥渣循环（包括投加细砂），强化了絮凝装置，投加了高分子絮凝剂，应用了斜管分离等，使沉淀构筑物高效，占地面积减小，引起广大给水工作者关注。

3）过滤

在我国净水厂设计中，过滤池的池型也发生了很大变化。20 世纪 60 年代以前滤池基本上都是四阀式大阻力滤池和水塔冲洗，只是在管廊布置上有些变化。期间，苏联介绍的双向滤池（AKX 滤池）一度引起关注，曾在天津水厂中首试。之后虹吸滤池、无阀滤池因其不需阀门而获得青睐。1969 年，上海市政工程设计院提出了双阀滤池设计，并在国内获得了推广。1972 年，南通自来水公司提出移动冲洗罩滤池的设计，结构简单、设备少、投资省，优于国外的 Harding 式滤池。1980 年，上海长桥水厂建成大型虹吸式移动冲洗罩滤池，引起了国内外的广泛关注，被称为"中国式滤池"。近年来，通过国外先进技术的吸收，滤池的形式也发生了很大改变。目前滤池的设计多以采用均匀粒径粗滤料，并辅以气水反冲技术为主，以 V 形滤池为代表，包括翻板滤池、TGV 滤池等。法国得利满公司 V 形滤池首先在国内应用于澳门，1990 年其在南京、重庆等地陆续投产试用，由于其截污能力大、运行周期长，得到了广泛认可，成为目前滤池选择的主要池型之一。

4）消毒

自 1902 年比利时首先在净水厂中用氯进行消毒以来，氯消毒一直是净水厂的主要消毒方式。随着人们对氯化消毒副产物的认识，其他消毒剂和消毒方法越来越引起关注。氯胺消毒、二氧化氯消毒在国内已得到了实践应用。为了解决加氯难以杀灭贾第鞭毛虫、隐孢子虫的问题，紫外线消毒在个别工程中得到采用。

5）生物处理

20 世纪 70 年代后期，我国给水水源的污染日益严重，于是开展了对微污染水源处理的研究，重点进行了生物处理和臭氧-活性炭处理的试验。经过长时期资料的积累，1996 年宁波梅林水厂生物预处理投入运行，之后生物处理得到了推广应用，并有了很大改进。实践证明，臭氧-活性炭是处理微污染水源的有效方法之一，近年来得到了较广泛的应用。

（2）城镇污水处理工程

城镇污水处理的需求是伴随着城市的诞生而产生的，城镇污水中含有大量固体悬浮物、可化学或生物降解的溶解性或胶态分散有机物、含氮化合物、磷酸盐、钾钠及重金属离子、菌类生物群等。若不加处理或处理程度不足而排入天然水体，会导致水体富营养化及毒性积累，导致生态环境恶化；水体中有毒物质经水生动物进入食物链，最终危害人体健康。

据住房城乡建设部统计，2019 年我国城市和县城污水处理能力超过 2.1 亿 m^3/d，污水管网长度达 57 万 km。城市污水年处理量为 532 亿 m^3，较 2018 年增加了 34.4 亿 m^3，同比增长 6.9%。城镇污水处理行业将迎来新一轮重要机遇期。在污水处理需求提升的同时，污水处理厂的形式也开始发生变化，已经从传统的地上式污水处理厂发展成地下式污水处理厂、园林式的污水处理厂等新式污水处理厂，在节省土地资源的同时，具有美化环境、提升土地价值、消除二次污染方面的突出优势。污水处理厂的形式变化使城市发展规划从更高层次出发，着眼于城市未来发展，坚持因地制宜的原则，开发更多厂区地面空间用途，加强与周围环境交融，关注可持续发展与生态文明建设的内涵，促进城市经济、社会、生态全方位协调发展。

城镇污水处理技术，历经数百年变迁，从最初的一级处理发展到现在的三级处理，从简单的消毒沉淀到有机物去除、脱氮除磷再到深度处理回用，其发展历程主要有以下 3 个阶段：

1）一级处理阶段

城市污水处理历史可追溯到古罗马时期，那个时期环境容量大，水体的自净能力能够满足人类的用水需求，仅需考虑排水问题即可。而后，城市化进程加快，生活污水通过细菌传播引发了传染病的蔓延，出于健康的考虑，人类开始对排放的生活污水进行处理。早期的处理方式采用石灰、明矾等进行沉淀或用漂白粉进行消毒。明代晚期，我国已有污水净化装置，但由于当时需求性不强，我国生活污水仍以农业灌溉为主。

2）二级处理阶段

1881 年，法国科学家发明了第一座厌氧生物处理池——Moris 池，拉开了生物法处理污水的序幕。1893 年，第一座生物滤池在英国 Wales（威尔士）投入使用，并迅速在欧洲及北美等国家推广。技术的发展，推动了标准的产生。1912 年，英国皇家污水处理委员会提出以 BOD_5 来评价水质的污染程度。

1914 年，Arden 和 Lokett 在英国化学工学会上发表了一篇关于活性污泥法的论文，并于同年在英国曼彻斯特市开创了世界上第一座活性污泥法污水处理试验厂。两年后，美国正式建立了第一座活性污泥法污水处理厂。活性污泥法的诞生，奠定了未来 100 年间城市污水处理技术的基础。

活性污泥法在诞生之初，采用的是充-排式工艺，由于当时自动控制技术与设备条件相对落后，导致其操作繁琐、易于堵塞，与生物滤池相比并无明显优势，很快被后来出现的连续进水推流式活性污泥法取代。1950 年，美国的麦金尼提出了完全混合式活性污泥法，有效解决了污泥膨胀的问题。20 世纪 40～60 年代，活性污泥法逐渐取代了生物膜法，成为污水处理的主流工艺。此后，在活性污泥法的基础上衍生出了一系列的脱氮除磷工艺。1973 年，Barnard 在原有工艺基础上，将缺氧和好氧反应器完全分隔，污泥回流到缺氧反应器，并添加了内回流装置，缩短了工艺流程，也就现在常说的缺氧好氧（A/O）工艺。20 世纪 70 年代，美国专家在 A/O 工艺的基础上发展出 A^2/O 工艺。A^2/O 工艺是将生物处理厌氧段和好氧段进行了空间分割，而氧化沟则为封闭的沟渠型结构，结合了推流式和完全混合式活性污泥法的特点，集曝气、沉淀和污泥稳定于一体。

3）三级处理阶段

三级处理阶段以膜技术为标志，此时污水深度处理与回用技术兴起，污水处理厂的侧重点不再是核算污染物的排放量，而是如何提升水质排放标准，膜技术开始显现其独特优势。生物膜技术在 20 世纪 60～70 年代，随着新型合成材料的大量涌现而发展起来，主要工艺有生物滤池、生物转盘、生物接触氧化、生物流化床等。目前，应用较多的膜处理技术主要有微滤（MF）、超滤（UF）、反渗透（RO）和膜生物反应器（MBR）技术。

（3）流域水环境综合整治工程

19 世纪前，各国流域水体生态环境较好，自工业革命爆发以后，由于当时技术的局限性和生态保护意识的薄弱，经济较发达国家相继出现了水环境污染问题，河湖水域溶解氧降低，水生物相继减少甚至绝迹。而水环境污染也使得人们发病率增加，政府开始认识到加强水污染处理的必要性。从 20 世纪 50 年代开始，发达国家开始水环境治理，率先开展了控源污染治理工作，经过 30 多年的整治，水环境得到相对改善[5]。

西方国家在流域治理方面起步较早，从 20 世纪中叶开始，便注重对流域水污染的治理工作，我国从 20 世纪 90 年代开始逐步意识到流域污染问题的严重性，并于 1995 年开始淮河流域水环境的治理工作，同时将我国水污染最严重的淮河、海河、辽河、太湖和渤海等区域作为水污染治理的主要部分。在

2009 年前后，国家投资近千亿元，在全国范围内陆续展开了大规模的水环境治理工作[6]，以提高我国流域水污染防治和管理技术水平。

流域河道、湖泊水体治理经过底泥处理、面源与点源截污治理之后，需要对污染水质进行净化处理，以达到水质考核标准。流域河道、湖泊水质净化技术主要包括生物/生态技术和化学/物理技术。

生物/生态技术主要包括曝气增氧技术和人工湿地技术。曝气增氧技术是指向水中充气或搅动等方法增加水域空气接触面积，提高水体溶解氧的工艺技术。就曝气方法而言，主要分为潜水推流曝气、旋流曝气、射流曝气、提水式曝气、太阳能曝气、生态穿顶曝气等。

人工湿地技术是指用人工筑成水池或沟槽，在底部铺设防渗漏隔水层，再填充一定深度的土壤或填料，种植水生植物，污水从湿地一端通过布水管渠进入湿地，与生物膜、水生植物根系接触使水体净化。主要包括表面流人工湿地、潜流人工湿地、复合垂直流人工湿地、三角洲型（扇形）人工湿地等。

化学/物理技术主要是通过添加化学药剂以及应用新型设备工艺实现强大的净水功效，例如添加除氮剂、除磷剂以及应用超磁分离水体净化技术。

水环境净化技术需通过各种技术手段增加水体动力、含氧量及污水处理能力，根据水体实际情况匹配最经济、高效的水质净化技术组合，以尽快实现水质达标。

（4）固废与生活垃圾处理工程

固体废弃物的种类繁杂，按其性质可分为有机物和无机物；按其来源可分为矿业、工业、城市生活、农业和放射性[7]。目前固体废物的处理方法有许多种，其中最常见的有三种，即卫生填埋、焚烧和堆肥。卫生填埋的应用最广，所占收运量的比例也最高，可达 60.32%。焚烧则通常限定在沿海地区，占收运量比例的 37.5%。堆肥只有个别地区选择性使用，局限性较大，在收运量的比例中也只占 2.18%。

固废与生活垃圾处理总体上看，经历了三个阶段：

第一阶段为起步阶段（20 世纪 70 年代）。在固体废物管理的初期，主要工作是加强垃圾的清扫和收集，大量的小型垃圾堆放场被关闭，中型和大型堆放场逐步被规范的卫生填埋场所取代。同时，开始考虑垃圾分类回收、物资再利用、垃圾预处理、垃圾焚烧等其他垃圾处理方式。

第二阶段为集中治理阶段（20 世纪 80 年代末 90 年代初）。大量卫生填埋场的建设导致经济发达地区土地资源紧张，填埋场填满后需要寻找新的场址，不仅土地成本高，而且不易通过政府审批。在这种背景下，除了填埋之外的其他垃圾管理理念得到了强化和实施，大量的物资回收利用厂、垃圾堆肥厂、垃圾焚烧厂相继建设并运行。

第三阶段为全面管理阶段（约在 2000 年以后）。此阶段的特征表现为垃圾的减量化和资源化利用，新技术大量出现，各类垃圾的处理技术工艺路线也逐渐形成，具有代表性的技术有流化床焚烧技术、机械-生物处理光分选技术、垃圾热解技术、稳定化（矿化）技术等。通过一系列行政和市场手段的推进，以德、日为代表的部分发达国家建立起科学、合理的垃圾分类回收体系。

我国在 20 世纪 80 年代也经历了由垃圾的分散式粗放处理向集中式处理（填埋、堆放）的转变，也正是在这一时期，固废处理技术的创新开始起步。1988 年，建设部颁布了《城市生活垃圾卫生填埋技术标准》，为填埋场的规划、设计、建设及运行管理提供了技术依据。随后，在 20 世纪 90 年代，我国的垃圾卫生填埋技术开始进入大发展大建设时期，杭州天子岭垃圾填埋场等首批大型垃圾卫生填埋场开始投入运营，在此阶段产生了 HDPE 合成膜防渗等技术。2000 年起，《城市生活垃圾处理及污染防治技术政策》《可再生能源发电价格和费用分摊试行办法》《生活垃圾焚烧污染控制标准》等一系列法律、规划和标准逐步摒弃或抑制了垃圾直埋处理方式，推广奠定了垃圾焚烧工艺路线发展的政策环境，填埋所占的垃圾处理量比率开始不断降低，而以焚烧为主的其他工艺的处理量比率不断升高。

城乡生活垃圾资源化利用项目的实施，不仅破解了垃圾人工分类、劳动成本大、难以实现分类的难题，而且开辟了生活垃圾分类、处理新出路，实现了资源化、产业化、无污染、零废弃，是全国生活垃圾处理史上的一次飞跃，对减轻市民负担、加快改善人居环境、发展循环经济必将起到不可替代的巨大推动作用。

1.2　水务环保工程建造特点

1. 工程技术特点

（1）工程特点

水务环保工程对我国的社会经济稳定发展影响显著，涉及领域广，不仅涵盖净水工程、工业废水工程，也囊括污泥处理、农村水环境、固废垃圾及流域水环境整治等领域，作为民生基础性项目，对提高国民经济水平和改善居民生活环境具有重要意义。

水务环保工程一般为国家投资的非营利性或半营利性的建设项目，如生态恢复工程、防洪工程、水库除险加固工程、大型灌溉区改造工程、水务工程、固废工程、人畜饮水项目等，在项目建设中，以国家投资为主体，地方配套资金为辅。作为民生工程，水务环保项目与其他工程项目存在着差异。由于涉及城市供水安全，关系到广大居民的切实利益，它具有更严格的建设程序，项目已不再局限于自身工程的建设投资，还要兼顾保护地域环境和维护生态平衡，最大限度地保护和合理开发利用水土资源、控制水土流失、优化水资源的可持续发展。

（2）技术特点

水务环保工程兼顾挡水、蓄水和泄水功能，因而对构筑物基础的稳定、承压、防渗、抗冲、耐磨、抗冻、抗裂等性能都有特殊要求。同时，由于该类工程常处于地质条件比较复杂的地区和部位，如河道、湖泊、沿海及其他水域施工，需根据水流的自然条件及工程建设的要求进行水下作业，地基处理不好易留下隐患且难以补救，需要采取专门的措施。水务工程要充分利用枯水期进行施工，对季节性和施工强度有较高的要求，并与社会和自然环境关系密切，需要充分把握施工时机，合理安排施工计划，及时解决施工中的防洪、防汛等问题，以保证施工安全，确保工程质量。水务环保工程的主要技术特点如下：

1）取水工程：取水工程涉及水下作业、深基坑、顶管、围堰、水下开挖、沉井等一系列危大、超危工程；通常占地面积少，水下管线多。取水工程要根据区域地形、地质条件设计取水方式和取水头形式，总体施工原则为先地下后地上、先深后浅、先主要后次要的施工顺序。取水工程一般分布在水源地周边，环保要求高，需对生活、施工污水排放进行管控，特别是水上作业的油污控制是重中之重。

2）净水工程：净水工程包括水净化和消毒，主要有预处理、常规处理、深度处理、膜处理等工艺装置。净水厂主要由水工构筑物、辅助建筑物构成。水工构筑物是净水厂的生产设施，负责取水、净化水、供水等，特点是构筑物分布较散，单体多，且多为深基坑、高支模两种超危工程。水工构筑物最大特点是防渗，施工要从混凝土原材料、池体施工缝、变形缝、止水螺栓设置、混凝土浇筑等方面全面把控，确保防水效果。后期满水试验完成后还需增加涂膜防水层，确保防水效果。滤池是净水厂最复杂的单体，池内异形构件（V形槽、H形槽、滤板等）较多，施工难度大，且配水、配气孔预理精度高。

3）污水工程：污水工程具有单体建筑物、构筑物多，构筑物结构形式多样化，设备、管道系统复杂等特点。构筑物主要包括进水混合池、进水泵房、沉砂池、初沉池、生物池、二沉池、二沉池配水井及污泥泵站等。污水厂厂区占地面积大、大部分构筑物为地下或半地下分布，使得现场总平面布置难度高、土方开挖量大，施工时应按照"布置紧凑、合理、高效、短距离"的布置原则，综合考虑生产用地、办公用地、道路交通、临水、临电、排水等各种生产设施的要求，科学规划出一个节约人力、物力和文明施工总平面布局。基坑土方开挖按照"开槽支撑、先撑后挖、分层开挖、严禁超挖"的原则，结合现场的特点综合考虑土方平衡，有组织有计划地合理安排施工。污水处理厂池体设计的施工缝、沉降缝多，施工时针对不同构筑物，综合采取不同施工技术手段，确保施工质量。

4）流域水环境整治工程：水环境治理项目存在施工区域为线性分布、施工战线长、施工工期紧、责任大等特点，且项目易受天气变化影响，施工内容涉及的领域较多，雨季河水上涨增加了施工工期及施工难度。水环境治理的控源截污大多沿河布置，基坑开挖土质较差，淤泥土层厚，对支护要求高；控源截污、调蓄池所使用的设备对技术先进性、功能性、使用寿命要求较高，设备的采购安装成本较高；设备安装大多数在密闭空间内操作，易出现安全事故。此外，河道流域治理不仅要改善水质，也需满足城市景观要求。

5）固废与生活垃圾处理工程：固废处理主厂房垃圾仓、渗滤液沟道间、渣仓、消防水池、卸料大厅、上料平台等区域防渗要求高，必须采用穿墙止水螺栓，通过定型卡与对拉螺栓连接，增大模板强度及刚度，控制混凝土中水泥砂浆含量，减少孔隙，增加密实度，提高抗渗性。主厂房结构复杂，标高较多，均为非标准层，高处砌筑工程量大，上料困难；土建主体结构、二次砌筑与设备安装交叉作业严重，设备安装对土建施工要求较高，且工期异常紧张。主厂房渗滤液收集池土方开挖深度大，易出现土方开挖出现流沙及塌方，降水与支护难度极大。

垃圾焚烧发电工程结构复杂，空间分割及高大空间多。各单体设计布局紧凑集中，综合水泵房、循环水进水池、通风冷却塔、消防水池、中水深度处理站、飞灰养护车间等一般进行区域集中布置，施工互相制约。工程大部分管道、设备材质均为碳钢，管道管径规格尺寸大，单焊缝长度长，焊缝多，分布错综复杂，焊接施工工程量大。此外，垃圾焚烧发电项目一般设计的烟囱高度较高，安装时垂直度控制较困难。

2. 工程建造模式特点

水务环保工程项目包括环境治理和修复、湿地保护等非营利性项目，也包括污水处理、垃圾处理等盈利性项目。一方面，环保项目的公益性质较强，收费标准一般较低，且投资回收周期较长，受制于地方政府财政预算不足，因而政府积极鼓励社会资本投资，非政府资本参与程度不断加深；另一方面，环保工程的运营管理必须在规划、设计、施工、运行、维护及技术改造等项目建设的各个阶段进行全面统筹，摆脱原有单一政府运营的管理模式，实现项目投资运营管理的多元化。近年来，以 EPC、BT、BOT、BOO、TOT、PPP、托管运营及供排水一体化等为主的管理模式，逐渐被运用到水务环保工程的建设和运行管理中。其中，EPC、BOT、PPP 已成为水务环保项目经营管理的主流模式。

（1）工程总承包模式（EPC）

工程总承包模式是设计、采购、施工一体化的管理模式，由地方政府或者污染企业将整个项目的工程建设交由总承包企业，由总承包企业负责对工程进度、费用、质量、安全进行管理和控制，并按合同约定完成工程。总承包企业只赚取工程建设的利润，不参与后期的运营管理。EPC 管理有多种衍生和组合模式，例如 EP＋C、E＋P＋C、EPCM、EPCS、EPCA 等。

水务环保治理上缺乏统一规范的治理行业标准，未完全形成完整的产业链，市场准入门槛低，集中度不高，竞争主体小、散、弱现象突出，具备独立承担设计采购施工总承包的企业少，造成了 EPC 管理上前期策划、组织运筹跟不上发展的需要，成本管控不够严格、安全生产事故时有发生、质量管理体系有待进一步完善。对于采用联合体投标的参建单位，是否具有与工程项目总承包相适应的设备采购能力、项目管理能力，难以进行准确评价和选择。

（2）建造-运营-移交模式（BOT）

BOT 模式即建造-运营-移交（Build-Operate-Transfer）模式，是私营部门参与基础设施建设，向社会提供公共服务的一种方式。水务环保项目 BOT 模式是指政府就某个项目与非政府部门的项目公司签订特许权协议，由项目公司负责项目的融资、设计、建造和经营。在整个特许期内，项目公司通过项目的经营获得利润，并用此利润偿还债务。在特许期满之时，整个项目由项目公司无偿或以极少的名义价格移交给政府部门。BOT 模式的最大特点是由于获得政府许可和支持，可得到较大的优惠政策，拓宽了融资渠道。由标准 BOT 模式又演变成 BOOT、BOO、DBOT、BTO、TOT、BRT、BLT、BT、ROO、MOT、BOOST、BOD、DBOM 和 FBOOT 等模式，但其基本特点是一致的，即项目公司必须得到政府有关部门授予的特许权。BOT 管理模式在供水和污水处理等一些投资较大、建设周期长、可以运营获利的环保项目应用较多。

（3）公共部门与私人企业合作模式（PPP）

PPP 模式具体指政府、私人企业基于某个项目而形成的相互间合作关系的一种特许经营项目融资模式，由项目公司负责筹资、建设与经营。采取这种融资形式的实质是，政府通过给予企业长期的特许经营权和收益权来换取基础设施加快建设及有效运营。PPP 模式克服政府资金不足，让民营企业参与项目投资，通过收费的形式让企业收回投资，可以拓宽投资渠道，让社会资本源源不断进入公共物品和服务。水务环保工程作为半公益性质的产业项目，逐渐成为 PPP 模式应用的一个热门领域。目前，污水处理和固废垃圾处理是环保产业中应用 PPP 模式较多的领域。

1.3　水务环保行业发展前景

1. 国家相关法规政策

环保行业是典型的政策导向型行业，行业发展趋于平稳以及严格的环保管理制度逐步落实使环境治理行业步入快速成长期。随着环保要求不断提升，环保政策频出，推动水价改革、水资源保护和环境污染防治，并为未来水务环保市场传达了积极信号。

（1）城镇污水治理

2014 年 3 月，《国家新型城镇化规划（2014～2020 年）》发布，不仅增加城市环保基础设施的需求，并打开农村环境治理这一新市场。

2015 年 1 月 1 日起，实施新环保法，即《环保法修订案》，强化监管力度，对排污企业和监管部门，均做出强势约束。

2015 年 4 月，国务院出台《水污染防治行动计划》（简称"水十条"），为水治理行业总规划，撬动数万亿水处理市场。

2015 年 6 月 10 日，发布《环保税》的征求意见稿，对各类水污染物的排放进行了税收定价，让水务行业进一步成为刚需。

2017 年 10 月，国家环保部、国家发改委、水利部联合印发《重点流域水污染防治规划（2016～2020）》（简称"规划"），落实"水十条"编制实施七大重点流域水污染防治规划的要求，将"水十条"水质目标分解到各流域，明确了各流域污染防治重点方向和京津冀区域、长江经济带水环境保护重点，第一次形成覆盖全国范围的重点流域水污染防治规划。

2019 年 5 月，国务院发布《政府投资条例》（简称"条例"）对于"公共基础设施、农业农村、生态环境保护"等公共领域，规范政府投资行为，进一步深化政府投融资体制改革，同时更好的防范政府隐性债务。"条例"对于供水、原水、固废等公共服务领域的影响较大。

（2）黑臭水体治理

2015 年 7 月，住房城乡建设部和环保部出台的《水污染防治专项资金管理办法》中，城市黑臭水体整治被列入专项资金重点支持范围，并对采用 PPP 模式的项目予以倾斜支持。

2016 年 2 月，住房城乡建设部和环保部出台《关于公布全国城市黑臭水体排查情况的通知》，排查并公布全国地级市以上的黑臭水体情况。

2018 年 8 月，生态环境部和住房城乡建设部联合印发了《关于开展省级 2018 年城市黑臭水体整治环境保护专项行动的通知》，要求省级职能部门参照国家专项行动模式，组织省级专项行动。

2018 年 11 月，国务院办公厅发布《关于保持基础设施领域补短板力度的指导意见》要求，支持城镇生活污水，生活垃圾、危险废物处理设施建设，加快黑臭水体治理，支持重点流域水环境综合治理。

2019 年，各省市相继发布《黑臭水体治理及水质提升实施方案》。

（3）农村水环境治理

2016 年 12 月，根据《全国农村环境综合整治"十三五"规范》，目前我国仍有 40％的建制村没有垃圾收集处理设施，78％的建制村未建设污水处理设施。我国农村环境综合整治范围将涉及各省（区、市）的 14 万个建制村，其中整治重点为"好水"和"差水"周边的村庄，涉及 1805 个县（市、区）12.82 万个建制村。

2018 年 11 月，国务院办公厅发布《关于保持基础设施领域补短板力度的指导意见》，要求加强农村在农业农村领域基础设施建设力度，促进农村生活垃圾和污水处理设施建设。

（4）海绵城市

2015 年 10 月出台的《国务院办公厅关于推进海绵城市建设的指导意见》提出，海绵城市建设将综合采取"渗、滞、蓄、净、用、排"等措施，最大限度地减少城市开发建设对生态环境的影响，将70％的降雨就地消纳和利用，到 2020 年，城市建成区 20％以上的面积达到目标要求；到 2030 年，城市建成区 80％以上的面积达到目标要求。

（5）智慧水务

2019 年，水利部先后印发了《水利业务需求分析报告》《加快推进智慧水利指导意见》《智慧水利总体方案》和《水利网信水平提升三年行动方案（2019～2021 年）》，系统谋划了水利网信发展的时间表、路线图、任务书，旨在推动水务工作的信息化进程，更好地推动智慧水务的发展。

（6）固体废物

2016 年 11 月，全国人民代表大会常务委员会通过《中华人民共和国固体废物污染环境防治法》，为防治固体废物污染环境，保护人体健康，维护生态安全，促进经济社会可持续发展提供法律基础。

2017 年，环境保护部发布《固体废物鉴别标准 通则》GB 34330—2017，规定依据产生来源的固体废物鉴别准则、再利用和处置过程中的固体废物鉴别准则、不作为固体废物管理的物质、不作为液态废物管理的物质以及监督管理要求。

2018 年，工业和信息化部于《中华人民共和国工业和信息化部 2018 年第 26 号》中明确《国家工业固体废物资源综合利用产品目录》和《工业固体废物资源综合利用评价管理暂行办法》。

2018 年 6 月，国务院发布《关于全面加强生态环境保护 坚决打好污染防治攻坚战的意见》。意见提出环境保护面临的形势、总体目标和基本原则及推动形成绿色发展方式和生活方式。

2018 年 12 月，国务院办公厅发布《"无废城市"建设试点工作方案》，推动形成绿色发展方式和生活方式，持续推进固体废物源头减量和资源化利用，最大限度减少填埋量，将固体废物环境影响降至最低的城市发展模式。

2019 年 1 月，发改委发布《关于推进大宗固体废弃物综合利用产业集聚发展的通知》，促进产业集聚、提高资源综合利用水平，推动资源综合利用产业高质量发展。

2019 年 4 月，住房城乡建设部发布《关于在全国地级及以上城市全面开展生活垃圾分类工作的通知》，加快建立垃圾分类投放、分类收集、分类运输、分类处理的生活垃圾处理系统。

2019 年 10 月，住房城乡建设部发布《关于建立健全农村生活垃圾收集、转运和处置体系的指导意见》，积极推动农村垃圾治理。

2020 年 4 月，全国人大常委会表决通过修订后的《固体废物污染环境防治法》，将于 2020 年 9 月 1 日起施行，对垃圾焚烧及分类、危废处理等行业均有更高的要求。随着我国经济的发展与工业化水平的提高，近年来我国危险废物产生量呈现持续增长态势，修订的固废法，完善对工业固体废物、包括医疗废物在内的危险废物的管理制度，为固体废物治理行业带来广阔的市场前景。

2. 市场前景

目前，我国水务环保产业在 GDP 中的比重仍然较低，在环保技术、产品装备、管理水平方面与发达国家相比仍存在明显差距。未来在绿色发展理念的引领下，将进一步加强研发创新、加大资源投入，而具有技术优势的企业也会得到更多的扶持和市场回报。

未来，中国在水务环保市场仍存在需求巨大，预计"十四五"期间的环保投资将由"十三五"时期的十几万亿上升到 70 亿～100 万亿左右，千亿级的环保企业有望诞生[8]。供水方面，随着国民经济的持续快速发展和城镇化水平的提高，城镇用水，尤其是居民生活用水将呈现出稳步增长的趋势。污水处理方面，根据国家环保总局的规划，全国同期需建设污水厂 677 座，将有 3000 亿元左右资金投向污水处理设施建设领域。随着污水处理行业大规模工程投资时代的结束，污水厂运营以及收取污水处理费将成为水务环保行业主要的营利方式。虽然城镇化以及城镇污水排放量的提升将继续推进城镇水务工程建设的投资，但发展空间将越来越局限，未来水务产业的发展机会在二次供水、农村环境治理、黑臭水体治理、水环境综合治理等。

固废方面，未来固废治理市场将成为发展最迅速的市场。城市垃圾资源化利用已成为主流的方向。电子废弃物再循环、垃圾焚烧发电、餐厨垃圾能源化等开始快速发展。同时，环卫的机械化清扫、转运也加速发展，开辟了巨大的市场空间。我国固废治理行业投资占环保行业整体投资比约 15%，距离发达国家的 50% 占有比重差距较大，综合考虑存量需求和增量需求，固废治理行业市场前景较大。

当前经济下行环境中，政府对基建投资逆周期调节的需求大。水务环保、固废治理等基础设施建设可作为政策性工具，促进有效投资、拉动经济增长、维持民生稳定、保障就业等多个方面发挥积极作用。而专项债的发行及用途放宽等有望进一步拉动水务环保基建投资力度，在发挥财政资金引导带动作用、引导金融机构加大中长期贷款支持等多方面发挥积极作用。

3. 产业格局

产业格局上，外资环保企业放缓了市政污水领域的扩张步伐，转向发力工业污染治理市场，不断完善产业链条。如苏伊士斥巨资完成了对通用电气（GE）水处理及工艺过程处理业务的收购，并为上海化工园区等国内十余个工业园区提供专业的环境服务和管理。除了发挥既有优势，外资环保企业还试图将国外已经相对成熟的环境污染第三方治理模式嫁接至中国市场，从而进一步打开工业污染治理市场。除了外资环保企业，民营企业天生灵活、嗅觉灵敏、反应快，同时拥有很强的创新能力和韧性，孕育了一批以博天环境、桑德集团、锦江环境、碧水源等为代表的民营企业，实现了与国有企业、外资企业"三分天下"的局面[9]。

其次，民营与国有企业进行股权合作成了一种"常态化"操作。其中，锦江环境、清新环境、东方园林、环能科技等先后出让控制权，环保行业逆向混改在加速。民营企业与国有资本合作，从市场层面来看，可以实现双方优势互补。一方面，缓解了民营企业的资金压力，同时也增强了民营企业拿项目的议价能力；另一方面，优质的环保标的也让国有企业快速完成了环保产业的布局。

现阶段，我国水务环保行业集中度不高，具有企业数量众多、规模化不足、区域分散等特点，尚未形成标杆性的龙头企业，国内最大的水务集团其服务市场份额也不足 5%。未来，部分大中型企业利用外延式扩张，通过并购整合打破技术及地域限制，实现快速扩张，这其中不乏建筑型央企、市政工程公司、园林公司及其他行业企业跨界进入环保领域。

未来，国家对于环境治理的思路正在发生变化，原有地方政府为主导的模式可能向大央企为主导的模式转变。央企国企具备资金优势和政府资源，主导承担重点区域环境治理任务，民营企业依靠自身技术优势进行细分领域的 EPC 承包，从而形成央企国企主导投资建设，民企专注细分市场技术的新格局。

第2章

水工构筑物关键施工技术

　　水工构筑物是净水厂、污水厂工程的重要组成部分，功能繁多、结构复杂，在工程整体建设过程中占比大，施工周期长。本章结合多年水厂建设施工经验，针对水工构筑物的主要特点及施工重难点，根据项目施工条件，积极探索并应用先进施工工艺，总结提炼具有创新性的关键施工技术。

2.1 全地下污水厂深基坑"支护桩＋高压旋喷锚索"支护施工技术

1. 技术简介

因全地下式污水处理厂具有占地资源少、占用空间少、噪声污染小、环境污染小、安全性高、工作环境温度相对恒定、美观性好等优点，近几年全地下式污水处理厂被推广应用。全地下污水处理厂将所有建、构筑物集约布置成为一体，形成箱体结构，全置于地表下，箱盖进行覆土用于设置景观公园或健身娱乐场所等。整体结构分为二层，曝气沉砂池、生物反应池、水泵间等水处理构筑物设于负二层，鼓风机房、加药间等设备间、检修间等设于负一层。全地下式污水处理厂效果图如图 2.1-1 所示。

图 2.1-1　全地下式污水处理厂效果图

由于全地下式污水处理厂布置的特殊性，其竖向结构埋深一般超过−15m，因此，基坑支护工程施工是全地下式污水处理厂建设过程中的重点、难点之一。

常见基坑支护方式有放坡开挖、围护墙深层搅拌水泥土、高压旋喷桩、土钉墙、地下连续墙、槽钢钢板桩、钻孔灌注桩、支护桩＋高压旋喷锚索等，其中支护桩＋高压旋喷锚索支护为深基坑工程中的一种重要支护方式，该支护方式具有占地面积小且对周边既有建筑物影响小的特点。支护桩大多采用旋挖机械钻孔，对于砂卵层地质情况，易出现塌孔、成孔质量差、作业地面环境差等缺点，而采用长螺旋钻机钻孔，可以使钻孔一次成优。高压旋喷锚索施工应重点控制锚索角度、成孔深度、注浆密实度。

支护桩＋高压旋喷锚索支护体系主要由支护桩、冠梁、喷锚等内容组合而成，支护体系如图 2.1-2、图 2.1-3 所示。

2. 技术内容

（1）施工工艺流程

深基坑"支护桩＋高压旋喷锚索"支护施工工艺流程如图 2.1-4 所示。

（2）技术要点

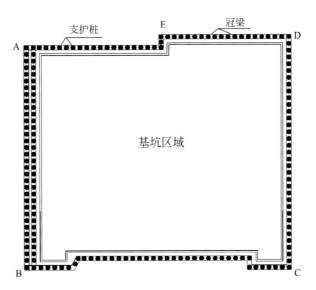

图 2.1-2　支护桩＋高压旋喷锚索支护体平面图

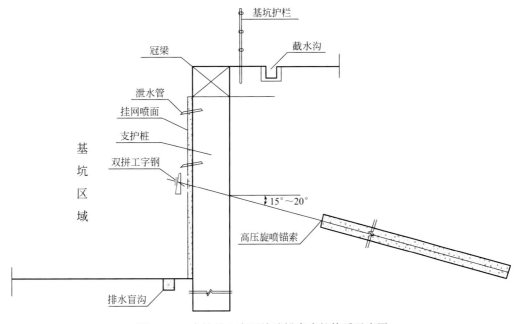

图 2.1-3　支护桩＋高压旋喷锚索支护体系示意图

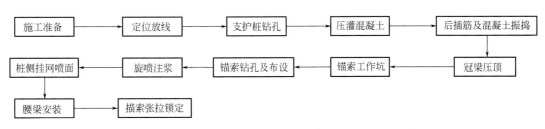

图 2.1-4　深基坑"支护桩＋高压旋喷锚索"支护施工工艺流程图

1）施工准备

① 编制专项施工方案并经审核。

② 所使用机械设备（长螺旋钻机、吊车、振动锤、小型挖掘机及铲车等）及计量检测仪器（全站仪、水准仪、钢卷材等）经检查验收合格。

③ 施工区域场平完成，满足设备承载力要求；打桩区域路面应平坦且满足设备承载力要求。

2）定位放线

根据建设单位移交的控制点，使用测量设备依据设计图纸测量放线确定支护桩位置，做好标记并加以保护。

3）支护桩钻孔

① 钻机定位。

将长螺旋钻机移至桩位，保持桩心、钻头、天车三点一线，垂直度偏差小于1‰，钻头与桩位点偏差不得大于20mm。

② 成孔。

钻机定位后，钻头缓慢向下降落至桩位，封住钻头阀门，向下钻进，钻进速度控制在1～1.5m/min，钻出的土体随螺旋杆带出并及时清理，直至设计标高后停钻。

4）压灌混凝土

灌注桩之前，轻微提钻，当弹簧装置产生对钻头向下的作用力时，利用混凝土的重力以及弹簧装置的反向作用力打开钻头阀门，混凝土通过空心钻杆压灌到孔内，提钻与压灌混凝土同步提升，且始终保持钻头埋入混凝土1m左右，灌注至设计标高。

压灌混凝土的过程中应注意事项：

① 混凝土输送泵管不宜过长，应尽量减少弯管，泵车与钻机距离一般不超过30m。

② 压灌混凝土应连续进行，中间不能间断，应根据桩孔大小并考虑充盈系数，将所需混凝土一次入场并浇灌完成。

③ 当施工环境温度超过30℃时，应采取降温措施。

④ 压灌混凝土标高应高于设计桩顶标高500mm，以保证剔除浮浆后，桩顶标高符合设计要求。

5）后插筋及混凝土振捣

① 钢筋笼加工。

钢筋笼长度、钢筋规格型号应符合设计图纸要求。桩深大于12m时，钢筋笼主筋优先选用直螺纹套筒连接，其次选择搭接焊。钢筋笼加工制作质量应符合施工规范要求。

② 钢筋笼下插。

将钢筋笼伸入振动器，待桩芯混凝土灌注完成后，应立即进行钢筋笼插入（图2.1-5），钢筋笼吊装过程中，应采取措施防止钢筋笼变形。

钢筋笼插入过程中应注意以下要点：

a. 钢筋笼应对准桩位点及桩心。

b. 依靠钢筋笼及振动器的自重下插，当因自重无法继续下插时再打开振动器，直至下插至设计笼顶标高。

c. 钢筋笼下插过程中应保证钢筋笼垂直度，防止因钢筋笼弯曲倾斜而插入桩侧壁土体内，无法保证桩笼下放到位。

d. 当钢筋笼标高符合设计要求时，拔出振动器，成桩完成。

6）冠梁压顶

待支护桩混凝土强度达到70%及以上时，便可进行桩头破除及冠梁钢筋绑扎，冠梁配筋、截面尺寸及混凝土强度等级应符合设计图纸要求。

7）锚索工作坑

基坑土方开挖与桩侧喷锚应同步进行，待土方降至锚索锚头标高下0.5m处停止开挖，进行锚索施工。

8）锚索钻孔及布设

图 2.1-5　长螺旋后插筋施工工艺

① 钻孔

采用锚杆钻机成孔，按锚索设计长度将钻孔所需钻杆摆放整齐，钻孔深度要超出锚索设计长度 0.5m 左右。钻孔结束后，逐根拔出钻杆和钻具，将锚杆钻机清洗好备用，封闭孔口。旋喷锚索钻机施工示意图如图 2.1-6 所示。

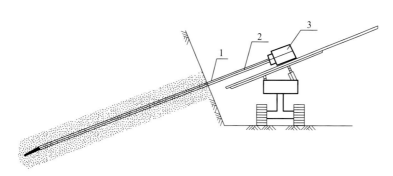

图 2.1-6　旋喷锚索钻机施工示意图
1—钢绞线；2—钻杆（旋喷杆）；3—钻机

在成孔过程中，出现塌孔、卡钻时，应立即停止钻进，拔出钻具，进行固壁注浆，浆液为水泥砂浆和水玻璃的混合液，24h 后重新钻孔。

② 锚索制作

锚索主筋采用预应力钢绞线，其制作长度应为锚索设计长度、锚头高度、千斤顶长度、工具锚和工作锚的厚度以及张拉操作余量的总和，制作样式详见图 2.1-7，锚索自由段涂黄油并安装波纹管保护，采用工程胶布外缠封闭套管两端，以防进入杂物，锚孔外预留 1.5m 张拉段。

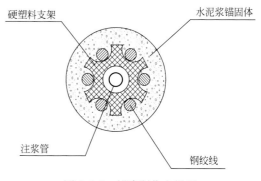

图 2.1-7　锚索制作大样图

③ 锚索安装

待锚杆钻机成孔后，自带锚索送入孔底设计标高。锚索安装前，应核对锚索编号是否与孔号技术参数一致，确认无误后方可安装。

9）旋喷注浆

待锚索送入孔底，进行孔内注浆，水灰比、注浆压力、每延米水泥用量、喷嘴给进或提升速度及喷头转速等具体参数需通过试验确定，保证锚固体直径不小于设计图纸规定要求。

10）桩侧挂网喷面

① 桩侧挂网：桩侧挂网所用的钢筋规格及型号、布置间距、加强筋设置应符合设计图纸要求。

② 混凝土面层喷射：混凝土面层采用喷涂机喷射成型，喷头与喷面应保持垂直，且距离宜控制在1.5～2m，喷射顺序应自下而上，分层铺设。当遇砂卵层地质时，为了防止桩间土壤流失，桩侧喷面高度不大于1.5m，局部滞水丰富处，应及时插管引流，再喷射混凝土处理。混凝土喷射完成2h后，应喷雾养护，保持表面湿润，养护时间根据气温确定宜为3～5d。

11）腰梁安装

腰梁安装时，应先将支护桩桩侧表面稍作凿平。若腰梁与坡面间出现脱空现象，可采用C20混凝土充填，使两者紧密贴合。

12）锚索张拉锁定

① 安装锚具：待旋喷锚索注浆体达到设计强度时，进行锚具安装，锚具安装过程宜保证锚索水平夹角保持不变，锚具安装样式如图2.1-8所示。

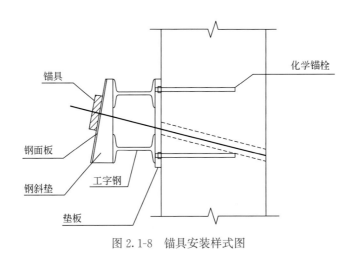

图2.1-8　锚具安装样式图

② 锚索张拉：旋喷锚索张拉具体步骤为：先选择锚具及夹片，对准钢绞线的位置后，将锚具从钢绞线的端部穿入与钢板压平，将夹片压入锚具孔内并压紧，装好千斤顶，启动油泵开始张拉，待千斤顶与锚具压紧后，张拉至锁定数值，回油，拆下千斤顶。

采用钢绞线束整体张拉锁定的方法：锚索张拉分两次逐级张拉，第一次张拉值取锁定力的70%，间隔5d后进行第二次张拉，二次张拉至锁定力的110%后持荷，每次张拉均持荷稳定不少于5min，直至压力表稳定后锁定；张拉时，确保千斤顶轴线和锚索轴线在同一直线上，并应详细记录锚索伸长量；张拉时锚孔清洗干净，每个夹片张紧程度均匀，安装夹片时应在夹片外表面涂抹黄油或石蜡，张拉过程中，操作人员严格按照规范操作。

③ 封孔注浆：补偿张拉后，立即进行封孔注浆。对于下倾锚索，将注浆管从预留孔插入，直至管口进到锚固段顶面约50cm；对于上倾和水平锚索，通过预留注浆管注浆。孔中的空气经由设在定位止浆环处的排气管排出。

④ 外部保护：封孔注浆后，锚具后保留50mm钢绞线，截去剩余钢绞线，在其外部包覆厚度不小于50mm的水泥砂浆保护层。

⑤ 若预应力锚索锁定后 48h 内出现明显的应力松弛现象，则应进行补偿张拉；预应力张拉完成后，用手提砂轮机切除多余钢绞线，外留长度 50cm。

13）质量控制标准

质量控制标准见表 2.1-1。

质量控制标准

表 2.1-1

序号	项目	允许偏差或允许值	检查方法
1	桩位	支护桩延基坑侧壁方向 100mm。垂直基坑侧壁方向 150mm；工程桩满足垂直度 <1%，桩径偏差不小于 −20mm	用钢尺和全站仪测量
2	孔深	0～300mm	用测钻杆测量
3	混凝土强度	满足设计要求	检查试块报告或回弹法检测
4	桩身质量	桩身完整性	低应变法检测
5	桩径	0～+50mm	用钢尺测量
6	桩垂直度	不大于 1%	用经纬仪/钻机水平尺检测
7	桩顶标高	+30mm，−20mm	用水准仪测量
8	混凝土充盈系数	1.1～1.3	检查每根桩实灌值
9	钢绞线长度	50mm	用钢尺测量

2.2 全地下污水厂深基坑"高压旋喷桩止水帷幕"施工技术

1. 技术简介

全地下式污水处理厂因整体位于地下，土方开挖深度一般超过 −15m，降水、止水成为全地下式污水处理厂工程的施工重难点。降低水位通常采用明沟＋集水井降水、轻型井点降水、管井井点降水、深井井点降水多种方式。当地质勘察水位高于基底且降水困难时，需要在基坑周围设置止水帷幕，防止地下水涌入基坑内。止水帷幕深度主要取决于深基坑深度、地质结构、勘探水位高度等，通常止水帷幕伸入基坑底下达十余米，甚至数十米。止水帷幕常见方式有旋喷桩、高压旋喷桩、深层搅拌桩。高压旋喷桩止水帷幕具有施工占地面积小、振动小、噪声小等优点。

高压旋喷桩止水帷幕是以高压旋转的喷嘴将水泥浆喷入土层与土壤混合，形成连续搭接的水泥排桩，施工过程中重点控制钻孔垂直度，以保证成桩质量。高压旋喷桩止水帷幕结构示意如图 2.2-1、图 2.2-2 所示。

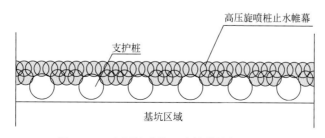

图 2.2-1 高压旋喷桩止水帷幕结构平面图

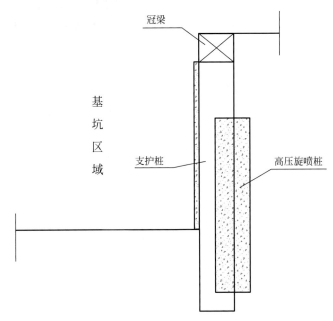

图 2.2-2　高压旋喷桩止水帷幕结构示意图

2. 技术内容

（1）施工工艺流程

深基坑"高压旋喷桩止水帷幕"施工工艺流程如图 2.2-3 所示。

图 2.2-3　深基坑"高压旋喷桩止水帷幕"施工工艺流程图

（2）技术要点

1）施工准备

① 编制专项方案并经专家论证通过。

② 所使用机械设备及计量检测仪器经验收合格。

③ 施工区域场平完成，满足设备承载力要求。

④ 置换泥浆池施工完成，做好安全防护标识。

2）定位放线

根据建设单位移交的控制点，采用全站仪按照图纸确定钻孔位置，做好标记并加以保护。

3）钻机就位

高压旋喷桩成孔采用履带式锚杆钻机，将其移至设计桩位上，钻头对准孔位中心，固定好钻机，保持平稳。

4）制备水泥浆

按设计确定的配合比拌制水泥浆。水、水泥和外掺剂搅拌 10～20min，水泥浆经第一道筛网（孔径为 0.8mm）过滤后流入浆液池，通过泥浆泵经第二道过滤网（孔径为 0.8mm）过滤，形成的浆液置于浆液罐中，待压浆时备用。

5）钻孔插管

旋喷注浆机钻孔作业时，边钻孔边下放注浆管，在下管过程中，用胶带封死喷头，防止管外泥砂或管内水泥浆堵塞喷嘴，当注浆喷头下放到预定位置（预定加固范围最深点），按照顺序往管内输送高压浆液和压缩空气（胶带将自动崩开）。

6）喷射注浆

喷浆管下沉到达设计深度后，停止钻进，但需继续旋转，高压泥浆泵压力增压至施工设计值（20～40MPa），坐底喷浆 30s 后，边喷浆边旋转提升钻杆，钻杆提长速度应符合设计和试桩确定的提升速度。

7）拔管冲洗

① 喷浆由下而上至设计高度后，拔出喷浆管，将浆液注入注浆孔内，多余浆液应清理干净。为防止浆液凝固时产生收缩的影响，拔管应及时，否则浆液凝固后将难以拔出。

② 向浆液罐中注入适量清水，开启高压泵，清洗管路中残存的水泥浆，直至洁净。

③ 补浆。

喷射注浆作业完成后，由于浆液的析水作用，一般均有不同程度的收缩，使固结体顶部出现凹穴，应及时用水灰比为 1.0 的水泥浆补灌。

8）质量控制标准

质量控制标准见表 2.2-1。

质量控制标准　　　　　　　　　　　表 2.2-1

序号	项目	允许偏差或允许值	检查方法
1	水泥及外掺剂	符合出厂要求	检查产品合格证书或抽样送检
2	水泥用量	符合设计要求	查看流量表及水泥浆水灰比
3	桩体强度及完整性检验	符合设计要求	低应变检测
4	钻孔垂直度	1.5%	检查试块报告或回弹法检测
5	孔深	200mm	用钢尺测量
6	注浆压力	符合设计要求	查看压力表
7	桩体直径	50mm	用钢尺测量
8	桩身中心允许偏差	0.2D	桩顶下 500mm 处用钢尺测量

2.3　叠池防渗透关键技术

1. 技术简介

近年来，结合国家节能、节地、节水、节材和环境保护政策要求，新建（扩建）自来水厂工程中，将设备间、沉淀池、清水池等独立构筑物，由传统的平面布置改进为竖向叠合布置，从而整合为一个综合构筑单体，称之为叠池。叠池结构分为上下两层，通常上层为设备间、絮凝池、沉淀池，下层为清水池，各池舱比邻布置，有效减少了占地面积，并简化和节约了原独立构筑物之间复杂的输水管道及各种线缆。

叠池结构剖面如图 2.3-1 所示。

由于叠池结构复杂，尤其各独立船舱之间水质不同，应严禁渗漏，否则将导致下游水质污染。因此，叠池结构的防渗漏控制是类似水厂施工的重难点。为解决叠池上下层水体混合引起清水不达标的问题，依据徐州市骆马湖水源地及第二地面水厂工程（净水厂工程）2 标段工程，凝练了叠池防渗漏三项关键技术：①紫铜片式止水带施工技术：是一种采用紫铜片作为水池变形缝止水带处理工艺的高效防渗漏技术，相比常规的橡胶止水带式变形缝，其在沉降变形过程中更具伸缩性、恢复性、耐久性及防老化

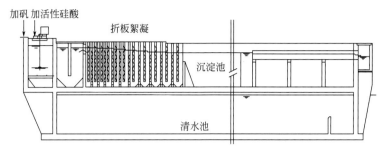

图 2.3-1 某工程叠池结构剖面图

性能；②混凝土自防水控制技术：主要是通过从混凝土配比、原材料选择、工艺控制、成品养护等方面进行全过程质量控制，达到混凝土自身具备防渗漏作用；③涂膜防水施工技术：在叠池内、外池壁表面增加一层涂膜防水层，实现叠池防渗漏的多重保障。

2. 紫铜片式止水带施工技术

（1）施工工艺流程

紫铜片式止水带施工工艺流程如图 2.3-2 所示。

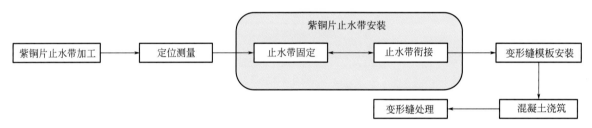

图 2.3-2 紫铜片式变形缝处理施工工艺流程图

（2）技术要点

1）紫铜片式止水带加工

① 紫铜片式止水带采用工厂加工。

② 紫铜止水带的抗拉强度、延伸率、铜片厚度、宽度均按照设计加工完成。

③ 紫铜止水带加工注意事项：加工的过程中应当采用机械切割的方式，禁止加工过程中使用金属工具锤击铜片的表面；紫铜止水片加工须用模具冷压成型，再成型之后应当对其表面进行一定程度的检查，如果发现其表面存在裂纹或者裂痕，则此止水片视为废品。

2）定位测量

① 紫铜片式止水带在钢筋安装完成后进行安装。

② 通过全站仪测量出紫铜片式止水带放置位置，水平位置拉线标注，垂直位置在钢筋上标注标高位置。

3）紫铜片安装

① 紫铜片式止水带固定。

紫铜片须按设计位置跨缝对中进行安装，并用托架、卡具定位，确保在混凝土浇筑过程中不产生变形或位移。不允许有拉筋、钢筋或其他钢结构与紫铜片相碰接。

② 紫铜片式止水带衔接。

紫铜片的衔接方式按照施工图纸要求，采取折叠、咬接或搭接，搭接长度不应小于 20mm，咬接或搭接应采取双面焊。紫铜片的十字形接头和"T"形接头在现场加工时，应严格控制焊接质量，如图

22

2.3-3、图 2.3-4 所示。

图 2.3-3　水平止水十字形接头大样图

图 2.3-4　水平止水 T 形接头大样图

4）变形缝模板安装

① 模板应该垂直于紫铜板的 U 形凹槽正中心部位安装，以确保混凝土浇筑时不会将紫铜板 U 形凹槽封堵，如图 2.3-5 所示。

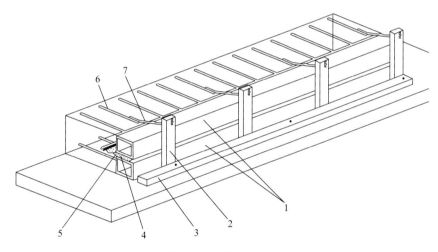

图 2.3-5　模板安装图

1—加固模板、木方；2—支撑木方；3—固定木方；4—紫铜片止水带；
5—紫铜片止水带中心位置；6—钢筋；7—固定钢筋

② 模板安装必须牢固，严禁浇筑时出现偏位。

5）混凝土浇筑

① 浇筑过程中避免混凝土直接浇筑在紫铜片部位处，接着使用振动器将混凝土慢慢振捣至紫铜片区域。

② 浇筑过程中仔细振捣，保证紫铜片结合处混凝土密实。

③ 合理安排浇筑和振捣程序，注意避免紫铜片部位泌水集中。

④ 浇筑过程中，应安排专人巡视、管理。应加强对止水部位的检查，如发现跑偏，应及时纠正。

⑤ 合理采用斜插及水平振捣，保证紫铜片下部混凝土的回填密实。

6）变形缝处理

变形缝两侧混凝土浇筑完成后，将低发泡聚乙烯密孔泡沫板嵌缝剔除 3cm 后清理干净，填充双组密封膏。

3. 混凝土自防水控制技术

（1）施工工艺流程

混凝土自防水控制施工工艺流程如图 2.3-6 所示。

图 2.3-6　混凝土自防水控制施工工艺流程图

（2）技术要点

1）材料选择

① 水泥的选择应符合下列规定：

a. 宜采用普通硅酸盐水泥或硅酸盐水泥，采用其他品种水泥时应经试验确定。

b. 在受侵蚀性介质作用时，应按介质的性质选用相应的水泥品种。

c. 不得使用过期或受潮结块的水泥，并不得将不同品种或强度等级的水泥混合使用。

② 砂、石的选择应符合下列规定：

a. 砂宜选用中粗砂，含泥量不应大于 3.0%，泥块含量不宜大于 1.0%。

b. 不宜使用海砂；在没有使用河砂的的条件时，应对海砂进行处理后才能使用，且控制氯离子含量不得大于 0.06%。

c. 碎石或卵石的粒径宜为 5～40mm，含泥量不应大于 1.0%，泥块含量不应大于 0.5%。

d. 对长期处于潮湿环境的重要结构混凝土用砂、石，应进行碱活性检验。

③ 矿物掺合料的选择应符合下列规定：

a. 粉煤灰的级别不应低于二级，烧失量不应大于 5%。

b. 硅粉的比表面积不应小于 $15000m^2/kg$，SiO_2 含量不应小于 85%。

c. 粒化高炉矿渣粉的品质要求应符合现行国家标准《用于水泥、砂浆和混凝土中的粒化高炉矿渣粉》GB/T 18046 的有关规定。

④ 外加剂的选择应符合下列规定：

a. 外加剂的品种和用量应经试验确定，所用外加剂应符合现行国家标准《混凝土外加剂应用技术规范》GB 50119 的质量规定。

b. 掺加引气剂或引气型减水剂的混凝土，其含气量宜控制在 3%～5%。

c. 考虑外加剂对硬化混凝土收缩性能的影响。

d. 严禁使用对人体产生危害、对环境产生污染的外加剂。

2）自防水混凝土的配比设计

① 试配要求的抗渗水压值应比设计值提高 0.2MPa。

② 混凝土胶凝材料总量不宜小于 $320kg/m^3$，其中水泥用量不宜少于 $260kg/m^3$，粉煤灰掺量宜为胶凝材料总量的 20%～30%，硅粉的掺量宜为胶凝材料总量的 2%～5%。

③ 水胶比不得大于 0.50，有侵蚀性介质时水胶比不宜大于 0.45。

④ 砂率宜为 35%～40%，泵送时可增加到 45%。

⑤ 灰砂比宜为 1∶1.5～1∶2.5。

⑥ 混凝土拌合物的氯离子含量不应超过胶凝材料总量的 0.1%，混凝土中各类材料的总碱量，即 Na_2O 当量不得大于 $3kg/m^3$。

⑦ 入泵坍落度宜控制在 120～140mm，坍落度每小时损失不应大于 20mm，坍落度总损失值不应大于 40mm。

3）自防水混凝土的生产、运输

① 严格控制拌制混凝土生产。

拌制混凝土所用材料的品种、规格和用量，每工作班检查不应少于两次。每盘混凝土各组成材料计量结果的允许偏差见表 2.3-1。

混凝土组成材料计量结果的允许偏差（%） 表 2.3-1

混凝土组成材料	每盘计量	累计计量
水泥、掺合料	2	1
粗、细骨料	3	2
水、外加剂	2	1

② 混凝土的运输：

a. 混凝土在运输过程中应保持均匀性，避免产生分层离析、水泥浆流失等现象。

b. 保证混凝土具有设计配合比所规定的坍落度。

c. 保证混凝土在初凝前浇入模板并捣实完毕。

d. 泵送混凝土拌合物在运输后出现离析，必须进行二次搅拌。当坍落度损失后不能满足施工要求时，应加入原水胶比的水泥浆或掺加同品种的减水剂进行搅拌，严禁直接加水。

4）自防水混凝土的浇筑

① 混凝土输送：

a. 混凝土输送宜采用泵送方式。

b. 输送混凝土的管道、容器、溜槽不应吸水、漏浆，并应保证输送通畅。输送混凝土时应根据工程所处环境条件采取保温、隔热、防雨等措施。

c. 输送泵的选型应根据工程特点、混凝土输送高度和距离、混凝土工作性确定。

d. 混凝土输送泵管应根据输送泵的型号、拌合物性能、总输出量、单位输出量、输送距离以及粗骨料粒径等进行选择；混凝土粗骨料最大粒径不大于 25mm 时，可采用内径不小于 125mm 的输送泵管；混凝土粗骨料最大粒径不大于 40mm 时，可采用内径不小于 150mm 的输送泵管。

e. 输送泵管安装接头应严密，输送泵管道转向宜平缓。

f. 垂直向上输送混凝土时，地面水平输送泵管的直管和弯管总的折算长度不宜小于垂直输送高度的 0.2 倍，且不宜小于 15m。

g. 输送泵管倾斜或垂直向下输送混凝土，且高差大于 20m 时，应在倾斜或垂直管下端设置直管或弯管，直管或弯管总的折算长度不宜小于高差的 1.5 倍。

② 混凝土浇筑：

a. 浇筑混凝土前，应清除模板内或垫层上的杂物。表面干燥的地基、垫层、模板上应洒水湿润；现场环境温度高于 35℃ 时，宜对金属模板进行洒水降温；洒水后不得留有积水。

b. 混凝土浇筑应保证混凝土的均匀性和密实性。混凝土宜一次连续浇筑；当不能一次连续浇筑时，可留设施工缝或后浇带分块浇筑。

c. 混凝土浇筑过程应分层进行，分层浇筑应符合规范规定的分层振捣厚度要求，上层混凝土应在下层混凝土初凝之前浇筑完毕。

d. 混凝土浇筑的布料点宜接近浇筑位置，应采取减少混凝土下料冲击的措施，宜先浇筑竖向结构构件，后浇筑水平结构构件；浇筑区域结构平面有高差时，宜先浇筑低区部分再浇筑高区部分。柱、墙模板内的混凝土浇筑倾落高度超过规范要求时，应加设串筒、溜管、溜槽等装置。

e. 混凝土浇筑后，在混凝土初凝前和终凝前宜分别对混凝土裸露表面进行抹面处理。

f. 基础大体积混凝土结构浇筑应符合规定：用多台输送泵接输送泵管浇筑时，输送泵管布料点间距不宜大于10m，并宜由远而近浇筑；用汽车布料杆输送浇筑时，应根据布料杆工作半径确定布料点数量，各布料点浇筑速度应保持均衡；宜先浇筑深坑部分再浇筑大面积基础部分；宜采用斜面分层浇筑方法，也可采用全面分层、分块分层浇筑方法，层与层之间混凝土浇筑的间歇时间应能保证整个混凝土浇筑过程的连续；混凝土分层浇筑应采用自然流淌形成斜坡，并应沿高度均匀上升，分层厚度不宜大于500mm。

③混凝土振捣：

a. 混凝土振捣应能使模板内各个部位混凝土密实、均匀，不应漏振、欠振、过振。

b. 混凝土振捣应采用插入式振动器、平板振动器或附着振动器，必要时可采用人工辅助振捣。

c. 插入式振动器振捣混凝土应按分层浇筑厚度分别进行振捣，插入式振动器的前端应插入前一层混凝土中，插入深度不应小于50mm。

d. 插入式振动器应垂直于混凝土表面并快插慢拔均匀振捣；当混凝土表面无明显塌陷、有水泥浆出现、不再冒气泡时，可结束该部位振捣。

e. 插入式振动器与模板的距离不应大于插入式振动器作用半径的0.5倍；振捣插点间距不应大于振动棒的作用半径的1.4倍。

f. 宽度大于0.3m的预留洞底部区域应在洞口两侧进行振捣，并应适当延长振捣时间；宽度大于0.8m的洞口底部，应采取特殊的技术措施。

g. 后浇带及施工缝边角处应加密振捣点，并应适当延长振捣时间。

h. 钢筋密集区域或型钢与钢筋结合区域应选择小型插入式振动器辅助振捣、加密振捣点，并应适当延长振捣时间。

i. 基础大体积混凝土浇筑流淌形成的坡顶和坡脚应适时振捣，不得漏振。

5）混凝土的养护

a. 混凝土浇筑后应及时进行保湿养护，保湿养护可采用洒水、覆盖、喷涂养护剂等方式。选择养护方式应考虑现场条件、环境温湿度、构件特点、技术要求、施工操作等因素。

b. 抗渗混凝土养护时间不应少于14d。

c. 洒水养护宜在混凝土裸露表面覆盖麻袋或草帘后进行，也可采用直接洒水、蓄水等养护方式；洒水养护应保证混凝土处于湿润状态。

d. 当日最低温度低于5℃时，不应采用洒水养护。

e. 基础大体积混凝土裸露表面应采用覆盖养护方式；当混凝土表面以内40~80mm位置的温度与环境温度的差值小于25℃时，可结束覆盖养护。覆盖养护结束但尚未到达养护时间要求时，可采用洒水养护方式直至养护结束。

4. 涂膜防水施工技术

池体涂膜防水目前采用的有LM防水涂料、水泥基渗透结晶、氰凝涂料、DPS混凝土永凝液等。根据防水涂料是否满足生活饮用水卫生标准，将氰凝涂料、DPS混凝土永凝液、LM防水涂料作为池体外壁防水，LM防水涂料、水泥基渗透结晶、DPS混凝土永凝液作为池体内壁防水。下面以LM防水涂料为例介绍涂膜防水施工技术。

（1）施工工艺流程

涂膜防水施工工艺流程如图2.3-7所示。

图2.3-7 涂膜防水施工工艺流程图

（2）技术要点

1）基层处理

要求表面平整、干净，无起鼓、裂纹，裂缝大于 2mm 时用密封胶嵌平。

2）配料

LM 复合防水涂料为双组分涂料，使用时应按涂料所要求配合比准确计算搅拌均匀，例如：

打底层涂料的重量配比为：

粉料：液料＝（Ⅰ型）1：1.5，（Ⅱ型）1：1.5～2；

下层、中层和上层涂料的重量配比为：

液料：粉料：水＝（Ⅰ型）10：7：0.1，（Ⅱ型）10：12：0.2。

在规定的加水范围内，斜面、顶面或立面施工时不加或少加水，平面施工时应多加水。搅拌时把干料缓慢倒入湿料中充分搅拌至无气泡为止，过程不少于 10min。配好的涂料 1h 内必须用完。

3）防水施工

采用涂刷法或滚涂法。涂刷时应横竖交叉进行，达到表面均匀、厚度一致。一般涂刷 2～3 遍，厚度要求为 1mm，每平方米用料约为 2kg。

4）检查及验收

防水层施工完毕后，应认真检验整个工程，特别注意薄弱部位。若发现问题，应查明原因并及时修复。涂层不应有裂纹、翘边、流淌、鼓泡、分层等现象。涂层厚度应符合设计要求（可从现场割取 30mm×30mm 的实样，用测厚仪测定）。

5）注意事项

① LM-Ⅰ型复合防水涂料施工温度为 -5℃以上，LM—Ⅱ型复合防水涂料施工温度为 5℃以上。

② 若涂料（尤其是打底料）出现沉淀，应及时搅拌均匀。

③ 涂层需均匀，无局部沉积，并要求多滚刷几次使涂料与基层之间无气泡，粘结严实，涂覆总次数不少于 3 层。

④ 每层涂层必须按规定用量取料，不能过厚或过薄。若最后防水层厚度不够，可加涂一层或数层。

⑤ 各层之间的时间间隔以前一层涂膜干固不粘为准（一般需要 3～6h，现场温度低、湿度大、通风差，干固时间长些；反之短些）。

⑥ 每次配料施工完毕，应及时用清水把工具清洗干净。

2.4　预应力池体张拉施工技术

1. 技术简介

圆形池体构筑物广泛应用于净水厂、污水厂，且随城市的发展，池体直径越来越大，对池体结构提出了更高的强度和抗裂性要求。为了满足圆形池体结构强度和抗裂性的要求，对大直径圆形池体采用预应力结构。依据徐州比迪恩建设有限公司大晶圆工业污水处理厂工程的建设实践，总结形成了预应力池体张拉施工技术。

预应力池体张拉施工技术主要通过对圆形池壁外侧受拉区施加预应力的方式来满足水池强度和抗裂性的要求，同时减少钢筋用量。对于池体的张拉多采用无粘结预应力后张拉方式，无粘结预应力张拉工艺设备主要由低松弛的预应力钢绞线、夹片锚具、千斤顶、张拉设备组成。当构筑物池壁强度达到设计强度后，利用无粘结筋在塑套内可作纵向滑动的特点，进行张拉锚固，借助两端锚具，达到对结构建立起预应力的目的。

2. 技术内容

（1）施工工艺流程

无粘结预应力后张法施工工艺流程如图 2.4-1 所示。

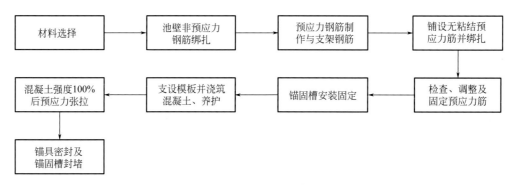

图 2.4-1　无粘结预应力后张法施工工艺流程图

（2）技术要点

1）材料选择

① 钢绞线。

无粘结预应力钢绞线采用低松弛预应力钢绞线，一般公称直径 $d=15.2$mm（$7\phi5$），抗拉强度标准值为 1870MPa。钢绞线必须是通长的，严禁有接头。

② 锚具。

常使用 OVM 锚具，HM15-2T 环锚，需提前做好锚具及无粘结筋的复试报告。夹片锚具与无粘结预应力钢绞线应配套，锚具的垫板尺寸常为 100mm×100mm，厚度为 14mm，材质为 Q235B。

2）无粘结预应力筋的制作及定位

① 无粘结预应力筋制作的关键在于确定下料长度。下料长度需严格计算，计算分两部分：第一部分为结构内长度；第二部分为外露工作长度，此部分由锚固形式、张拉方式与千斤顶型号决定。配筋长度＝构件内长度＋千斤顶工作长度＋锚具厚度＋预应力筋外露长度。

无粘结预应力筋下料切割后应标明规格、数量，然后分开存放。下料应使用砂轮机切割，不得使用氧乙炔焰或电弧切割。

② 标注无粘结预应力筋安装位置：根据施工翻样图把预应力束的标高标注在池壁纵向非预应力筋上。

③ 支架钢筋：根据无粘结预应力筋的纵向尺寸线，用 $\phi8$ 的水平钢筋焊在池壁非预应力筋上。施工时应保证焊接质量，确保支架筋牢固。支架筋竖向间距由预应力筋位置确定，水平间距为 600mm。

3）无粘结预应力筋的安装

① 安装前检查。

安装前检查预应力钢筋完整性，施工时不得摔、踩踏无粘结预应力筋，减少尖锐物体与无粘结筋外包层直接接触，对局部破损的外表层，可用水密性胶带进行缠绕修补，胶带搭接宽度不应小于胶带宽度 1/2，缠绕长度应超过破损长度。破损的无粘结预应力筋应予以报废。

② 承压锚垫板安装。

张拉端常采用凸出式，安装锚垫板时可在非预应力筋上附加一根水平筋用以点焊锚垫板，使其紧贴锚固肋模板，并确保水平、竖直方向位置正确。螺旋筋均应紧靠锚垫板并固定，可点焊在垫板或非预应力筋上。

③ 铺放无粘结预应力筋。

铺放工作需由两组工作人员于相邻的两个锚固肋分别进行，逐根搁置在支架上并紧靠池壁外侧竖筋，及时理顺，然后沿同一方向用钢丝扎牢，但不宜过紧以免损伤保护皮，影响预应力张拉效果。铺放完成的无粘结预应力筋沿全长应无死弯，并严格按设计位置铺放，弧形部分弯曲自然，避免局部小弯。预应力筋穿过张拉端螺旋筋、锚垫板及模板，在模板外的长度不宜少于 300mm，在锚垫板内不小于 300mm 一段的无粘结筋需与埋件面垂直。

无粘结预应力筋铺放完成后，应由专人检查无粘结的编号、破损、位置和外露长度，并邀请监理工程师对预应力筋铺放进行隐蔽工程验收。

4）模板工程

模板安装过程中需减少对模板或是钢筋的大力敲打等，避免因蛮力作业导致预应力筋的松动、脱位或是外皮的损坏。特别是在对拉螺栓及垫块的安装过程中，一定要注意避开预应力筋。在模板安装后期要再次对预埋件、锚垫板及预应力筋的位置和标高进行校核，以确保安装的准确牢固。

5）混凝土浇筑

采用泵送商品混凝土，应适当增加微膨胀剂，同时，为避免因过振导致预应力钢筋移位，除去必要的振捣外，应避免插入式振动器与预应力钢筋的接触。

浇捣结束后，混凝土应加强养护，保持充分湿润，防止水分过早蒸发而表面产生裂缝，在浇筑中除留置竣工资料中需要的标样试块外，尚要留置二组拆模试块，并与构件同条件养护，以确定张拉时间之用。

6）无粘结预应力张拉

① 张拉前的准备及注意事项。

张拉前需检查外露预应力筋工作长度，检查预应力筋有无损伤情况，并设置简易的张拉平台。

② 把锚垫板清理干净，刷上防腐涂料，剥去外露段无粘结预应力筋塑料外套，将预应力钢筋穿过张拉锚具。

对每一束无粘结筋编号，并在张拉端处做出标记。

③ 锚固体系及张拉机具选用。

常采用"OVM"锚固体系，预应力筋为 1870 级无粘结钢绞线，预应力钢绞线的张拉，采用"OVM15-1"夹片式锚具，并结合配套穿心式千斤顶、油压表及电动高压油泵来完成全过程的预应力施工工艺，如图 2.4-2、图 2.4-3 所示。

图 2.4-2　锚固件安装图

图 2.4-3　张拉施工图

④ 张拉顺序：

a. 张拉顺序为自下而上。

b. 每根钢筋须两端张拉。同一圈两根钢绞线同时同步张拉（采用四个千斤顶同时张拉）。

⑤ 施张预应力。

张拉前检查张拉设备（图 2.4-4），可配备 6 台千斤顶（两台备用）及四台高压电动油泵。张拉前对千斤顶与油表在有资质的试验检测机构，在万能机上按主动态（即和张拉工作状态一致）方式进行配套标定。预应力筋张拉控制应力为 1300N/mm²（示例值），超张拉 3％后每根预应力筋最终张拉力为 187kN（示例值）。

图 2.4-4　张拉设备及压力表图

张拉方法为混凝土强度达 C40（示例值）进行张拉：0→50kN（量初值）→193kN（量终值）→锚固。张拉应力为 0～1.03σ_con，张拉过程要求应力应变双控。张拉以应力控制为主，并辅以伸长值校核。

⑥ 技术要点：

a. 安装锚具前必须把锚垫板面清理干净，先装锚板，后装夹片。

b. 安装张拉设备时，千斤顶张拉力的作用线应与预应力筋末端的切线重合。

c. 张拉时要严格控制进油速度，回油应平稳。

d. 张拉过程中，应认真测量预应力筋的伸长值，并做好记录。

e. 实测伸长值与计算伸长值之差，应在 −6％～+6％范围内，否则应停止张拉，及时查明原因并采取措施予以调整后方可继续张拉。

⑦ 锚具封堵。

张拉后应及时采用砂轮机将多余的钢绞线切掉。预应力筋切割后留出锚具（夹片）外长度 30mm，然后把灌有防腐油脂的塑料盖套在外露的锚具上，最后用不低于结构强度的细石膨胀混凝土封堵张拉端锚具；同时，用聚硫密封胶及 C30 细石混凝土堵塞底板杯口。

2.5　大型水池清水混凝土施工技术

1. 技术简介

目前，水厂建筑风格越来越向简洁明了、节能环保方向发展，清水混凝土在露天水池的池壁上应用越来越多。清水混凝土属于一次浇筑成型，不做任何外装饰，直接由结构主体混凝土本身的肌理、质感和精心设计施工的对拉螺栓孔等组合而成的一种自然状态装饰面。

大型水池清水混凝土施工主要控制环节和要求如下：①选用优质模板和设计控制模板模数、明缝与图案，在混凝土浇筑完成后呈现出观感良好的池壁明缝、禅缝或图案；②选用新型可拆卸三节对拉防水螺杆，可解决传统对拉螺栓施工工艺制作繁琐、成本高昂的缺点，有效避免传统对拉螺栓后期切除外露螺杆对清水墙的破坏行为；③控制混凝土配合比与浇筑过程，确保混凝土墙体的密实性，消除蜂窝麻面等影响混凝土成型观感的缺陷。

2. 技术内容

（1）施工工艺流程

清水混凝土施工工艺流程如图 2.5-1 所示。

图 2.5-1　清水混凝土施工工艺流程图

（2）技术要点

1）设计

根据清水墙的效果要求，设计模板接缝位置、对拉螺栓分布，计算混凝土配合比等（图 2.5-2）。

2）原材料的选择和制作

① 模板：

a. 模板选用胶合板，并严格按照设计图纸加工，控制加工精度，保证模板表面平整、形状方正、接缝严密；需注意在对模板周边加工时，应采用手工木刨进行找边处理，并采用清漆封边。

b. 模板加工完成后，应按设计要求对其尺寸、形状、拼缝、企口和平整度等进行验收，并统计模板及配件数量。

② 对拉螺栓：

a. 对拉螺栓选用可拆卸三节止水螺栓（图 2.5-3）。可拆

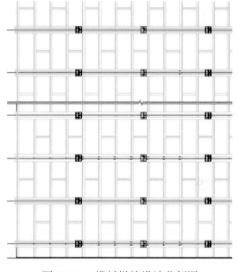

图 2.5-2　模板拼缝设计范例图

卸三节止水螺栓是一种新型的对拉螺栓，可消除传统对拉螺栓后期切除外漏螺杆时对清水墙的破坏行为，并克服传统对拉螺栓施工工艺制作繁琐、成本高昂的缺点。

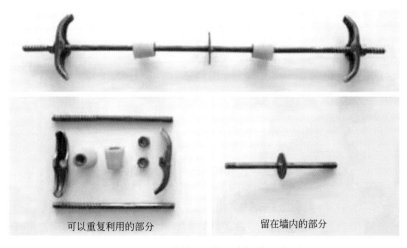

可以重复利用的部分　　　　留在墙内的部分

图 2.5-3　可拆卸三节止水螺栓组成图

b. 根据模板施工专项方案，明确所需的止水螺栓内杆、外杆、锥形螺套与内牙六角螺帽的数量，再按照池壁厚度委托加工。需注意在结构要求防水的部位，螺栓的内杆中间需加焊止水片，且止水片与内杆必须满焊。

③ 混凝土：

a. 水泥：选择质量稳定、碱含量低、需水量小的优质普通硅酸盐水泥；必须用同一批次、同一品牌、同一强度等级的水泥。

b. 掺合料：选用一级粉煤灰，固定厂家，固定品质，固定颜色，不含杂质。粉煤灰烧失量小于5%，细度8%～12%，需水量比小于95%。

c. 骨料：骨料应选用同一产地、同一石源、同一规格的产品，同时应连续级配，颜色均匀，含泥量小于1%，泥块含量小于0.5%，针片状颗粒不大于15%。细度模数大于2.6的中砂，含泥量小于1.5%，泥块含量小于1.5%，质地坚硬，级配良好，颜色均匀一致（严禁使用碱活性骨料）。

d. 外加剂：采用高效减水剂，含适量引气组分，确保引入气泡均匀细小，避免形成连通的大气泡，造成混凝土表面出现麻面，同时应使混凝土具有良好的黏聚性和保水性，保证在振捣过程中不出现离析或泌水现象，同时应避免混凝土黏度太大，造成气泡排出困难。不得使用含氯盐的外加剂，外加剂不得改变混凝土颜色，不得导致混凝土硬化后表面出现析霜或返潮现象。

3）模板安装

① 将锥型螺套与内杆连接旋紧，预先放置在结构钢筋网格中。

② 根据墙模施工放线，将模板编号后吊装入位，通过定位穿墙螺杆初步固定。

③ 调整模板的垂直度及拼缝，锁紧穿墙杆螺母。

④ 销紧模板夹具，锁紧穿墙螺母。

⑤ 检查模板支设情况，根据方案及图纸要求对薄弱区域进行加强。

4）混凝土浇筑

① 混凝土拌制、运输及进场检验：

a. 混凝土搅拌时间比普通混凝土延长20～30s；混凝土运输车每次清洗后注意排净料筒内的积水；控制混凝土运输时间差，避免坍落度损失过大。

b. 混凝土拌合物颜色应均匀，保证混凝土无可见色差。

c. 进场混凝土由搅拌站人员向现场检验人员逐车交验，交验的内容有目测混凝土外观色泽和有无泌水离析现象，试验员对每车混凝土取样进行坍落度试验（140～160mm），坍落度不符合要求不得使用。

d. 混凝土拌合物工作性能优良，无离析、泌水现象，压力泌水率小于22%，坍落度90min经时损失小于30%。

② 混凝土浇筑：

a. 浇筑前必须制作样板，按照效果好的样板浇筑高度进行指导后期正式工程浇筑。

b. 浇筑前需先清理模板内垃圾，保持模板内清洁、无积水。

c. 混凝土浇筑时，在比普通混凝土施工时较轻的振捣下，应能达到流平、密实的程度。

d. 采用插入式振动器进行振捣时，混凝土振点应从中间开始向边缘分布且布棒均匀，层层搭扣，随浇筑连续进行。

e. 插入式振动器的插入深度要大于浇筑厚度，插入下层混凝土中50～100mm，使浇筑的混凝土形成均匀密实的结构。

f. 混凝土先后两次浇筑的间隔时间不超过30min，第二次浇筑前，要将上次混凝土顶部的150mm厚的混凝土层重新振捣，以便使两次浇筑的混凝土结合成密实的整体；重新振捣之前，要确认上次的混凝土尚未初凝，凭插入式振动器的自重就能穿入混凝土层。如先后两次混凝土浇筑时间间隔30min，或是虽未超过30min，但凭插入式振动器的自重已不能穿入混凝土层，就不能直接浇筑第二层混凝土，应按接点处理。

g.振捣过程中应避免撬振模板、钢筋，每一振点的振动时间，应以混凝土表面不再下沉、无气泡逸出为止，一般为 20～30s，要避免过振发生离析。插入式振动器抽出速度为 75mm/s，振捣过程中要使振捣棒离清水混凝土的表面，保持不小于 50mm 的距离。

h.柱浇筑前应在根部首先浇筑与混凝土强度等级相同的去石子水泥砂浆 30～50mm，振实后，再浇筑混凝土；振捣要求同墙体浇筑要求。如果混凝土落差大于 2m，应在布料管上接一软管，伸到柱模内，保持下料高度不超过 2m。

i.振捣过程中，尽可能减少砂浆的飞溅，并及时清理掉溅于模板内侧的砂浆。

j.同一柱子宜用同一罐车的混凝土浇筑。

③ 混凝土的养护：

a.应自初凝前就对混凝土开始养护，并且保证相同的成熟度，避免由此形成的混凝土表面色差。

b.平面结构的清水混凝土拆模时间的要求同普通混凝土，立面结构的清水混凝体拆模时间应比普通混凝土拆模时间长 1～2 倍，从而保证拆模不粘连，成品混凝土棱角完整。清水混凝土的养护要求严于普通混凝土：混凝土立面结构拆模后须立即养护，宜采用定制的塑料薄膜套包裹保湿养护，不宜采用养护剂养护；梁板混凝土浇筑完毕后，分片分段抹平，然后及时用塑料布覆盖。混凝土硬化后，可采用蓄水养护，严防出现裂纹。

c.混凝土养护的时间一般不得少于 14d。

d.模板拆除后的混凝土表面不得直接用草帘或草袋覆盖，以免造成永久性黄颜色污染，应采用干净塑料薄膜严密覆盖养护；如需保温，在塑料薄膜外可以覆盖草帘或草袋。

5）模板拆除

① 混凝土强度满足要求，拆除模板。

② 松开穿墙杆螺母，拆除模板外支撑。

③ 拆除可拆卸止水螺杆外杆，外杆回收、清洗、上油，以备周转。

④ 拆除模板，将拆除的模板吊到地面，清灰后涂刷脱模剂，以备周转。

⑤ 螺栓眼封堵：首先将新型止水螺栓堵头凹槽内杂物清除，然后用聚合物水泥砂浆将其封堵并压实抹光，待聚合物水泥砂浆干燥后（约 24h），在墙螺栓位置增加防水附加层，附加层范围 100mm×100mm。防水层及保护防水附加层验收合格后，在迎水面施工不小于 2mm 厚的聚氨酯防水涂膜，或不小于 4mm 厚的卷材防水。

2.6　预制滤板施工技术

1.技术简介

预制滤板施工技术主要是通过加工厂预制滤板后运输到施工现场，通过滤梁上预埋螺杆、压板将滤板固定在滤梁上，在滤板间隙密封后达到使滤头均匀过滤、曝气的一种技术；其优点为造价低、施工灵活、对施工机械要求低。

2.技术内容

（1）施工工艺流程

预制滤板施工工艺流程如图 2.6-1 所示。

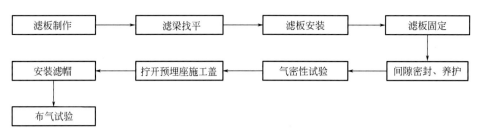

图 2.6-1　预制滤板施工工艺流程图

（2）技术要点

1）滤板制作

按照图纸要求在预制厂通过钢模制作好滤板，并进行养护，成品预制滤板如图 2.6-2 所示。

2）滤梁高程找平

① 对原滤池尺寸进行复核，用水平仪测量池底板水平度、滤板搁置梁及预埋螺栓位置（图 2.6-3）。

图 2.6-2　成品预制滤板图

图 2.6-3　滤梁测量图

② 滤梁找平。

滤梁找平层厚度控制在 20mm 左右，用 1：2 水泥砂浆按标高找平，如图 2.6-4 所示。

③ 滤池清理。

滤梁找平完成后，将池体清理干净，以便滤板安装。

3）滤板安装

① 通过吊车将滤板吊运到滤池内。

② 通过人工将滤板摆正。

③ 通过密封材料填充滤板之间的缝隙。

④ 滤板固定，滤板间隙密封后，通过原有滤梁处预埋的螺栓，套上压板固定滤板，如图 2.6-5 所示。

图 2.6-4　滤梁找平图

图 2.6-5　滤板缝隙之间密封填充及压板施工图

4）气密性试验

滤板气密性试验目的是为了检验滤池配水系统安装后整浇滤板是否浇筑完好、是否出现缝隙、是否漏气漏砂。

① 滤板间隙填充养护完成。

② 检查滤板压板是否牢固。

③ 滤板堵头施工（图2.6-6）。

5）滤头安装

① 堵头拆除。

拆除气密性试验时的预埋座堵头。

② 人工安装滤头（图2.6-7）。

图2.6-6 滤板预埋座堵头施工图

图2.6-7 滤头安装完成图

6）进行布气试验

① 检验滤头安装时是否旋转到位、是否有滤帽破损，若不能及时发现滤帽破损，运行时滤料将会漏入滤板下清水区，发生重大事故。

② 检验滤板、滤头安装后滤头气冲时由滤头释放的空气是否均匀分布，满足气水反冲洗时的布气布水均匀性要求。

2.7 整浇滤板施工技术

1. 技术简介

给水处理、污水处理及再生水处理工艺中，气水冲洗滤池和曝气生物滤池采用整浇滤板施工技术，该技术由整浇滤板和可调式滤头组成。整浇滤板为整体浇筑的钢筋混凝土滤板，采用专用塑制模板，与滤池池壁连接为一体并安装可调式滤头；可调式滤头由滤帽、滤杆、预埋座三部分组成，通过旋转滤杆的上下调整，使滤板上的所有滤头进气孔保持在同一水平高度，从而使滤池配水配气系统技术先进、经济合理、安全可靠。

整浇滤板施工技术具有以下优点：①整体浇筑滤板没有任何缝隙，彻底解决了传统小块预制滤板可能存在的滤板空隙密封不严密的隐患，可有效防止滤料跑料、滤板翻板等问题；②采用可调式长柄滤头。通过调整滤头的水平高度，使滤头水平高度完全一致，从而比传统预制滤板更精准的配水布气，使配水布气更趋于均匀理想。③由于滤杆可调节进气孔高度，对若干年之后发生不均匀沉降的土建、构筑物仍可以调整滤池，使滤帽处于同一水平高度。④可调式滤头的水平高度可通过调节滤杆保证，故整体浇筑混凝土滤板的控制指标与常规土建工艺相近，同格滤池的土建水平误差小于0.1%即可，从而降低了对土建施工的要求，简化了施工程序，缩短了周期。

2. 技术内容

（1）施工工艺流程

整浇滤板施工工艺流程如图2.7-1所示。

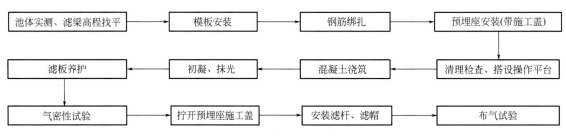

图2.7-1 整浇滤板施工工艺流程图

（2）技术要点

1）池体实测、滤梁高程找平

① 施工前应按设计要求对土建进行验收，对滤板支撑梁水平度和预埋钢筋进行复核，如图2.7-2所示。

图2.7-2 滤梁复核图

② 应按设计要求对模板、滤板支撑梁的平面位置和标高进行现场测量放线。

③ 滤梁尺寸标高偏差为2mm，对于滤梁顶部采用高强度砂浆找平，并预埋好平衡气孔，如图2.7-3所示。

2）模板安装

① 模板设计：

a.滤池模板采用用于安装可调式滤头并在滤池内直接完成整体浇筑钢筋混凝土滤板的专用塑制模板。

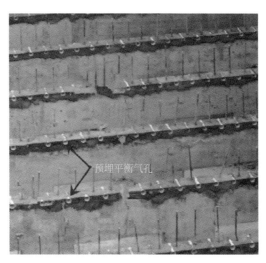

图 2.7-3　滤梁上部平衡气孔安装及砂浆找平图

b. 模板设计除应满足国家现行有关标准规定外，尚应按模板模数确定单格滤池长、宽尺寸，见表 2.7-1。

模板规格型号、选型表　　　　　　　　　　　　　　　表 2.7-1

指标参数规格型号		A1	A2	B1	B2	C1	C2	D	E
	材质	ABS	ABS	ABS	ABS	不饱和聚酯	不饱和聚酯	ABS	ABS
规格尺寸	长度(mm)	1138	1138	963	963	964	1017	1048	963
	宽度(mm)	617	617	467	443	950	901	983	560
	高度(mm)	100	100	80	80	40	40	100	45
	厚度(mm)	5	5	5	5	4	4	5	5
滤头间距	横向	150	150	150	142	135	128	138	136
	纵向	200	142	165	134	135	124	130	137
滤头个数（套/块）		24	32	18	21	49	56	56	28
滤头个数（套/m²）		32	45	40	50	50	60	50	50
滤梁间距(mm)		1200	1200	1000	1000	1000	1050	1100	1000
滤梁宽度(mm)		150	150	130	130	130	130	150	130

② 模板安装：

a. 在模板安装之前将滤池内的施工垃圾和杂物清理干净。

b. 在滤池四周池壁上应画出滤板顶面标高控制线。

c. 模板可用 $\phi 3 \times 30$ 的水泥钢钉固定在滤板支撑梁上（图 2.7-4）。

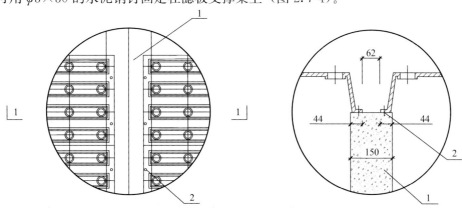

图 2.7-4　滤梁上模板固定平面大样图及 1-1 剖面图

1—滤板支撑梁；2—水泥钢钉孔

d. 模板安装必须平整、搭接严密、不漏浆（图 2.7-5）。

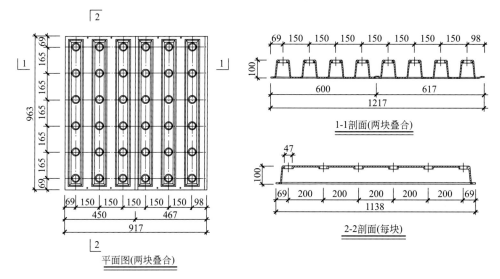

图 2.7-5　模板搭接示意图

e. 施工时，注意单块模板上集中荷载应小于 1kN/m²。

3）钢筋敷设

① 钢筋材料要求。

钢筋进场时应遵照现行《钢筋混凝土用钢　第 2 部分：热轧带肋钢筋》GB 1499.2 和《钢筋混凝土用钢　第 1 部分：热轧光圆钢筋》GB 1499.1 等的规定，按进场的批次进行抽样检验产品合格证、出厂检验报告和进场复验报告。

② 钢筋加工应符合下列要求：

a. 滤板支撑梁预埋钢筋与滤板纵向主筋绑扎作 90°弯折时，弯折处的弧内直径不应小于钢筋直径的 5 倍。

b. 同类型钢筋检查数量不应少于 3 件。

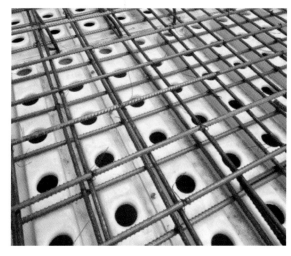

图 2.7-6　钢筋安装图

③ 钢筋敷设：

a. 钢筋的间距、规格按照设计要求进行绑扎安装（图 2.7-6）。

b. 钢筋敷设位置的偏差：高度为 5mm，长度为 10mm。

c. 主筋与池壁预埋钢筋绑扎和与滤板支撑梁预留钢筋绑扎或焊接时，对模板必须采取防护措施，以免损坏。

4）预埋座安装

① 预埋座安装前，必须确认模板和预埋座完好无损。

② 将预埋座垂直插入模板的预留孔内，使预埋座上卡销与模板上颈套箍紧，并旋紧施工盖，如图 2.7-7 所示。

5）整体滤板混凝土浇筑

① 滤板混凝土浇筑必须设置工作平台，严禁直接踩在滤头预埋座上施工。

② 滤板混凝土应连续浇筑，并应保证混凝土密实度和强度达到设计要求，不得有露筋、蜂窝、砂眼、裂缝等缺陷（图 2.7-8）。

图 2.7-7　预埋座盖安装图

图 2.7-8　整体滤板混凝土浇筑图

③ 滤板混凝土初凝后，其表面必须在滤板支撑梁的位置搁置跳板后压光三次，池壁与滤板接合部位必须连续压光三次。

④ 滤板混凝土浇筑后应加草垫覆盖，浇水湿润养护不少于 7d。

⑤ 滤板达到强度前（不少于 28d）不得填装承托层及滤料。

6）气密性试验

① 气密性试验目的是为了检验滤池配水系统安装后整浇滤板是否浇筑完好，是否出现缝隙，是否漏气、漏砂。

② 试验方法：将预埋座上预埋座盖拧紧，通过对滤板下部空间进行充气，并在滤板上布满水，查看水是否有气泡，有气泡表明滤板有缝隙。

7）滤杆滤头安装

① 滤板气密性试验完成后，将预埋座施工盖卸下，清扫干净滤板面。

② 向滤池布水区注入清水至预埋座内滤杆调节螺纹上 15mm，作为滤杆调节基准；用专用工具调节滤杆，使其上端平面与预埋座内水平面在同一水平高度（图 2.7-9）。

③ 滤杆的调节预留量不少于 15mm，用于滤池不均匀沉降引起滤杆进气孔的水平度调节。

④ 滤杆水平调节完毕，依次按顺序安装滤帽，并用专用工具紧固（图 2.7-10）。

图 2.7-9　滤杆安装图

图 2.7-10　滤帽安装图

8）布气试验

滤头布气试验目的：一是检验滤头安装时是否旋转到位，是否有滤帽破损，若不能及时发现滤帽破损，运行时滤料将会漏入滤板下进水区；二是检验滤板、滤头安装后滤头气冲时由滤头释放的空气是否均匀分布，满足气水反冲洗时的布气布水均匀性要求。

布气试验方法：滤池布水布气均匀性试验时，滤池内注入清水，待水位升至滤板面上一定高度（通常约 100～300mm 左右）再进气（通常气压约 30kPa），滤帽出气必须均匀、无死角。

2.8　V 形滤池 H 形槽施工技术

1. 技术简介

V 形滤池中间设置 H 形排水槽，H 形排水槽两侧配置配水、配气孔，起到滤池滤后水排出及滤池反冲洗时配水配气的作用。由于配水配气孔精度要求高，在设计规程中要求"由配气干管（渠）向滤头固定板下气水室配气的支管管顶，宜与滤头固定板底相平，当管顶与滤头固定板底相平有困难时，可低于板底，但垂直距离不宜超过 30mm；滤头固定板应相互沟通；由配水干管（渠）向气水室配水的支管管底应平池底"，且在后期大量配水配气试验、生产运营中发现配气、配水不均匀，易导致下列危害：①在冲洗强度小的位置，滤料得不到足够的清洗，滤料表面残留有悬浮固定逐渐粘结，使滤料板结失去过滤效果，影响水质；②在冲洗强度大的位置，冲洗流速过大，会使部分滤料随冲洗排水而流失，出现"跑砂"现象，另外会冲动滤料的承托层，造成滤料和承托层混层。

为加强配水配气孔的精度控制，采用后钻孔技术有效解决配水配气孔的预埋孔在浇筑混凝土时出现的偏位问题，使配水配气孔达到横成排、竖成列的效果，并有效实现反冲洗效果。

H 形排水槽中间板为斜板，坡度较大，与 H 形排水槽两侧墙板同时浇筑困难，且易造成"跑模"现象，不利于后期排水，采用预制混凝土纤维托板作为底模的方法，解决了 H 形槽的"一"形板施工难度大、成型效果不佳的问题，可有效简化施工难度，降低施工安全风险。H 形排水槽如图 2.8-1 所示。

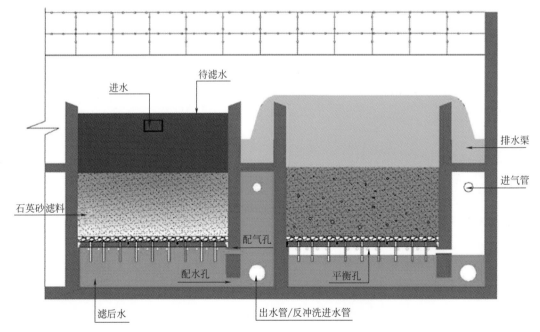

图 2.8-1　H 形槽大样图

2. 后开孔施工技术

（1）施工工艺流程

后开孔钻孔施工工艺流程如图 2.8-2 所示。

图 2.8-2　钻孔技术施工工艺流程图

（2）技术要点

1）测量放线工作：根据上部配气孔的图纸标高，在 H 形槽池壁模板上画线，将每个配气孔标好位置。

2）钢筋设置：通过标好的配气孔位置，将配气孔位置钢筋进行调整，确保无纵横向钢筋布置在配气孔处。若调整钢筋后不满足设计间距要求，通过补加钢筋达到设计要求，调整完成后，通过在配气孔位置四周设置固定钢筋，确保钢筋骨架不在浇筑时偏位。

3）墙板浇筑：根据设计图纸，浇筑相应强度等级的混凝土，振捣密实。

4）重新定位：H 形槽池壁模板拆除完成后，重新引线，定位配气孔，并在浇筑完成的池壁上标出位置。

5）水钻钻孔：通过配套的水钻钻头进行开孔，开孔前首先将钻头对准配气孔位置，然后测量开孔器水平度，一切达到要求后，用膨胀螺栓固定开孔器，防止在开孔过程中移动，造成开孔偏位。

3. 预制混凝土托板安装技术

（1）施工工艺流程

预制混凝土托板安装施工工艺流程如图 2.8-3 所示。

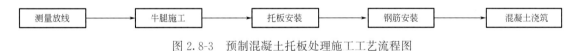

图 2.8-3　预制混凝土托板处理施工工艺流程图

（2）技术要点

1）测量放线工作：根据 H 形槽斜板底标高，在 H 形槽池壁模板上向下 6cm 弹出牛腿上标高线。

2）牛腿施工：根据施工线，进行钢筋模板施工，牛腿样式详见图 2.8-4，待模板安装完成后浇筑混凝土。

3）托板安装：牛腿施工完成后，安装钢筋混凝土托板作为 H 形槽斜板的模板，安装时要求拼缝严密，且满足平整度要求。

4）钢筋安装：托板安装完成后，根据设计安装钢筋。

5）混凝土浇筑：根据设计图纸浇筑混凝土，混凝土泵管离地高度不得大于 50cm，且混凝土不得堆载，要随浇随走，防止荷载过大造成托板坍塌。

成型后 H 形槽如图 2.8-5 所示。

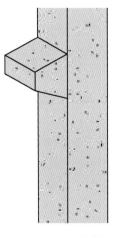

图 2.8-4　牛腿大样图

图 2.8-5　成型后 H 形槽图

2.9　渠道水下隔断施工技术

1. 技术简介

一般污水处理厂的紫外线消毒渠前端设有总出水渠，以接纳各路处理完毕的工艺污水。如杭州市七格污水处理厂三期提标改造工程的紫外线消毒渠及出水泵房工艺平面图，如图 2.9-1 所示，图中全厂四路出水总管均汇聚此处，为便于污水处理提标改造施工，需要在污水厂紫外线消毒渠的总出水渠增加闸门，将总出水渠分隔成两部分，达到部分改造、部分运行的目的，此渠内增加闸门位置见图 2.9-1 标注"7"处。

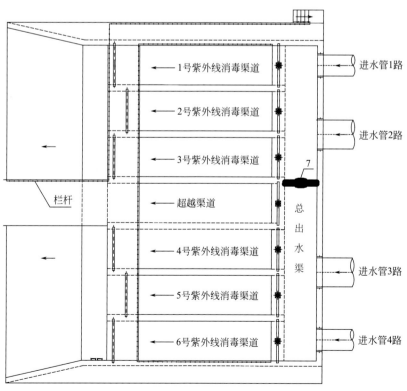

图 2.9-1　紫外线消毒渠及出水泵房工艺平面图

为了确保闸门安装不停水施工，通过杭州市七格污水处理厂三期提标改造工程，总结了渠道水下隔断施工技术，此技术由两个相对设置的挡板和挡板底边设置的密封件、中间连接件组成，使挡板外侧的液体无法流入隔断空间，隔断空间内抽空后形成一个临时的无液空间，便于闸门安装人员的施工操作。

2. 技术内容

（1）施工工艺流程

渠道水下隔断施工工艺流程如图2.9-2所示。

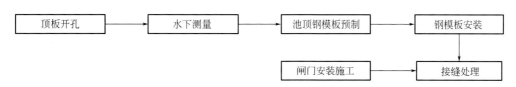

图2.9-2　渠道水下隔断施工工艺流程图

（2）技术要点

1）顶板开孔

顶板开孔前，查阅土建单位的施工图纸，开孔要求让开梁、池壁结构受力部位，确定开孔尺寸与厚度，开孔位置如图2.9-3所示。

根据孔洞尺寸，确定将整块开孔区域分块切割，如图2.9-4所示。为防止顶板拆除过程中混凝土碎块掉入渠内，采用线性水切割方法。

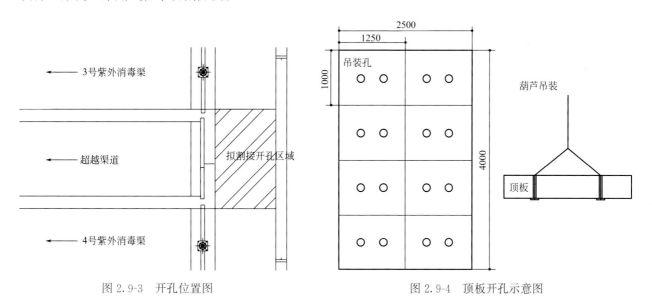

图2.9-3　开孔位置图　　　　　　　　　图2.9-4　顶板开孔示意图

2）水下测量

查阅紫外线消毒渠的总出水渠土建结构图，如图2.9-5所示，图中渠底不是平整的，而是有一段弧度的倒角，为摸清渠底的倒角坡度、障碍物等，应进行水底测量。

利用脚手架钢管制作专用的测量工具（排管架），用于测量池底平整度。排管架宽2.5m，高6m，管与管间距50mm，纵向管与横向管采用扣件连接，扣件应松紧适当，以敲击时可缓慢移动为准，排管架如图2.9-6所示。

① 潜水人员水下勘探。

潜水人员水下勘探下水前，应提前联系污水厂运营单位，短时减少进水量，降低水流速度，满足潜水条件。潜水员对沟槽底部情况进行实地勘探，检查并清理渠道底部杂物，重点勘探沟槽底部倒角宽度、高度。

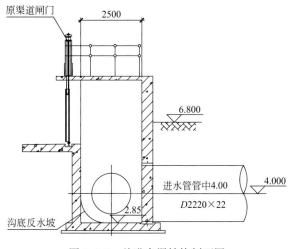

图 2.9-5　总进水渠结构剖面图

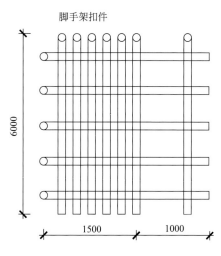

图 2.9-6　排管架制作图

② 排管架水上测量。

将制作好的排管架放至池底后，逐根敲击排管架的顶部直至每根排管不能移动，潜水员再次下潜探摸，确保钢管接触到池底。

取出排管架，根据竖向脚手架钢管的高度不同绘制渠道底部坡度的弧度，测量出沟底倒角实际情况。

3）水下隔断受力计算、预制

根据渠道内水深及最大流量时隔断两侧水的流速进行隔断受力分析，选择挡板和中间连接件的材料。挡水钢板采用厚度 22mm、长 6m、宽度 2.5m 的两块钢板作挡水钢板，两块挡水板之间中间连接件采用 8 根 25b 工字钢，中间连接件与挡水钢板焊接连成整体，如图 2.9-7 所示。

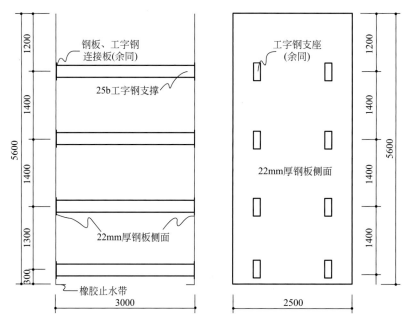

图 2.9-7　水下隔断制作图

根据水下测量的结果切除挡水钢板倒角部位。在挡水钢板的两侧、底部边缘安装及固定橡胶止水带，加工完成的钢制隔断如图 2.9-8 所示。

图 2.9-8　水下隔断现场实物图

4）水下隔断安装

待水量减少、水流速度平缓后，将水下隔断整体吊装进渠底。再次潜水检查水下隔断与渠道的契合程度、有无缝隙、橡胶止水带的密封效果，如图 2.9-9 所示。

图 2.9-9　水下隔断安装图

5）接缝处理

水下隔断安装完成后，完成隔断区域抽水工作，若接缝处发生水流渗漏，应对钢板与结构墙面的接缝做防水处理，处理方法可用木塞、水下密封胶泥、止水带等。

6）闸门安装施工

在隔断装置内部填充混凝土至超越渠道底标高，等混凝土凝固并达到一定的强度后，拆除钢制隔断上部的两根 25b 工字钢支撑，满足出水渠道闸门安装条件，如图 2.9-10 所示。

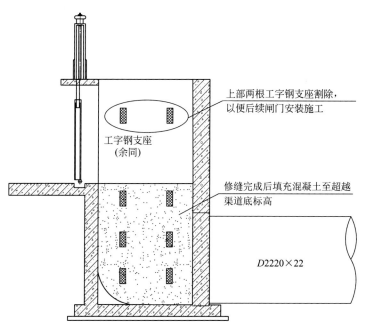

图 2.9-10　工字钢支座拆除示意图

渠道闸门安装位置见图 2.9-11。渠道闸门安装完成后，利用后续厂区改造局部停水机会，将渠道相应停水一侧高出混凝土面的水下隔断挡水钢板割除，新安装的渠道闸门投入使用。

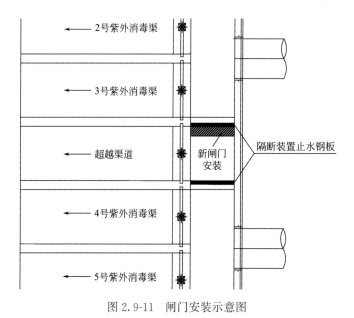

图 2.9-11　闸门安装示意图

2.10　超深沉井施工技术

1. 技术简介

沉井基础是以沉井法施工的地下结构物和深基础的一种形式。沉井结构如图 2.10-1 所示。

超深沉井施工是一种用于取水施工的工艺技术：在地面上或地坑内，先制作开口的钢筋混凝土筒

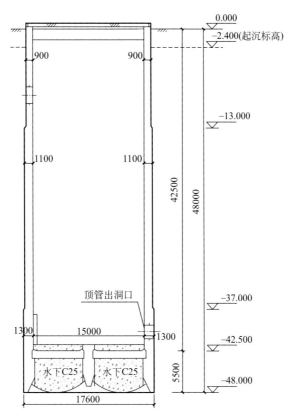

图 2.10-1　沉井结构图

身，待筒身混凝土达到一定强度后，在井内挖土使土体逐渐降低，沉井筒身依靠自重克服其与土壁之间的摩阻力，不断下沉直至设计标高，然后经就位校正后进行封底处理。

超深沉井施工技术的推广，降低了超深沉井的施工难度，可有效避免周边复杂地质对沉井的影响。

2. 技术内容

（1）施工工艺流程

超深沉井施工工艺流程如图 2.10-2 所示。

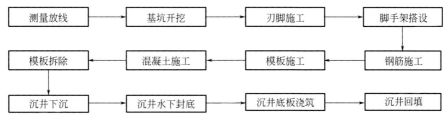

图 2.10-2　超深沉井施工工艺流程图

（2）技术要点

1）测量放线

基坑开挖前，在现场布置坐标及高程控制点，精度控制在 ±1mm 范围内。由于沉井施工可能会对周边土体产生影响，控制点应布置在沉井 30m 外范围，同时施工过程中对控制点应加以保护，并定期检查和复测。

根据控制点测量基坑轮廓线和开挖边线，并用灰线标记。

2）基坑开挖

基坑开挖采用机械挖土和人工修整相结合的方式，开挖时应严格控制标高，开挖边坡采用1:1.5，开挖至起沉标高。开挖至距坑底标高100mm左右时应采用人工平底、修坡。由于本工程地质上层土质为杂填土，地质松软，基坑开挖过程中，应清除坑底土壤，并采用细砂换填并整平夯实，施工时应尽量减少基坑暴露时间。

沉井施工时，基坑中应避免积水，基坑开挖后，沉井设置四口集水井，集水井的深度应不小于砂垫层底以下500mm，井顶高出砂垫层200mm，井壁上开设进水孔并设置滤网，在沉井制作期间进行降水，以确保砂垫层干燥。

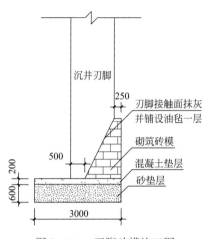

图2.10-3　刃脚砖模施工图

3）刃脚施工

由于刃脚宽度小，上部结构重，施工中对下部基础产生的集中荷载大，易出现下切沉降。为保证刃脚下部的地基承载力，开挖至起沉标高后，在沉井刃脚下部开挖沟槽，宽度为3.0m，深度为0.8m，下部铺设3.0m宽、0.6m厚的中粗砂垫层。同时，为了扩大沉井刃脚的支承面积，减轻对砂垫层的压力，在砂垫层上浇筑一层0.2m厚的C25素混凝土垫层，具体结构形式如图2.10-3所示。

沉井刃脚的结构形式为上宽下窄，混凝土浇筑时会对支撑体系产生水平推力和竖向压力，常规模板施工不能保证安全，因此刃脚浇筑时采用砖模。砖模砌筑时应控制斜面角度，保证与刃脚设计角度一致，同时应使用1:3水泥砂浆抹面，上部铺设一层油毡，保证浇筑时刃脚斜面的光滑度，以利于后期下沉施工。

4）脚手架搭形式

因沉井为下沉施工，内脚手架搭设难度大，可采用在井身上设置脚手架支撑平台的方式进行处理。每节沉井制作时在距顶部30～40cm处埋设60cm×60cm的预埋钢板，沉井接高前在预埋钢板上焊好牛腿，采用工字钢作为横梁，上面满铺厚度不小于50mm的脚手板，作为搭设脚手架平台用。横梁之间的间隔为1m。沉井接高前在平台上搭设内脚手架，沉井接高完成在下沉前拆除外脚手架。

井身预埋件后续可作沉井压重的支撑，同时也可作为顶管施工时上下钢梯的支撑。

5）钢筋施工

钢筋加工的规格、形状、尺寸必须符合设计图纸要求和施工验收规范。绑扎钢筋时应根据沉井底板、地梁、井壁配筋大样图进行钢筋的绑扎工作。绑扎前，各类预埋预留铁件的规格、型号、数量、长度等应埋设合格。沉井水平分布钢筋为圆形，施工时注意接头连接方式和相同截面的接头比例。

6）模板施工

沉井水平加固及竖向加固均采用A48×3.5mm厚钢管，拉杆螺栓均采用A14mm的圆钢，拉杆螺丝设置水平间距600mm，垂直间距800mm。为了防止拉杆螺栓和井壁混凝土结合处的渗漏，在拉杆螺栓上中间设置一道止水片，与螺栓满焊。模板拆除后，沉井下沉前拉杆螺栓必须割除，所留下的孔洞采用与沉井井壁同强度的微膨胀水泥砂浆封堵，抹平。

7）混凝土施工

混凝土施工时，在沉井上、下节井壁间应按设计要求设置施工缝，施工缝中间设置止水钢板，止水钢板高度400mm，居中放置。每段井壁混凝土浇筑时，整个结合面先采用同强度等级的100mm左右的水泥砂浆浇筑一层，然后再浇筑混凝土。

8）模板拆除

井壁、梁、底板模板拆除前，混凝土需达到要求的脱模强度，模板应在混凝土强度能保证其表面及棱角不因拆模而受损坏时，方可拆除。

9）沉井下沉

沉井下沉施工采用不排水下沉，使用反循环空气吸泥机取土下沉，共布置 4 套空气吸泥机，排水量较大，为保持井内外水位平衡，施工过程中需使用高压射水枪往井内注水以保证井内外压力平衡。施工时，用吊车将空气吸泥器悬吊在沉井内，保持管身垂直，可在沉井内移动；吸泥时吸泥管距泥面高度控制在 0.15～0.5m 左右，按规划路线移动，依次将井底土体吸出，使沉井下沉均匀。

为提高吸泥效果，可将高压射水管与空气吸泥器固定在一起，同时进行下沉作业，射水枪随吸泥管一起升降移动，边冲边吸。射水时，采用垂直射水枪，因为带倾斜角射水枪易引起四周刃脚冲空，引起外土体坍塌，造成沉井倾斜。在进行高压破土作业时，一般可在井顶平台上操作，如果沉井刃脚四周及局部地区难于定点定向冲射时，可由潜水员水下进行操作。为保证潜水员的安全，仅开动一套高压射水枪，停止吸泥与其他起吊作业。施工过程中，应避免井壁混凝土碎块、碎木块、草袋等杂物坠入井底，以致吸泥时堵塞空气吸泥机。

沉井下沉出土方式为泥浆管道输送至泥浆池，遇到易沉淀的粉砂土层时，可将泥浆的排放至泥水分离器进行分离，分离的泥土利用土方车外运至消纳地点。遇到不易沉淀淤泥质粉土时，泥浆直接用槽罐车外运至泥浆消纳地点。

10）沉井水下封底

不排水封底即在水下进行封底。封底前，井内水位不应低于井外的地下水位。潜水员应潜入井内水下，使用高压水枪按设计要求将井底面整理成锅形，并将井底浮泥清除干净。

封底混凝土采用水下不分散混凝土，水泥用量宜为 350～400kg/m^3，砂率为 45％～50％，宜采用中、粗砂，水灰比不宜大于 0.60，骨料粒径以 5～40mm 为宜。封底混凝土应在沉井全部底面积上连续均匀浇筑，不得留有施工缝。开始灌注时，导管距基底面高度宜小于 30cm，正常灌注时导管插入混凝土深度不宜小于 1.50m，导管直径以 25～30cm 为宜。

11）沉井底板浇筑

封底混凝土达到强度后，将井内的水抽干，并将高出底板底标高的素混凝土凿除。浇筑钢筋混凝土底板前，应将接触面凿毛并洗刷干净。沉井在底板浇筑时应对称进行，在钢筋混凝土底板强度达到设计强度之前，应从集水井内不间断抽水，由于底板钢筋在集水井处被切断，所以集水井四周的底板应增加加固钢筋。待沉井钢筋混凝土底板达到设计强度后，停止抽水，集水井应用素混凝土填满，然后用带螺栓孔的钢盖板和橡皮垫圈盖好，拧紧法兰盘上的所有螺栓。集水井的上口标高，应比钢筋混凝土底板顶面标高低 200～300mm，待底板完成后再用素混凝土找平。

第 3 章

管线工程关键施工技术

管线工程的主要作用是通过管道有组织的将流体输送到指定的位置，以实现特定的工艺。常用的管线按材质分为钢管、不锈钢管、铸铁管、混凝土管、各类化学建材管等。按施工方法分为开槽施工法、顶管法、沉管法、桥管法、盾构法及拉管法等。本章主要包括管桥施工技术、顶管施工技术以及难度较高的大直径供水混凝土管道修复技术和新建水厂工程中的特色取水管道施工技术等。

3.1 桩架式取水头部施工技术

1. 技术简介

净水厂水源一般涉及两种取水方式,一种来自群山的河流取水,一种来自大型江河、湖泊、水库取水。从河流中取水时,一般采取自流或设置水闸采用水泵吸水经专用水渠流入净水厂。从大型江河、湖泊、水库取水时,由于江河、湖泊、水库岸边坡度大,需铺设较长距离的引水管道伸入一定水位位置。为避免引水管道端头漂移,采取各种构筑物进行固定。桩架式取水头部为一种适用于河床打桩和水位变化大的水口固定管道构筑物。因桩架式取水头部施工全过程均属水面作业,施工条件差,施工精度控制难度大。

桩架式取水头部是以浮船作为工作平台,在河床沉入钢管桩,构建水下支撑体系,形成固定取水管道末端的构筑物。通过多个类似工程施工经验,总结了桩架式取水头部施工技术。主要技术包括:①水上钢管桩沉桩技术:采用船体稳定技术及配重自动化控制,解决了水上作业船体晃动导致施工精度不足的问题;②水下钢结构支撑体系安装技术:通过水下测量、水下焊接技术,解决了水下钢结构安装的难题。

桩架式取水头部施工技术适用于大型江河、湖泊、水库取水且水位变化不大、取水部位河床适宜打桩的取水工程,适用范围广,对于类似工程具有较好的指导作用。

2. 技术内容

(1) 施工工艺流程

桩架式取水头部施工工艺流程如图 3.1-1 所示。

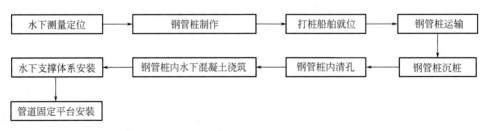

图 3.1-1 桩架式取水头部施工流程图

(2) 技术要点

1) 水厂测量定位

水上施工测量定位根据实际顶进后管道内的竖管中心坐标点,放样出每根钢管桩的水上坐标。采用三台经纬仪,前后方交汇法控制桩位。

2) 钢管桩制作

施工前,钢管桩按照设计图纸采用工厂化预制,制作质量符合现行国家标准《钢结构工程施工质量验收标准》GB 50205。

3) 打桩船舶就位

打桩船舶由拖轮运至施工点附近,用 8 个船锚进行抛锚定位,抛锚艇配合作业,每个锚上设立浮漂标识。打桩船抛八字锚,在四角设置斜向锚缆,相互垂直,全船共 8 根,以保持船身平稳。

4）钢管桩运输

钢管桩从加工厂通过车辆运输至码头，利用起重设备吊装至驳船，拖运至施工水域。

5）钢管桩沉桩

① 施工船选择。

施工船的选型应结合桩身长度和现场施工条件及设计要求，工程可配备柴油锤沉打桩船，配备机动空压机、高压氧舱、浇筑水下混凝土时的搅拌设备和水下打泥仪一体设备，用以清除桩内的泥土。

施工船体进入施工区域后采用八字形开锚定位，在涨潮时起开八字锚，两根锚绳收回，同时采用中间领水锚，使施工船只左右活动范围增加。该锚是预先埋设在施工区域的锚锭，上系浮筒用于防止因潮水泥砂的覆盖沉入江底。在潮水过后重新将八字锚开锚定位，确保施工船体的稳定。

② 沉桩操作工艺。

桩船泊位固定，定位下桩、在桩尖入土 2～3m 后，暂停下桩，校正桩体，继续下桩、压锤，检查桩锤、替打和桩保持在同一轴线上，启动桩锤，开锤施打，初期小力锤击，逐步加大锤击力度，打至设计标高和控制贯入度，整个打桩过程要求做好详尽记录。

③ 钢管桩沉桩施工要点：

a.钢管桩下沉需连续进行，避免间隔时间长，围土恢复造成下沉困难。

b.桩锤、替打中心与桩轴线成直线。

c.导向支架应固定，以便打桩时稳定桩身；导向支架与桩外径间应预留足够间隙，同时避免施工过程中导致导向支架发生位移或转动，使钢管桩本体承受超过许用拉力与扭矩。

d.沉桩按标高控制为主，贯入度控制为辅。在沉桩过程中注意观察桩的情况，防止出现桩尖变形。

e.为保证施工船的平稳性，也为了提高打桩的精度，应减少施工船的晃动摇摆。打桩架应设置在船首，后部设置液压活动平衡重压铁配重，采用自动化控制移动配重压铁。

6）钢管桩内清孔

在钢管桩施工完成后，在混凝土浇捣前进行清孔处理，清孔采用高压旋喷桩冲刷法。在管桩到达设计标高后，利用高压旋桩的钻头对桩内泥土进行冲刷。在施工的船上铺设好旋喷桩的平台，铺设稳定调试完成后，再进行水压力的调试，配备足够长的杆管，使钻头到达管桩的底标高，冲刷的过程中控制连杆的旋钻速度，测量人员需跟踪检测是否清孔到位，钻头到位后还需喷水，直到管桩上口冒出清水为止。

在混凝土浇捣前安放导管，由测量人员复核是否清孔到位，如果管桩内有部分的泥土，可利用导管对桩内的泥土进行吸泥处理。

7）钢管桩内浇筑水下混凝土

采用导管法浇筑水下 C30 混凝土。

8）水下支撑体系安装

① 测量定位。

当 DN900 的钢管桩打桩施工完毕后，由潜水员配合测量，每 4 根桩一组，测出实际每根桩之间的距离以及桩顶高程，再由桩顶高程反推，计算出每根桩由上到下 4 只抱箍的实际安装位置，并编制成表。在施工交底时，与下潜安装人员讲解清楚以确保安装准确。

② 平面支撑体系安装。

潜水员水下作业前，要仔细检查所使用的装备，重点检查潜水装备。下潜后，应分别在钢管桩上安装钢抱箍，钢抱箍之间间距约为 4～5m，8 根钢管桩共计安装 32 只钢抱箍。

抱箍安装到位后即可进行 -6.5m、-1.5m 处平面支撑体系的安装。平面支撑体系由 8 根 40b 槽钢组成，位于平台短边牛腿之上，每根长度为 7.95m，由潜水员进行水下焊接。完成后，在纵向放置长 15.38m 双拼 40b 槽钢 4 根并牢固焊接，之后在平面中心横向和纵向各焊接 2 根 40b 槽钢。中间围成边长为 3.4m 的正方形孔洞，孔洞四面安装弹性限位装置。

钢构件焊接前要对焊接位置进行清理和除锈。焊接作业时，由潜水员指挥水面人员闭合电源开关，用划擦法起弧，支撑法焊接，缓慢移动焊条。

③ 防腐处理。

水下焊接完成后，需检测焊缝长度、高度，并清除焊缝表面淬化、毛刺。按设计要求，对焊接前清理除锈的钢管桩焊接位置进行防腐涂装。

9）水上施工平台搭设

钢管桩桩顶采用 20mm 厚，直径 1000mm 的钢板封焊。水上施工平台钢管桩间采用双拼 40b 槽钢作为主梁，16 号工字钢作为次梁和支撑，次梁上铺设 6mm 的轧花防滑钢板。平台中心预留出 DN3400 的圆形孔洞，洞口边用 600mm 宽、20mm 厚的环形钢板封焊。平台四周按要求设栏杆。

10）立面钢绞线连接

本工程水上平台立面采用钢绞线连接。先在钢管桩上焊接 300m×200m×20mm 的小钢板，板中预留 60mm 孔洞，之后用 3Ds15.7 的钢绞线交叉连接。

3.2 箱式取水头部及取水管道施工技术

1. 技术简介

取水头部及取水管线是净水厂工程中承载原水提升输送功能的核心，且多为水下作业，施工专业性强，技术要求高。箱式取水头部适用于水深较浅、含砂量少、冬季潜冰较多的河流、湖泊，常用于水库取水工程中。取水箱采用钢结构制作，四面设置进水格栅，侧面闸门控制进水，实现分层取水。取水头下部基础为混凝土结构，钢沉井沉放就位后再在井壁内灌注素混凝土，并水下浇筑封底混凝土。取水管一般为钢管，施工方法包含围堰干式施工混凝土包封和水下沟槽开挖沉管等。

依托溧水新水厂项目，总结出一套适用于箱式取水头部及取水管道的施工技术，主要包括：①沉管施工技术：采用管道拼装发射技术、水下沟槽施工技术、水上吊装沉放技术，确保了沉管的施工安全和质量；②沉井箱施工技术：采用钢结构预制技术、拼装驳船浮运技术、水下混凝土浇筑技术，减少了水下作业工作量，解决了水库水面运输困难的问题。

2. 围堰施工技术内容

（1）施工工艺流程

围堰施工工艺流程如图 3.2-1 所示。

图 3.2-1 围堰施工工艺流程图

（2）技术要点

1）测量放样

按照设计的围堰的中轴线、边线位置测量放样，打上灰线，水下部分采用自制花杆固定标志，以此作为围堰构筑施工依据。

2）围堰构筑施工

围堰采用土石围堰构筑，位于水下段位置的围堰，通过挖掘机将土方抛填于水边的围堰构筑范围，填出水面，再逐步由水边向深水位置铺填，边铺填边在迎水侧施打杉木桩，同时安装挡土竹笠，通过挤压铺填的方式将围堰填筑出水面设计高程位置，与陆上的围堰堰体连成一体后同步施工，按照陆上填筑土石围堰的要求控制施工。

陆上围堰的施工，通过挖掘机将土方铺填于前面构筑的土层上，按照不大于 30cm 厚度控制，分层铺填、平整、碾压，密实度达到设计要求的 92%。围堰如图 3.2-2、图 3.2-3 所示。

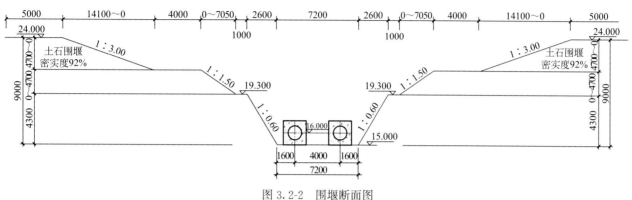

图 3.2-2　围堰断面图

注：桩号 0+450～0+500

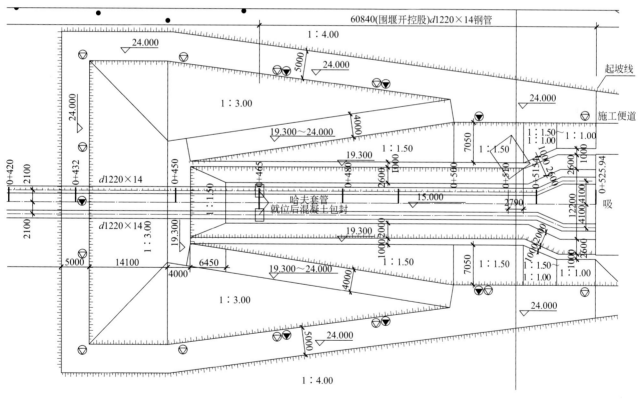

图 3.2-3　围堰平面图

3）降排水

施工排水主要采用明排的方式。

堰内地面水，采取围堰内侧坡脚附近设置排水沟的方式把水排出场外；沟槽内的渗水与积水，通过沟槽内人工开挖的排水明沟抽排。

4）围堰的监查与维护

在整个施工过程中安排专人检查围堰稳定及水位变化情况，发现异常应立即采取措施。

5）围堰边坡加固施工

采取边坡挂网喷射混凝土进行加固防护。

3. 沉管施工技术内容

本工程水下管线规格为 DN1200，材质为碳钢。分为 3 段沉管施工，管段之间采用哈夫连接。管线安装至吸水井内侧，采用阀门进行管口止水。两根管分别对应两座钢质取水头及闸门装置。水下管段的管周回填采用碎石与块石，上部采用土方回填。

（1）施工工艺流程

沉管施工工艺流程如图 3.2-4 所示。

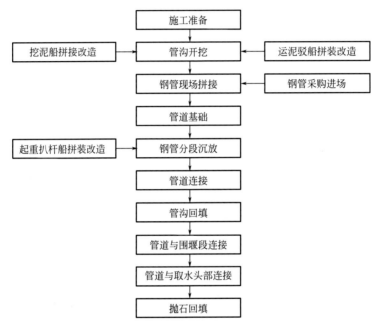

图 3.2-4　沉管施工工艺流程

（2）施工船舶改装

由于施工水库内与外界大型江河不通航，较大型起重船、挖泥船、泥驳等不能进入，故采用钢浮箱组装成水上施工平台，进行挖泥作业。

沉管施工需使用起重浮驳、挖泥驳、运泥驳、工作驳、潜水工作驳等。所有驳船均采用钢制浮箱，根据承载载荷和工作平台面积需求组装而成。

1）起重浮驳 1 艘

浮吊船由 8 只钢浮箱拼装而成，扒杆用钢管制作，起重能力 50t，船上配备卷扬机、发电机、锚泊系统、潜水装具等，如图 3.2-5 所示。

2）挖泥船 1 艘、运泥驳 1 艘

库区平均水深 6m，可采用长臂挖机开挖。

挖泥船：用 6 只钢浮箱拼装，并配置锚泊系统，进行抛锚定。

泥驳：用 4 只钢浮箱改装。

挖泥机械：长臂液压挖掘机 1 台。

如图 3.2-6 所示。

3）工程驳 1 艘

组装工程驳主要用于水面管材运输、取水头运输、取水头组装、混凝土料运输等，由 6 只钢浮箱拼

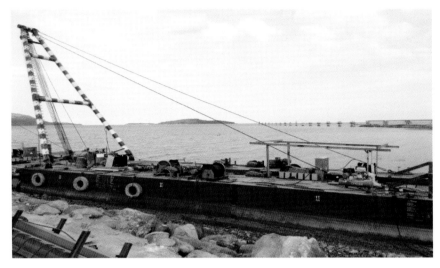

图 3.2-5　50t 拼装式起重扒杆船

图 3.2-6　浮箱拼装挖泥船、泥驳

装而成,可不布置锚泊系统,日常停靠在起重船旁,水面移动用小拖轮拖移,如图 3.2-7 所示。

图 3.2-7　拼装式水上浮驳

4）潜水工作浮驳

由 4 只钢浮箱拼装而成，配备 10t 起重能力的扒杆，主要作为潜水员潜水作业工作船，如图 3.2-8 所示。

图 3.2-8　潜水工作浮驳

（3）沉管制作及发射

1）管节加工

钢管由厂家预制运至施工现场，在水库边设置钢结构斜式滑道组焊平台，进行焊接拼装，以保证管段的平直度和有效保护防腐层不受损伤。管段最长段 300m，每段管端用 10mm 钢板封堵，两端钢板上布设充水阀门和排气阀，组对时关闭阀门，后移至江面上依靠浮力自然浮起，并在管端、管中多个点用缆绳牵住，防止钢管随水漂移。

滑道滚轮选用定制加工的橡胶轮以防止损坏防腐漆，焊接一段探伤一段，经探伤检查合格并做好防腐后往湖中心发送一节，最后将其拖至指定位置就位下沉，拖管前须检查端口是否封闭，水深是否满足要求。

2）沉管发射

每一段沉管焊接长度按照设计要求的哈夫位置控制。200 多米的沉管必须焊接成一根连续完整的长管后方可转入设计管位上方进行沉管施工。

① 长管组焊场地布置及平整。

首先在所划定的水库滩地边平整出一条斜坡平台，面层铺上 10cm 的碎石；在斜坡平台上制作一个焊接架，将沉管钢管放在焊接架上加工焊接。

现场焊接架附近的空地，可以作为临时存放管节场地。

焊接架的长度由现场根据具体情况再确定，以适合焊接进度与质量要求为准，到达水库的水边即可。

② 长管组装焊接。

长管的长度，按照各沉管分段的长度确定。在焊接架上焊接的长管，一边焊接，一边往水库的水面传送，使超过焊接架长度的那部分长管漂浮于水库水面，并加以临时固定，如图 3.2-9 所示。

（4）水下沉管沟槽开挖成形与垫层施工

根据地形状况选用挖掘机械，开挖沟槽最深处约为 8m，因此开挖只能采用挖泥船驳配备长臂挖掘机。

挖泥船定位于水下沟槽的轴线上，由深水处往岸边开挖。

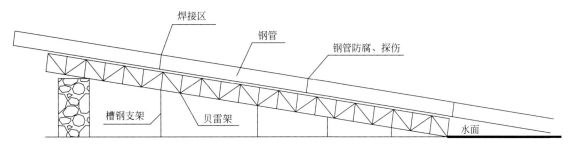

图 3.2-9　发射架平面示意图

采用由浮箱现场拼组的挖泥驳配备长臂挖掘机开挖管道沟槽，沟槽的开挖轴线、开挖边线由水库岸边的测量人员通过仪器控制，开挖深度由挖泥驳上面人员依据挖掘机的挖泥斗深度控制。

沉管沟槽开挖成型后，由于长臂挖掘机开挖的平整度很差，需要由潜水员水下整平，整平标准为粗平；整平方法为水枪平扫；测量控制方法是，以定位于沟槽位置的作业船的船头，或船舷作为轴线平面控制的依据，用测深杆测量水深以控制底高程；水下以钢木结构的方框控制平整度，当平整度符合要求以后向下一段平扫整平，直至全部沟槽符合要求。

埋管垫层材料为碎石；采用导管下料，潜水员水下整平，整平方法为借助水下方框相对参照、刮尺刮平；测量控制方法与沟槽整平相同。

垫层铺设、整平并经验收合格后，准备沉管施工。

（5）长管钢管入水及浮运

钢管浮运由两艘拖管驳完成，必要时增设辅助工作船，浮运选择在水库作业区无风浪、无水流时进行。

（6）沉管施工

1）施工顺序

由岸边向取水头依次分段安装，管节间通过哈夫接头连接，如图 3.2-10 所示。

图 3.2-10　水下沉管施工示意图

2）组管及分节长度

沉管段管节的短管、管件全部由工厂加工、除锈、防腐后，运抵现场进行组焊接长，组管现场设置组管胎架，胎架的平面尺寸和高度控制全部用全站仪进行测放，确保管道组焊后的平面尺寸符合设计要求。

组管结束后，接头位置采用电动钢丝刷进行打磨清理，并按照设计的防腐要求进行防腐处理。

3）浮吊船驳就位

浮吊船驳在长管浮运前抛锚、初步定位，其吊点位置（轴线位置及距离）由全站仪跟踪测量，保证准确，船驳在四角抛锚，放八字缆。

4）长管沉放

沉放前，在管位下游设计外边线上两端打入钢管定位桩，每个端部设置 2 根钢管桩，作为管道定位下沉竖向导轨，辅助管道下沉。

钢管沉放采用控制下沉技术，长管浮运就位后，各吊点挂绳带力，将钢丝绳调整到竖直状态，再次复核轴线位置，所有准备工作完成后，通过钢管两端封板上的阀门，底部的阀门进水、上面的阀门排气，让钢管缓慢、均匀同步下沉。当沉管入槽前 30cm 停止下沉，由潜水员入水精确复测两沉管段间距，进行微调，管道完全就位后可进行哈夫安装。

5）支墩混凝土施工

哈夫安装完成后进行接头处支墩混凝土施工，支墩施工采用钢箱模板，如图 3.2-11 所示。

图 3.2-11　水下支墩施工

（7）水下沟槽回填

沉管施工验收合格后开始水下沟槽的回填。

碎石回填采用导管法下料，潜水员水枪扫平、密实；碎石回填符合要求以后，再抛填块石，形成正梯形断面形状，梯形两侧的坡度按照 1：3 控制。

块石回填完成后，通过挖泥驳上面的挖掘机，将开挖堆放的土方回填于管道沟槽内，并尽可能平整，以恢复水库原有河床状态。

4. 箱式取水头施工技术内容

（1）施工工艺流程

箱式取水头部施工工艺流程如图 3.2-12 所示。

（2）钢沉井安装

取水头部分段制作，水下安装，采用浮吊及龙门吊组合吊装，将其从预制现场运至设计位置进行安装，如图 3.2-13～图 3.2-16 所示。

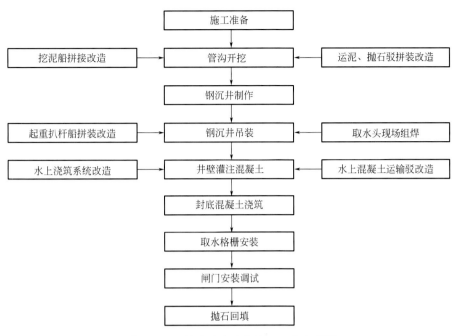

图 3.2-12　箱式取水头部施工工艺流程图

图 3.2-13　钢沉井水上构件组装图　　　　　图 3.2-14　钢沉井水上吊装

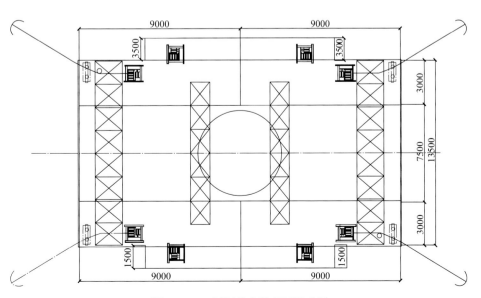

图 3.2-15　钢沉井安装平面示意图

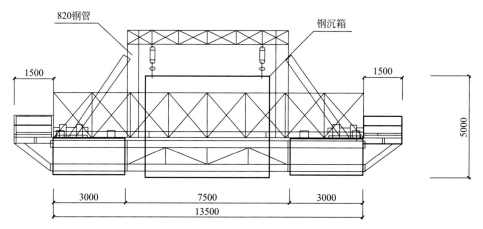

图 3.2-16　钢沉井安装立面示意图

1）安装前，应对吊具绳索进行复查，对取水头部钢结构再次进行复核，所有工作满足要求，施工起重船在指挥员的指挥下通过锚系统调整船位，直至进入取水头部坐标位置。

2）沉井定位准确后，开始注水控制下沉，当下沉至离基础垫层 30cm 处停止下沉，水面测量人员复核平面位置及潜水员水下探摸沉井底部与基础即将着落位置情况，准确无误后注水下沉，沉井就位后继续注水直至注满。

3）钢沉井下沉过程中，必须跟踪测量，如有倾斜、位移应及时纠正。

（3）钢沉井水下混凝土封底

1）水下混凝土浇筑

① 钢沉井安装固定完毕，采用浮吊将预先组装好的双层桁架浇筑平台整体吊装在龙门架平台上，在其上布置导管浇筑水下封底混凝土，在浇筑封底混凝土的同时内壁各分割空腔内亦采用导管法浇筑水下混凝土。

② 按照导管作用半径，布置导管进行水下混凝土浇筑。

③ 混凝土封底结束后，浮运钢沉井用拖轮方能撤离施工区域。

④ 采用 $\phi25$ 不透水直升金属导管浇筑水下混凝土，混凝土熟料由 HB60 混凝土输送泵泵送至集料斗内，集料斗通过水上运输船运至现场，通过导管浇筑水下 C20 混凝土。

2）施工控制指标

① 所拌混凝土质量必须满足下列要求：

a.坍落度满足 20～22cm 的前提下，混凝土必须具有良好的和易性能，泌水率小于 4%。

b.宜采用一级配拌合料，混凝土初凝时间不低于 10h。

② 首批混凝土数量。

在开浇阶段，通过导管浇筑混凝土堆脚高度不宜小于 0.5m，以便导管口能埋在混凝土内的深度不小于 0.3m。宜采用坍落度较小的混凝土拌合物，流入仓内的混凝土坡率为 0.25。

3）浇筑方法

取水头安装完毕后，由潜水员在下部套箱底部用碎石和块石将套箱边缘保护好，防止混凝土浇筑时从套箱内向外流失，水下混凝土采用导管法浇筑，布置 $\phi250$ 导管两根，浇筑时应随时注意混凝土标高。

① 开浇阶段。

采用顶塞法开浇，浇筑前，利用引出的铅丝把滑塞悬挂在承料漏斗下的导管中，埋入导管内 1～3m。当滑塞以上的导管及承料漏斗充满混凝土拌合物后，立即剪断铅丝，依靠混凝土自重推动滑塞下落。

完成开浇阶段后，用强光手电筒检查导管的空管部分，若不渗水，即可连续不断的浇筑混凝土。

② 中间浇筑阶段。

当导管内未灌满混凝土时，后续的混凝土应徐徐倾入承料漏斗内，防止积存在导管内的空气不能及时排出时产生高压气囊，将导管节间胶垫挤出，导致漏水。

浇筑中，应随时观察模板漏浆情况、混凝土浇筑质量，整个浇筑过程应连续进行，若混凝土拌合物的供应被迫中断，应把导管理深些，以免导管中空，水分侵入。若中断时间过长，又不能恢复正常灌注时，应按施工缝处理。

随着水下混凝土浇筑面不断升高，需要提升并拆除部分导管节。拆除导管节后，先使导管内重新填满混凝土，适当提升导管，恢复至正常位置，再开始浇筑。

拆卸下来的管节、螺栓、胶垫等都应及时冲洗干净。

③ 终浇阶段。

即将浇筑至设计高程面时，必须勤测浇筑面，及时调整各导管的混凝土注入量，潜水员以模板顶面为参照进行水下探摸，确保混凝土浇筑面平整度满足规范要求。水上浇筑平台如图 3.2-17 所示。

图 3.2-17　水上浇筑平台

（4）水下开挖及回填

1）水下开挖

挖泥时在岸上设置边坡线导标和基槽边线导标，为保证晚间施工，在导标处用红绿灯分别表示边坡线和基槽边线，水平距离用测距仪或用钢丝绳作测绳，如采用钢丝绳作测绳，必须由专人负责复核，挖泥深度采用测绳测量。

挖泥要求每边超长、超宽不大于 2m，平均允许 1m 之内，超深一般不大于 0.8m，平均不大于 0.5m，边坡按 1∶2～1∶3 放坡，挖泥时应分层开挖，同时勤测量，严格控制标高。

2）抛石基础

头部基坑开挖到位后，按照设计要求对底部进行块石抛填，抛填期间，潜水员不定期入水进行抛石情况检查，以控制抛石面大致平整，对欠抛位置，可以指示抛石船定点抛填，抛填结束后，潜水员对抛石面进行大致平整。

3）回填、抛石

抛石的石料由陆上运输车辆运抵现场临时码头，再转运到抛石平台上运抵抛石现场抛填。

水下的抛石作业开始前，由潜水员在水下设立各点位置浮标引出水面，抛石平台依靠所设置的浮标进行抛锚定位。每个抛石点的抛石量根据施工前的计算值进行控制。由于抛石作业采用挖掘机进行，为了防止抛石出现过大的起伏和集中，抛填期间潜水员不定期进行水下检查，并及时汇报欠抛的相对位置，让抛石船及时调整抛石位置。

抛石结束后，其余的基坑、沟槽的回填基本使用原状土回填，该回填将利用伸缩臂抓斗，将原存放在管道沟槽附近的泥砂土体抓挖到沟槽或基坑内，对引水管道实行保护。

3.3 管桥施工技术

1. 技术简介

净水厂外输水管道长距离布设时，需跨越河流、山谷、低洼田地等，为减少管道上下起伏，减少水头损失，需保持管道位于同一标高。为此，当地面低于管道标高时需设置管桥承载管道，使管道处于同一标高，保证水源以重力流形式输送。管桥结构如图 3.3-1 所示。

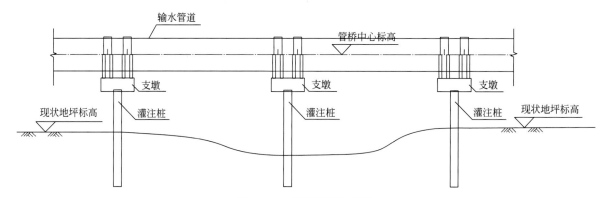

图 3.3-1 管桥结构示意图

管桥施工属于野外作业，且作业范围呈现线性特点。运输通道应充分利用周边现有市政道路，同时结合环境特点，充分考虑经济性、合理性，在管桥沿线分段设置临时便道。管桥施工前，应对施工用地范围进行详细部署，包括临时道路、材料堆场、必要的施工作业面等，提前策划，积极配合建设单位办理相关临时用地手续。由于管桥施工的线性特点，现场施工用水在市政水源无法保证的情况下，采用周边河湖水源或外运水源，现场施工电力通过临时发电设备供应。

通过多个类似工程施工实践，总结形成了管桥施工技术。主要技术如下：

① 钻孔灌注桩施工技术：采用泥浆护壁技术保障成孔稳定性，采用水下混凝土浇筑技术保障桩身成型质量。

② 管桥桥墩及盖梁施工技术：采用钢结构连梁有序拼装，最后进行主拱梁吊装合龙，确保了钢结构安装精度。

本技术结合钻孔灌注桩、钢结构、导管法水下混凝土浇筑工艺，解决了管线跨越障碍的施工技术难题，在长距离管线施工中有较普遍的应用。

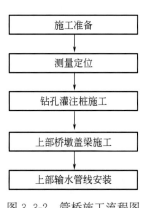

图 3.3-2 管桥施工流程图

2. 技术内容

（1）施工工艺流程

管桥施工工艺流程如图 3.3-2 所示。

（2）技术要点

1）钻孔灌注桩施工

① 施工准备：

a.桩位测设，采用校验合格的测量仪器，确定孔位中心位置。

b.制作泥浆流槽、沉淀池、泥浆池，制备符合要求的泥浆。

c.护筒制作、埋设。

护筒采用钢板制作，直径比桩孔径大 20～25cm，埋设深度一般不小于 2m，护筒顶端高出地面约 30cm。

d.钢筋笼应按设计要求加工制作，并符合规范要求，钢筋和焊件经过化学成分检验和物理性能试验合格后使用。

② 施工作业：

a.调制护壁泥浆。采用孔内造浆工艺，即首先将孔内注满水，添加适量黏土，然后开始缓慢钻进，边钻进边造浆，并不断地向孔内添加优质黏土，直到泥浆比重达到 1.2～1.3，正常进尺。孔内泥浆经泥浆池到沉淀池，经沉淀后循环使用。

b.钻进施工。进尺适当控制，做好记录，根据地质变化情况绘出柱状地质图。冲程 2～4m，采用掏渣筒掏渣，并及时向孔内补充泥浆和黏土，保持孔内水位高于地下水位 1.5～2.0m。钻孔连续钻进作业，不得随意停机。

c.清孔和安放钢筋笼。

清孔作业期间，保持孔内水位高出地下水位 1.0m，防止塌孔。采用掏渣筒初清，再用泵吸法进行二次清孔，最终控制孔内泥浆比重在 1.0～1.06 范围内，完成清孔作业。

钢筋笼分节加工、分节吊装焊接，控制垂直偏差，满足规范要求。钢筋接头不能设在同一截面上，需相互错开 50cm 以上。

d.导管法灌注混凝土。

导管采用钢管，用法兰盘连接牢固并加胶垫，使用前对导管进行闭水及抗拉试验，检查其封闭性及强度。导管安装完后，进行提升试验，检查是否有卡管现象。导管底部设置深度比孔底高 20～40cm，并计算首批灌注混凝土用量，确保封底成功。导管顶部用钢丝绳及特制卡铁卡牢，防止掉管。

e.灌注水下混凝土。

混凝土拌和时严格控制质量，保持混凝土的和易性和流动性。首批混凝土通过计算保证一次封住导管底口往上至少 1m。灌注混凝土前漏斗颈部设隔离球，保证混凝土与水隔离。灌注混凝土连续进行，做好记录，随时测试井内混凝土面位置和导管底口位置，计算导管埋深，埋深控制在 2～6m 之间。当浇至钢筋笼下部时，适当减慢灌注速度，防止浮笼，灌筑混凝土数量和混凝土上升高度分段填写记录。排出的泥浆回收到泥浆池内，防止污染环境和河流。

2）管桥桥墩台盖梁施工

① 施工放样。

测出墩柱顶的中心位置，并做好标记，以便模板的安装和钢筋的准确定位。测量盖梁底的标高，以此确定模板的高度。

② 模板安装。

加工安装模板，盖梁侧模采用胶合板，用钢筋套塑料管，螺丝紧锁，以保证模板垂直度和稳定。模板必须安装牢固，保证表面平整。

③ 钢筋绑扎。

严格按设计图纸进行加工和安装钢筋，钢筋的焊接、绑扎必须满足规范要求。

④ 混凝土浇筑。

根据设计要求，筛分骨料，满足施工配合比，检查钢筋和模板，满足浇筑要求。为防止混凝土离析，其自由倾落高度不宜超过 2m，且必须按照一定厚度、顺序和方向分层浇筑。

⑤ 混凝土的养护。

混凝土达到终凝后做好养护。

3）钢结构盖梁施工

主拱吊装及安装：

① 分段及吊机的选择。

根据施工现场的实际情况，结合钢构件的总重量，进行吊装机械的选择及分段数量。首先考虑吊装机械的一般起重量、工作半径，并结合钢拱总重量、底部混凝土柱的柱距等，确定钢拱分段数量及尺寸，根据单体重量最大时的起重参数，进行吊机的选择。

② 安装总体流程：

a. 首先进行钢柱及钢柱之间的连梁安装，具体如图 3.3-3 所示。

b. 为了使桥面结构形成稳定的体系，对两端第二段中间拱进行安装，并进行两端桥面梁和钢柱的拼装安装，同时对两端桥面梁之间的连梁和水平剪刀支撑进行安装，具体如图 3.3-3 所示。

图 3.3-3　钢柱连梁及支撑安装

c. 进行下一段桥面结构梁安装，同时做好吊装主拱梁的安装准备工作，具体如图 3.3-4 所示。

d. 进行主拱梁的安装，同时安装相应部位连梁，并在楼面上进行钢柱和桥面钢梁的拼装，具体如图 3.3-4 所示。

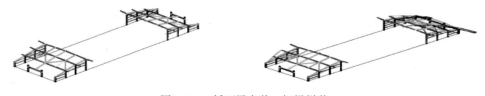

图 3.3-4　桥面梁安装、钢梁拼装

e. 依此类推进行剩余主拱的安装，如图 3.3-5 所示。

图 3.3-5　拱桥安装

f. 进行靠内侧主拱梁吊装合龙，具体如图 3.3-6 所示。

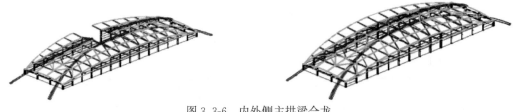

图 3.3-6　内外侧主拱梁合龙

g. 进行靠外侧桥面梁及钢柱等安装，并进行靠外侧主拱梁合龙，如图 3.3-6 所示。

3.4　输水管线隧道施工技术

1. 技术简介

山区地貌的输水管线高低起伏较大，全部在地表敷设时，难度较大，同时水头损失增大，导致后期水厂运营成本增加。输水管线隧道施工技术是一种采用超前锚杆支护结合工字钢支撑，之后进行岩层破碎，成型隧道，再进行管道铺设的技术，降低管线施工难度的同时，也减少了后期的运营成本，对山区地貌的输水管线施工有很好的指导意义。主要技术包括：①中空注浆锚杆技术：通过提前安装锚杆，注入适配后的浆液，控制注浆压力，解决了隧洞掘进过程中的超前段的岩土稳定性问题；②工字钢支撑技术：通过在开挖面内侧安装加工成型的工字钢支撑，与钢筋混凝土二次衬砌结合，形成稳定的内部支撑结构，避免隧洞开挖后出现失稳情况。

2. 技术内容

（1）施工工艺流程

输水管线隧道施工工艺流程如图 3.4-1 所示。

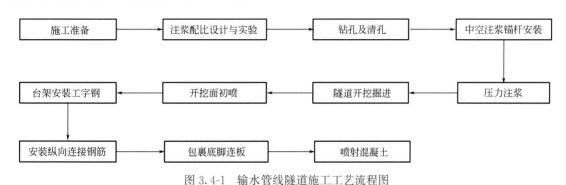

图 3.4-1　输水管线隧道施工工艺流程图

（2）技术要点

1）中空注浆锚杆施工

① 锚杆做浸锌处理，表面光亮，厚度不大于 0.8mm。严格控制锚杆位置、方向、直径。锚杆钻完后用高压水清洗，并将锚杆边旋转边送入锚孔，在锚杆送入过程中不得拔出，检查锚孔是否平直畅通，不合格者应重新钻孔。

② 锚孔插入锚头、防弊气联接套的锚杆，安装止浆塞、垫板、螺母。注浆时应注意将锚孔中气体排出。注浆时应注意确保浆液注满孔体，水灰比控制在（0.45~0.5）：1，注浆压力控制在 0.3~0.8MPa。

③ 止浆塞采用可记忆止浆塞，把注浆过程中的相应参数，如孔口压力、注浆量、注浆日期等存储起来，在施工结束后可随时采用数据采集仪采集数据，以判断注浆是否达到要求。

④ 注浆长度测量采用在锚杆杆体中预留通道，在注浆完毕后用机械法测量已锚固注浆锚杆的长度。

⑤ 在安装锚杆垫板时应确保垫板与锚杆垂直，并与初喷混凝土面密贴压紧。

2）工字钢支撑施工

各类工字钢支撑均在洞外按设计加工成型。洞内安装在初喷混凝土之后进行，与定位系筋、锚杆连接。钢支撑间设纵向连接筋，并喷混凝土填平。钢支撑拱脚安放在牢固的基础上，架立时垂直隧道中线，当钢架和围岩之间间隙过大时设置垫块，用混凝土喷填。

① 为保证钢架置于稳固的地基上，施工中在钢架基脚部位预留 0.15～0.2m 原地基；架立钢架时挖槽就位，软弱地段在钢架基脚处设槽钢以增加基底承载力。

② 为保证钢架的稳定性、有效性，两拱脚处和两边墙脚处加设锁脚锚杆，锁脚锚杆由 2～4 根锚杆组成。

③ 钢架按设计位置安设，在安设过程中当钢架和初喷层之间有较大间隙时设置骑马垫块，钢架与围岩（或垫块）接触间距不大于 50mm。

④ 为增强钢架的整体稳定性，将钢架与锚杆联接在一起。沿钢架架设直径为 C22 的纵向连接钢筋。

⑤ 钢架架立后尽快喷混凝土作业，并将钢架全部覆盖，使钢架与喷混凝土共同受力，喷射混凝土分层进行，每层厚度 5～6cm 左右，先从拱脚或墙脚处向上喷射，防止上部喷射料虚掩拱脚，造成强度不够，拱脚失稳。

3.5 改进型手掘式大口径顶管技术

1. 技术简介

手掘式顶管施工技术，在特定的土质条件下，通过采用一定的辅助施工措施后，具有施工操作简便、设备投入少、施工成本低等优点，又具有地质条件局限性大、顶进面容易塌方、施工进度慢等缺点。

为解决手掘式顶管法施工顶进面容易塌方、施工进度慢的问题，通过沈阳西部净水厂项目，对顶进头进行改造，在顶进头上加装格栅，改善顶进面土方稳定性，形成改进型手掘式大口径顶管技术，从而加快了施工速度，保证了顶进精度。

2. 技术内容

（1）施工工艺流程

改进型手掘式大口径顶管技术施工工艺流程如图 3.5-1 所示。

图 3.5-1 改进型手掘式大口径顶管技术施工工艺流程图

（2）格栅式顶进头设计原理及做法

1）在顶进头上加装格栅，再通过人在工具管内使用风镐或破碎锤来破碎工作面的土层，破碎下来的泥土通过手推车来输送。加装格栅后电动工具不会引起管径外原土层的破坏，同时通过手动纠偏装置，提高了挖掘的施工效率，确保管道的顶进精度，避免了以往人工挖掘中无法安全纠偏的局面。格栅具有重量轻、结构简单、组装方便、机动灵活的特点。改进方法以后，现场测算，平均一组工人每小时能取土 2～3m³，一天至少能保证 2 根管道的顶进。具体如图 3.5-2、图 3.5-3 所示。

2）格栅式顶进管头制作。为了减少管道顶进过程中的阻力，必须提前预制安装格栅式顶进管头，

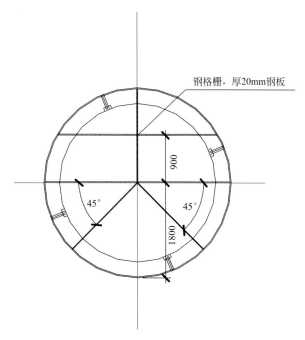

图 3.5-2　"夫"字形钢格栅式顶进头简图

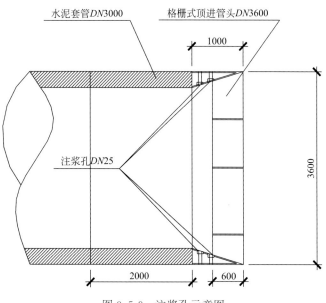

图 3.5-3　注浆孔示意图

该管头采用 20mm 厚钢板，沿工具管焊接成环形，再切割坡口成一刃角，长约 1m。

（3）改进型手掘式大口径顶管技术施工优点

1）有效防止塌方。

2）便于注浆减阻力。与传统顶管先开挖后顶进的方式不同，该种结构为先顶进后清土的方式，摩擦力较大，必须进行注浆减阻。在钢质格栅式防护管头前端设计有 8 个泥浆注入口，顶进摩擦系数压力增大时，及时注入泥浆，以减小顶进阻力。

3）保证施工安全。人工挖掘时，施工人员在钢质格栅式防护管头内作业，避免了施工人员的工作位置过于靠前，消除塌方掩埋危险，有效保证施工人员人身安全。

3.6 大直径混凝土管泥水平衡式顶管技术

1. 技术简介

大直径混凝土管顶管施工是一种不开挖或者少开挖的管道埋设施工技术。顶管法施工就是在工作坑内借助于顶进设备所产生的顶力，克服管道与周围土壤的摩擦力，将管道按设计的坡度顶入土中，并将土方运走。由于顶管施工均在地面以下进行，在管道穿越交通繁忙的道路、人口密集区域、地面建筑物众多、地下管线复杂的区域有着良好的应用前景。

在南陵县麒麟水厂工程中，为解决管道穿越国道对交通的影响，采用非开挖顶管施工，形成了大直径混凝土管顶管技术，其中关键技术包括：①顶管测量技术：顶管顶进过程中，顶管测量的精度、频率是决定整个工程施工质量乃至成败的关键。本技术结合轴线测量方法和后靠背导轨及后顶安装测量方法，基于勤顶、勤测、勤纠的原则，实现了顶管的施工精度控制；②触变泥浆减阻技术：顶管施工中，顶力控制的关键是最大限度地降低顶进阻力。触变泥浆减阻技术是一种采用膨润土进行调制，形成高分子化学泥浆，通过注浆使管周外壁形成泥浆润滑套，降低顶进过程中的摩擦阻力的方法。

2. 技术内容

（1）施工工艺流程

大直径混凝土管泥水平衡式顶管施工工艺流程如图 3.6-1 所示。

（2）技术要点

1）顶进设备选用

根据以往施工经验，结合本工程的施工条件和土质情况，选择使用 SPB2600F（37×4）系列泥水平衡顶管掘进，该机型适用土质范围广，在软土、黏土、砂土、砂砾土、硬土中均适用，破碎能力强、粒径大、个数多，具有独立的注水系统、注浆系统，顶进速度快，施工精度高，采用地面集中控制，安全、直观、方便，清晰视频传输。该系列泥水平衡式顶管掘进机还装有主顶速度检测仪、倾斜仪等可对顶进速度、机头旋转、水平倾角自动进行测量，因此泥水平衡式顶管掘进机非常适应在本工程土层中的管道顶进施工。

2）顶管设备安装

顶管设备主要由后背、油缸支架、主顶油缸、主顶泵站、导轨、穿墙止水、泥浆搅拌及压注系统组成。

3）导轨及千斤顶安装

导轨用型钢钢轨制作，钢轨焊于型钢上，型钢与钢横梁均用焊接连接，各型号独立成套。钢横梁置于工作井底板上，并与底板上的预埋钢板焊接，使整个导轨系统成为在使用中不会产生位移的、牢固的整体。

导轨安装在顶管中至关重要，其安装精度直接影响顶进精度，是顶管设备中的一项重要组成，故须达到如下要求：

① 两导轨应顺直、平行、等高，其纵坡应与管道设计坡度一致。

② 导轨轴线偏差不大于 3mm；顶面高差偏差为 0～＋3mm；两轨间距偏差不大于 2mm。

主顶站根据管径不同选用千斤顶，油缸行程不小于 1.0m，固定在型钢制作的千斤顶支架上，支架焊在井底的横梁上，千斤顶设置在管道两侧，并与管道中心的垂线对称，每只千斤顶应与管道轴线平

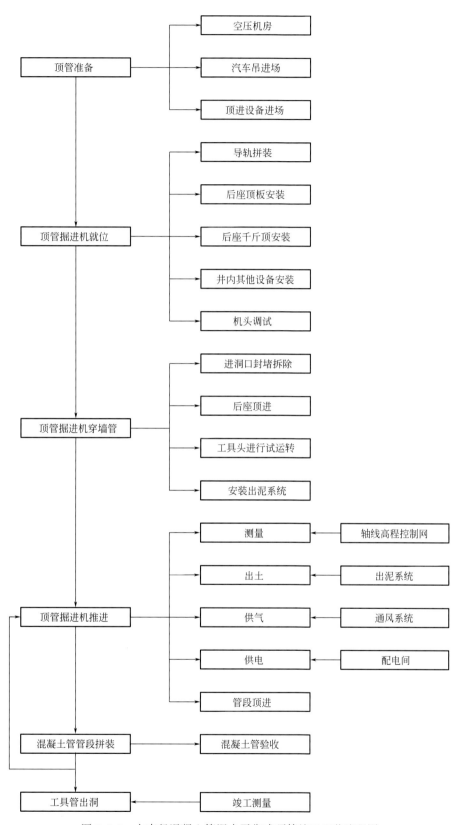

图 3.6-1 大直径混凝土管泥水平衡式顶管施工工艺流程图

行，每个千斤顶的纵线坡度应与管道设计坡度一致。千斤顶和导轨的安装如图 3.6-2 所示。

③ 主顶泵站。

主顶泵站是给主顶油缸供油以及回油的设备，该泵站安装在工作井旁，可远程控制；油泵应与千斤

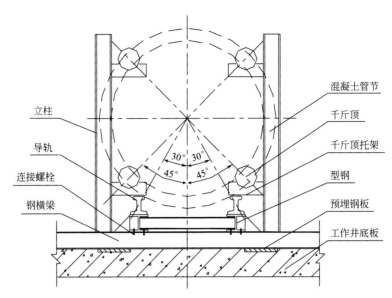

图 3.6-2　导轨及千斤顶支架系统结构简图

顶性能参数匹配，油泵速度应满足 100mm/min 的顶进速度要求。

　　4）后背墙设计计算及施工

　　本工程工作井基本上为双向工作井，故选用周转使用的装配式后背墙。后背墙用 18 号工字钢焊成骨架，为顶管的反力提供一个垂直的受力面，在两面各焊一块 20mm 厚钢板，使各工字钢受力更均匀。工字钢梁的空隙中灌满自密型细石混凝土，形成一道由厚钢板、工字钢和混凝土组成的、牢固的、刚度很大的复合后背墙，承受千斤顶传来的顶进反力。后背墙安装定位无误后，在后背墙与井壁间浇筑混凝土，以使井壁受力均匀，如图 3.6-3 所示。

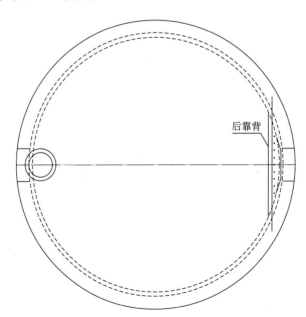

图 3.6-3　沉井顶管施工后背墙平面示意图

沉井顶管后背墙计算：

　　在本工程中，后背均采用 C35 钢筋混凝土，尺寸为 4.0m（宽）×4.0m（高）×0.5m（厚），深度在底板下 40cm。

　　本计算方法忽略了钢制后座的影响，假定主顶油罐施加的顶力是通过后背墙均匀的作用在工作坑的土体上。为确保后座在顶进过程中的安全，后座的反力或抗力 R 应为总顶进力 P 的 $1.2\sim1.6$ 倍。反力采用式（3.6-1）计算：

$$R = \alpha B(\gamma H^2 K_p / 2 + 2cH + \gamma h H K_p) \tag{3.6-1}$$

式中　　R——总推力之反力（kN）；

　　　　α——系数，取 $=1.5\sim2.5$；

　　　　B——后座墙的宽度（m）；

　　　　γ——土的容重（kN/m³）；

　　　　H——后座墙的高度（m）；

　　　　K_p——被动土压系数；

　　　　c——土的内聚力（kPa）；

　　　　h——地面到后墙顶部土体的高度（m）。

5）穿墙止水

穿墙止水是安装在管节外壁与井壁之间的构件，其主要作用是在顶进过程中防止工作井外的泥、水沿管壁流入井内，如图 3.6-4 所示。

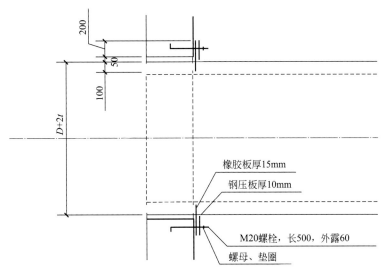

图 3.6-4　穿墙止水构造示意图

顶力及土体稳定验算

顶力计算如下：

$$F_0 = \pi D_1 L f_k + N_F \tag{3.6-2}$$

式中　　F_0——总顶力标准值（kN）；

　　　　D_1——管道的外径（m）；

　　　　L——管道设计顶进长度（m）

　　　　f_k——管道外壁与土的平均摩阻力（kN/m²）；

　　　　N_F——顶管机的迎面阻力（kN）。

采用触变泥浆减阻的顶管（减阻泥浆的摩阻力通过试验确定），管壁与土的平均摩阻力按国家现行标准《给水排水工程顶管技术规程》CECS 246 选取。

6）顶管出洞

顶管出洞是指顶管机和第一节管子从工作井中破出洞口封门进入土中，开始正常顶管前的过程，是顶管的关键工序，也是容易发生事故的工序。

顶管机头在井内管床就位，调试完毕，作好出洞的一切准备后，凿除砖墙，将机头穿进橡胶密封圈顶入土中，同时在机头与洞口的缝隙中注满膨润土泥浆，以润滑管道，支护土体。

为防止管线出现偏斜，应采取以下几点措施：

① 顶管机头要严格调零，将顶管机头调整成一条直线，此时仪表所显示的角度应该为零，调零后将纠偏油缸锁住。

② 防止顶管机头出洞后下跌，顶管机头出洞后，由于支撑面较小，顶管机头易出现下跌，为此需在顶管机头下的井壁上加设支撑，同时将顶管机头与前几节管之间连接，加强整体性。

③ 注意测量与纠偏。顶管机头出洞后，发现下跌时立即采取主顶油缸进行纠偏。

④ 顶管机头出洞前，可预先设定一个初始角（不大于+5°），以弥补顶管机头下跌。

出洞顶进时应采用激光经纬仪随时测量监控，保证顶头和第一节管子位置正确。

7）注浆减阻

注浆孔应合理分布，机头及其后面 3 节管每节都设有注浆孔，使泥浆及时填充管壁与土间的全部空隙（机头外径比管节外径大 20mm，故有空隙），其后每隔一节带安装有注浆孔的管节，及时补浆，使全线管壁都包裹在泥浆套中。注浆管节为三孔出浆管，沿着管节按 120°均布。根据设计为解决顶管后的泥浆置换问题，每节管均设置三个注浆孔，顶管过程中不使用的孔封闭备用，待顶管结束后进行泥浆置换时使用。

保持顶力在控制值之内十分重要。若顶力过大，会带来一系列问题，各方面的控制都会变得困难，故膨润土泥浆压浆绝不可轻视。在注浆时做到以下几点：

① 选择优质的触变泥浆材料，对膨润土取样测试，主要指标为造浆率、失水量的动塑比。

② 在管节上预设压浆孔，压浆孔的设置要有利于浆套的形成。

③ 膨润土的贮藏及浆液配制、搅拌、膨胀时间，按照规范进行。

④ 压浆以同步注浆为主，补浆为辅。在顶进过程中，要经常检查各推进段的浆套形成情况。

⑤ 注浆设备和管路要可靠，具有足够的耐压和良好的密封性能。

⑥ 注浆量应与顶进速度相匹配。

8）管道出泥

泥水平衡式顶管的出土采用全自动的泥水输送方式，被挖掘的土通过在机舱内的搅拌和泥水形成泥浆，然后由泥浆泵抽出，高速排土。在沉井上部砌泥浆箱。多余泥浆及时用泥浆车按文明施工要求和渣土处理办法，运到永久堆土点，不得污染沿途水土环境。

在砂性土和卵石土层不能自行造浆的情况下，可调制泥浆，调制要求详见表 3.6-1。

调制泥浆参照表 表 3.6-1

材料	配合比		比重 SG	漏斗黏度（s）	颗粒含量（%）
	比率（%）	10m³ 时用量（kg）			
黏土	25～38	250～370			
250 号膨润土	8～13	83～125			
增黏剂	0.1	1	1.2～1.3	35～60	33～50
防渗剂	0.5	5			
清水		867～800			

9）顶管测量控制

在顶管正常段顶进施工过程中，测量频率为每顶进一节进行一次轴线测量，当实测顶管轴线高程、平面偏差值大于 40mm 时，需要适当增加顶管机的测量频率。

在顶管快接近终点阶段最后十节的顶进施工过程中，需进行两次/每节的轴线测量，并做到勤纠微纠,以保证管道的进洞质量和进度。

轴线测量采用激光经纬仪,按不同的条件采用不同的测量方法。

a. 通视条件下的测量使用交汇法引工作井及接收井预留洞口中心至各自的井壁。

b. 不通视条件下的测量使用导线法以及平移法进行测量。

10) 顶管纠偏方法

① 纠偏原则。

边顶边测边纠,纠偏时采用小角度纠正。

② 纠偏方法:

a. 挖土校正法。

通过不同部位增减挖土量进行纠偏,校正误差可以控制在 10～20mm,适用于黏土或地下水位以上的砂土。

b. 强制校正法。

采用圆木支托或斜撑对管端施加作用力,强行校正,校正误差大于 20mm,适用范围广。

c. 衬垫校正法。

在管壁一侧加木楔,使管道沿正确方向顶进,可校正管道低头现象,适用于淤泥流砂地段。

11) 触变泥浆减阻技术

顶管施工中,顶力控制的关键是最大限度地降低顶进阻力,而降低顶进阻力最有效的方法是进行注浆,注浆使管周外壁形成泥浆润滑套,从而降低了顶进时的摩阻力,我们在注浆时做到以下几点:

① 选择优质的触变泥浆材料,对膨润土取样测试。主要指标为造浆率、失水量和动塑比。

② 在管子上预埋压浆孔,压浆孔的设置要有利于浆套的形成,通常按照管道直径的大小确定,具体应符合设计要求,并具备排气功能;相邻断面上注浆孔可平行布置或交错布置。

③ 膨润土的贮藏及浆液配制、搅拌、膨胀时间,必须按照规范进行,使用前应先进行试验。

④ 注浆减阻措施要求:

a. 注浆减阻应按渗透系数大小,采用比重适当的膨润土触变泥浆,使管道外形成完整的泥浆套;采用注浆减阻后顶管在黏性土摩阻力一般可降为 $6kN/m^2$,中砂及砂砾层中一般为 $15～20kN/m^2$。

b. 选用质量好的注浆材料,在调制浆液时必须按配方配制,经过充分搅拌,并放置一定时间再用。浆液应黏滞度高、失水量小和稳定性好,满足长距离输送的要求。

c. 注浆前,应通过注水检查注浆设备,确定设备正常后方可灌注。

d. 压浆方式要以同步注浆为主,补浆为辅。在顶进过程中,要经常检查各推进段的浆液形成情况。注浆压力可按不大于 0.1MPa 开始加压,在注浆过程中的注浆流量、压力等施工参数,应按减阻及控制地面变形的量测资料调整。

e. 注浆设备和管路要可靠,具有足够的耐压和良好的密封性能。在注浆孔中设置一个单向阀,使浆液管外的土不能因倒灌而堵塞注浆孔,从而影响注浆效果。

f. 注浆工艺由专人负责,质量员定期检查。注浆遇有机械故障、管路堵塞、接头渗漏等情况时,经处理后方可进行顶进。

g. 要严格控制注浆压力,以防止浆体流到顶管机头前端进入管内。

h. 机尾同步注浆压力,要用压力表测试,停机时,要关闭所有球阀,重新顶进时要查看压力,压力达到才开,并逐一检查浆孔是否堵塞。

i. 采用机尾同步注浆,沿线管节、中继间补浆、沿口补浆的注浆工艺。

j. 沿线补浆时,采用主顶的"顶""缩"动作进行配合,使管道有微微松动,防止注浆孔附近形成局部高压区,利于管道外壁快速形成浆套。

⑤ 触变泥浆的置换(注浆加固)。

为防止管道出现不均匀沉降，待顶管施工结束，方可进行触变泥浆的置换工作，具体应符合下列规定：

a. 可采用水泥砂浆或粉煤灰水泥砂浆置换触变泥浆。

b. 拆除注浆管路后，应将管道上的注浆孔封闭严密。

c. 注浆及置换触变泥浆后，应将全部注浆设备清洗干净。

3.7 地表下非开挖定向穿越管道施工技术

1. 技术简介

在建设工程中，给水排水、燃气、电力、通信管道埋设于地下并穿越城镇道路、河道、湖泊、国道、铁路等，为不影响道路正常通行、河道截流，不能采取开挖管槽方式铺设管道。为避开原有建筑物基础，管道在地下敷设时需绕行规划路径。顶管施工方式是一种有效的施工方式，但施工难度大、施工周期长、施工成本高，同时受地质条件影响较大。

针对管径不大于1500mm的钢管、PE管或类似其他塑料管，地表下非开挖定向穿越管道施工方式相对顶管施工具有明显优势。本技术所使用主要设备为定向钻机，主要施工工艺包括导向孔轨迹设计、管线钻进及监测、管线回拉等。

2. 技术内容

（1）施工工艺流程

地表下非开挖定向穿越管道施工工艺流程如图3.7-1所示。

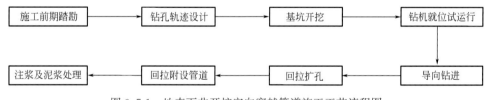

图 3.7-1　地表下非开挖定向穿越管道施工工艺流程图

（2）技术要点

1）施工前踏勘

根据设计图纸管道两端进入地表位置查看场地情况，通过测量复核设计图纸中钻进深度，制定施工方案。

2）导向孔轨迹设计

弧形导向孔轨迹由两部分组成：造斜段和直线段。造斜段是钻杆进入敷管深度的过渡段，直线段是管道穿越障碍物的敷设段。

导向孔轨迹的形态取决于穿越起点（A 点）、穿越终点（B 点）、敷管深度（h）、造斜段曲率半径（R_1、R_2）等参数，其中 R_1 由钻杆最小曲率半径（R_d）和敷管深度（h）决定，根据经验 $R_d \geq 1000d$（d 为钻杆直径，50mm）；R_2 由所敷管的弯曲半径决定。弧形导向孔轨迹如图3.7-2所示。

工程中一次牵引敷设管线最大长度按实际地形而定，但不得超过设计规范要求，当敷设长度过大或受场地等外界因素影响时牵引机械不足以一次完成拖管工作，这时需要采取分段牵引施工。AB 段的导向孔打通以后先用定向钻头的回扩头回扩一次，然后把回扩头推至 AB 段中点 O；在 O 点开挖操作井，

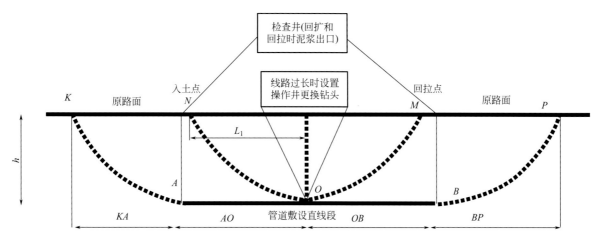

图 3.7-2　弧形导向孔轨迹图

操作井的大小深度根据现场实际情况而定，换上钻头后沿曲线钻进至 M 点出土，顺次回扩拖管，完成 AO 段管道的敷设；OB 段施工以点 N 作为入土点沿曲线钻进至 O 点（确保达到预定深度），此时设备距离 O 点距离 L_1 的长度通常以钻孔入射角 θ 和管道深度 h 确定。沿曲线 BP 至 P 点出土后，换上回扩头顺着原孔推至 P 点再次出土，顺次回扩拖管，完成 OB 段管道的敷设。

3）操作井开挖

在拉管施工机械的前部，开挖一个可供临时储存泥浆的基坑，基坑深度在操作井尺寸满足施工操作要求即可。

4）钻机就位及试运转

按施工布置图将钻机布置于设备基础上，设备基础常采用现浇混凝土基础或钢板箱，钢板箱因施工简单被广泛应用，安装完毕后进行系统连接、试运转，保证设备正常工作。

5）导向钻进

① 导向钻机的主要部件有轮式钻机、操作系统、动力站、液压系统、钻头、钻杆等，按照安装使用规范进行安装。钻机运到现场后须先锚固稳定，并根据预先设计的钻机倾斜角进行调整，依靠钻机动力将锚杆打入土中，使后支承和前底座锚与地层固结稳定。

② 钻杆轨迹的第一段是造斜段，控制钻杆按入射角度和钻头斜面缓慢给进而不旋转钻头，完成造斜段钻进。钻头上装有带信号发射功能的探测仪器，根据地面接收仪显示通过钻头部位探测仪所测据的钻头深度、顶角、面向角、探头温度等技术参数，调整钻进行驶方向。

③ 钻进操作时注意如下事项：

a. 钻杆的上、下接头应安装紧固。

b. 不允许使用变形的钻杆。

c. 钻进速度不宜过快，应根据地层条件控制钻进速度。

d. 造斜顶进时，每次顶进尺度以 0.5m 为宜。

e. 钻杆内不得进杂物，以免堵塞钻头喷嘴。

④ 钻头位置监测。

钻机配有一个手持步履跟踪式导向仪，用以确定钻头位置及各项数据，监测钻头是否偏离设计轨迹。

6）回拉扩孔

第一次钻进工作完成后，钻孔孔径一般情况下为达到敷设要求，需要更换回扩钻头多次扩径，直至扩孔到预定孔径。

在钻杆回拉扩孔过程中，需通过钻杆注入膨润土浆，以减少摩擦，降低回转扭矩和回拉阻力，膨润土浆具有固壁、防止孔洞塌方和冷却钻头的作用，对于土质较差的情况可以在膨润土里适量加入氢化钠、雷硼以确保孔洞坚固。旋转回扩头切削下来的泥土与膨润土浆混合形成泥浆后流到出口工作坑的集浆坑里通过泥浆泵排至泥浆池。扩孔器回拉扩孔示意如图 3.7-3 所示。

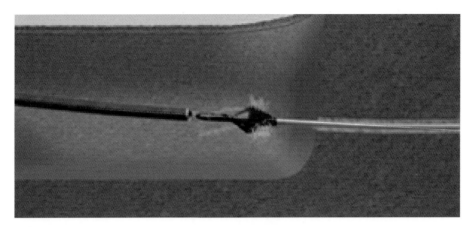

图 3.7-3　扩孔器回拉扩孔示意图

7）回拉敷设管道

成功扩孔到预定孔径后便可回拉敷设管道。在管道回拉过程中，应随时确认孔洞压力情况，当孔洞压力出现异常时应采取相应措施，同时对产生的泥浆及时处理。管道回拉拖管示意如图 3.7-4 所示，管道回拉至检查井示意如图 3.7-5 所示。

图 3.7-4　管道回拉拖管示意

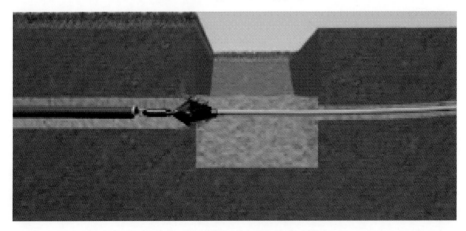

图 3.7-5　管道回拉至检查井示意

8) 注浆及泥浆处理

① 注浆。

为防止拉管施工结束后，拉管扩孔的空隙造成路面（河底）坍塌，拉管扩孔的空隙部分采用注浆加固处理，注浆采用水泥黏土浆，水泥掺入量为15%，水灰比为1:1，孔口注浆恒压不小于0.25MPa，高压不大于0.4MPa，注浆时根据现场实际情况，适当加入特种材料（硅酸钠）以增加可灌性和早期强度。

② 泥浆处理。

工程中泥浆产生较多，结合现场施工条件，采取积极有效的措施（如砌筑泥浆池等），在施工过程中应控制泥浆溢出。

3.8 大型水库排水隧洞水下封堵技术

1. 技术简介

厄瓜多尔圣埃伦娜某水库建成投运20余年，水库底部排水孔闸门年久失修，易造成水库泄洪风险，为检修排水底孔平板闸门，须将排水底孔隧洞进行封堵，隧洞水深在高水位时为51m，常规水位47m，低水位43m，隧洞全长220m。

水库隧洞取水口预留三个8400mm×3100mm×258mm平板闸门密封槽，现场需制作三个平板闸门并进行水下安装，然后将220m长排水隧洞内的水抽取干净后对隧洞内的闸门进行检修，考虑排水口隧洞为混凝土结构，排水完成后将承受47m水位压力，如发生混凝土隧洞坍塌事故将造成水库的水全部泄漏，淹没下游平原，造成无法估量的损失。

经综合考虑，采取在隧洞口设置水下封堵门的方法，替代原计划在隧洞口安装的平板闸门。水下封堵门在隧洞内前行220m进行安装，避免将混凝土隧洞内的水排空造成隧洞坍塌的风险，同时解决水库无大型起吊设备的难题。通过对水下隧洞的测量、安装位置变更以及封堵门结构的研究及计算，降低了隧洞封堵的难度，保证了水库的安全运行。

水库排水隧洞水下封堵技术包括封堵门结构设计、制作、检测、安装、拆除等内容，通过对厄瓜多尔圣埃伦娜水利工程的有效应用，保证了水库阀室泄洪道闸门检修的顺利进行，并将安全风险降到最低，保证了水库的平稳运行，为后续类似工程积累了经验。

2. 技术内容

（1）施工工艺流程

水下闸门制作安装技术施工工艺流程如图3.8-1所示。

图 3.8-1 水下封堵门制作安装技术施工工艺流程图

（2）技术要点

1）施工准备

在施工前，研究大坝排水底孔闸室的原设计图纸。

2）水下探查

由潜水员潜入水下30m，通过长度为220m的引水隧洞，到排水底孔闸室入口检查测量入口的几何形状及闸门密封部位混凝土墙面的平面度。为封堵闸门的设计提供依据。同时还应检查隧洞底部有无任何类型的障碍物，例如水草、贝壳、沉积物等运行之后可能产生的残留物等，如图 3.8-2 所示。

图 3.8-2　水下查探示意图

3）设计生产封堵门

根据封堵门密封的几何形状进行设计计算，制造两个封堵门，以 12 根 HEA300 型钢焊接为主体框架，封堵门上安装充水阀门，用以调整封堵门在水中的重量以保证封堵门缓缓下潜便于安装。排水底孔的修复工作完成后利用封堵门上预留的阀门向闸室充水，使封堵门前后压力均衡，以便能够将封堵门移除。

4）安装封堵门

从取水口的进口到引水隧洞的末端安装滑轮系统，以便潜水员能够沿着隧洞移动封堵门。

将封堵门运至水库大坝，利用起重机将封堵门放入水中，利用预制的水上操作平台将封堵门运输至隧洞口上部，将封堵门预留的注水阀门打开，将水注入封堵门水仓使其缓慢下沉至隧洞口，潜水员通过滑轮系统牵引封堵门，将封堵门运至排水底孔闸室入口，打开排水底孔闸门进行排水。封堵门上游压力大于下游压力，将封堵门推向阀室进口面，达到密封止水的效果，在阀室侧检查密封效果并进行堵漏，如图 3.8-3～图 3.8-5 所示。

图 3.8-3　封堵门下水

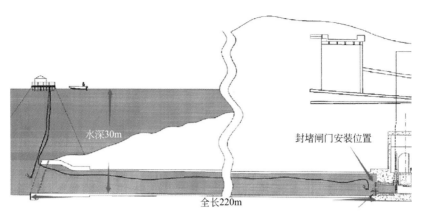

图 3.8-4　水下封堵门安装示意图（一）

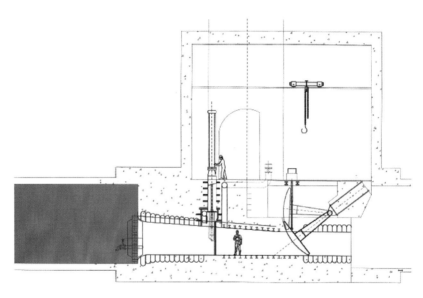

图 3.8-5　水下封堵门安装示意图（二）

5）拆除封堵门

完成排水底孔阀室机电设备维修及更换的工作，关闭平板闸门，潜水员进入到封堵门前打开封堵门上的充水阀平衡封堵门前后的压力，逐个移除封堵门。通过隧洞滑轮系统将封堵门移除，一旦移出，通过加入压缩空气排除封堵闸门舱内的水使封堵门浮出水面，如图 3.8-6 所示。

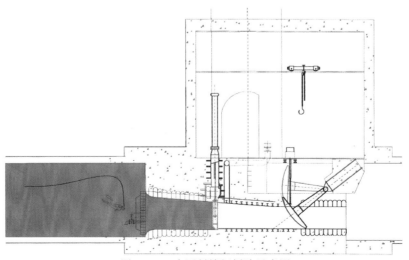

图 3.8-6　水下封堵门拆除示意图

3.9 超高水头引水钢岔管制造技术

1. 技术简介

玛依纳水电站项目的钢管制造为大口径高强度压力钢管，钢板壁厚为120mm。主管末端由一个"Y"形岔管分接两条直管，"Y"形岔管具有水头损失大、焊接工艺要求高、承受静动水压力大的特点，保证"Y"形岔管质量及安全性是本技术的重点及难点。

本技术的应用保障了锥管瓦片的成型，提高了岔管整体组对精度，通过了高检验要求，高质量地满足了项目要求，同时为中国制造在国际水电水利工程领域建立了良好的口碑。

2. 技术内容

（1）施工工艺流程

超高水头引水钢岔管的制造技术施工工艺流程如图3.9-1所示。

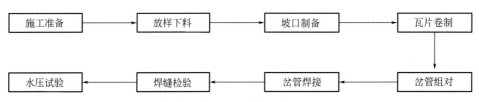

图3.9-1 超高水头引水钢岔管制造技术施工工艺流程图

（2）技术要点

1）施工准备

① 材料采购、检验；

② 根据生产线生产能力、工序内容合理配置人员；

③ 场地布置，包括生产车间流水场地布置，室外原料、成品储存场地设置；

④ 焊接工艺试验、评定，焊工考评；

⑤ 生产设备进场检验报验等。

2）放样下料

① 用CAD绘制岔管每块瓦片精确的展开图，把展开图形用FastCAM软件转换成数控程序。用数控切割机进行切割下料。数控切割时，岔管主管与支管、支管与肋板之间的相贯线采用断续切割，待瓦片卷制合格后，再用半自动切割机割除。主锥及支管展开分块图如图3.9-2～图3.9-4所示。

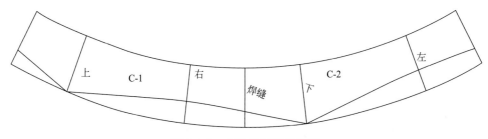

图3.9-2 主锥C展开分块图

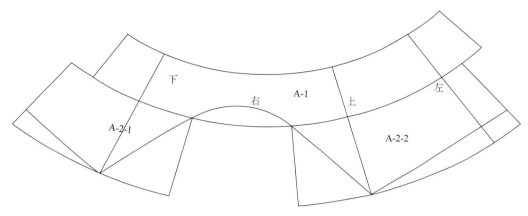

图 3.9-3　支管 A 展开分块图

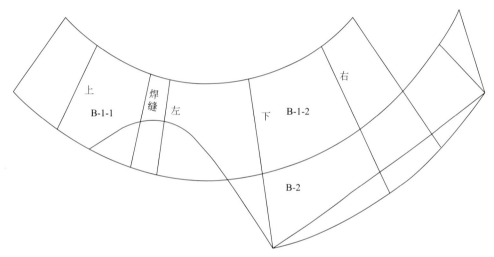

图 3.9-4　支管 B 展开分块图

②为保证打压完成切除封头后保持岔管与支管直管段的连接设计管口形状，同时能保证将封头焊接的淬硬区切除，在两个支锥管与封头焊接的一端展开时加长不小于三倍板厚，过渡锥 C1 与封头焊接的一端展开时加长 400～500mm（此端用于安装排气管、打压孔、排水管和进水管），同时在设计展开图圆周上打上冲眼，作为打压后切割控制线。月牙肋板数控下料如图 3.9-5 所示。

图 3.9-5　数控切割 120mm 月牙肋板板材

③ 数控下料结束后，对下料尺寸进行校核，并标示出水流方向、上下左右中心。标示好瓦片的等分素线。

3）坡口制备

对接纵缝及环缝的坡口用半自动切割机按照工艺评定所定参数进行割制。支管与肋板相接的坡口在岔管组对合格后再进行坡口的割制。坡口切割后，切割面的熔渣、毛刺应用砂轮磨去。

4）瓦片卷制

① 瓦片卷制前应注意镜像对称瓦块内外壁的区分，如卷制方向出错会导致瓦片报废。

② 瓦片卷制时，不允许锤击，防止在钢板上出现锤击伤痕，钢板卷制后，禁止用火焰校正弧度。

③ 岔管瓦片的卷制采用线压法，通过控制卷板机的行程控制钢板的变形量，正确使用每个岔管瓦片上下管口样板，用瓦片下料时标示的等分素线（图 3.9-6）作为瓦片压制的参照线，分一次或多次将瓦片压制成所要的弧度。当所压素线部分的弧度达到要求后，将瓦片上下同一条素线调整到卷板机上辊中心进行压制，如此反复，至达到所需弧度。

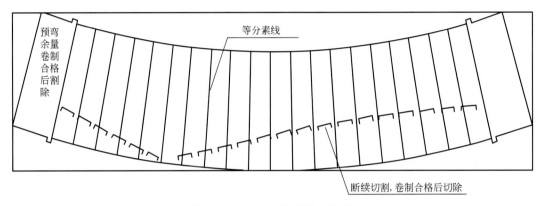

图 3.9-6　瓦片下料卷制示意图

④ 为了保证管节纵缝的对接质量，下料时在瓦片的两端各预留大于 $3D\sim4D$（D 钢板厚度）的预弯余量。瓦片端部弧度达到要求后将其用半自动切割机割除。

⑤ 在瓦片卷制的过程中，除用样板检测弧度外，还用瓦片的理论弦长、弦高来校核弧度。

5）岔管组对

① 岔管单节组对直接在卷板机上进行，组对时严格控制纵缝对口的错边量。

② 岔管大节组对在滚焊台车上进行，组对时须控制环缝对口错变量及两侧管口垂直度。

③ 整体组装。

组装前，先在平台上用经纬仪测量出岔管主管与支管的轴线，作为岔管组装与调整的基准线。将各个管节以基本锥 C＋C1、支管 A、肋板、支管 B 的顺序依次吊装到托架上，利用工具调整相邻管节的间隙和错边，测量里程、管口中心及高程偏差，满足设计及规范要求后定位焊接。岔管整体组装如图 3.9-7 所示。

整体组装完成后，对岔管整体尺寸进行检查，看是否符合设计和规范要求。

6）岔管焊接

① 焊接工艺评定。

针对岔管焊接的特点，按规范要求进行 WDB620 58mm 厚手工焊、埋弧焊对接试验和 120mm 钢板 Z 形抗撕裂试验。焊接工艺试验合格后，编制焊接工艺评定报告，并根据焊接工艺评定编制焊接工艺规程，生产性焊接严格按照焊接工艺规程进行施焊。

② 焊接设备及焊接材料。

纵缝焊接选用 ZD5-1250 可控硅直流自动埋弧焊机，焊材选用大西洋 CHWS9 焊丝和 CHF101 焊剂。

图 3.9-7　岔管整体组装

手工焊接选用 ZX-5-400A 焊机，气刨选 ZX-5-630A 焊机。焊材选用大西洋 J607RH 焊条。

使用前焊条和焊剂做烘干和保温处理，烘干温度 350～380℃，烘焙时间 1h，并做到随用随取。

③ 焊接过程和工艺控制。

焊接前应将焊缝的铁锈、油污等杂物清除干净，对焊缝两侧进行预热，预热宽度不小于 3 倍板厚，预热温度控制在 60～90℃之间，层间温度按 60～150℃控制，线能量控制在 16～45kJ 之间，预热采用远红外线加热器，通过温控仪控制加热温度，达标后方可进行焊接。

焊接支管与肋板组合焊缝时，将焊缝分为 3 个区域，由 6 个焊工进行焊接，整条焊缝同时开焊，焊接时每个区域保持焊接速度一致。最后封面焊接时，先完成肋板中部的焊接，然后依次完成肋板两头的焊接，这样有利于降低焊接残余应力。

焊接时先焊支管与月牙肋的组合焊缝，再焊主管与支管的对接焊缝，最后焊其他焊缝。焊接采用多层多道分段倒退焊。除第一层和封面层外，每焊一遍都应用风铲对焊缝进行捶打，锤击力度、频率应一致。焊接结束进行后热，后热 150～200℃/h。

7）焊缝检验

所有焊缝焊后 48h，做 100％超声波检测与 100％的磁粉检测；所有 T 字接头做 100％X 光射线检测。

8）水压试验

通过水压试验，了解岔管各部位，尤其是月牙肋部位的应力分布及变形情况，以超设计内压暴露结构缺陷，检验结构整体安全度，为岔管的长期安全运行提供可靠保证；通过水压试验，可以削减焊接残余应力及不连续部位的峰值应力；通过水压试验，在缓慢加载条件下，缺陷尖端发生塑性变形，使缺陷尖端钝化，卸载后产生预压应力。在做水压试验的同时，对岔管进行应力应变测试，测点布置图如图 3.9-8 所示。

通过对岔管的水压试验及应力应变的观测，岔管整体无异常情况，岔管肋板及腰线上的应力值符合设计及国家有关规范的要求，试验证明岔管在实际的运行中是安全可靠的。

水压试验合格后卸压并割除封头，封头的割除及管口坡口的制备采用机械切割，如图 3.9-9 所示，既节省了时间又保证了质量。

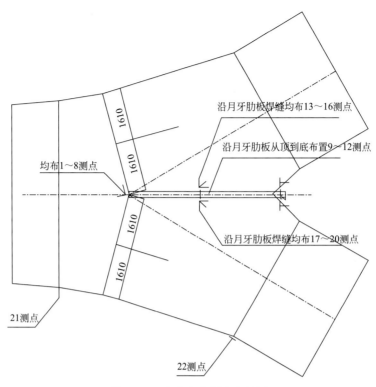

沿月牙肋板焊缝均布13～16测点

沿月牙肋板从顶到底布置9～12测点

均布1～8测点

沿月牙肋板焊缝均布17～20测点

21测点

22测点

图 3.9-8　应力应变测点布置图

图 3.9-9　割除封头

3.10　薄钢衬壁后灌浆修复大直径混凝土管道漏水技术

1. 技术简介

菲律宾安嘎特水库供水管线因年久失修，出现严重漏水情况，严重威胁首都大马尼拉地区的供水安全。通过比较几种国内外混凝土管道漏水修补方法，发现这些技术不适用于大直径供水混凝土管道的修复，且较多采用化学材料内衬，在环境保护方面存在隐患。

为了满足供水管线修复要求，通过在混凝土管道内安装钢衬管，开发形成了薄钢衬壁后灌浆修复大直径混凝土管道漏水技术，既满足了安全性、可靠性和经济性，同时又做到了尽快恢复管线的供水能力。该技术的成功运用，提前完成了首期5.4km输水管道的修复工作，确保了首都大马尼拉地区的供水安全，并对后续4条管线总计近70km的管道修复提供了技术支撑，对国内外同类工程施工具有借鉴意义。

2. 技术内容

（1）施工工艺流程

薄钢衬壁后灌浆修复大直径混凝土管道漏水技术施工工艺流程如图3.10-1所示。

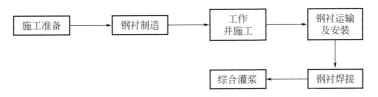

图3.10-1 薄钢衬壁后灌浆修复大直径混凝土管道漏水技术施工工艺流程图

（2）技术要点

1）施工准备

对原管线进行探勘，复核设计图纸及现场，全面掌握施工现场信息后进行临时设施准备工作，包括材料、机械设备，以方便材料运输、现场施工为原则，进行准备。

2）钢衬制造

① 钢板下料及坡口制备。

为了保证钢板的下料精度，采用火焰数控切割机进行切割下料，坡口采用半自动切割机进行切割。

② 钢板压头、卷圆制作。

钢板采用3轴式卷板机卷压成型（图3.10-2），先进行钢板压头，将钢板两端根据钢管曲率半径卷压好弧度，卷压端头时用弦长1～1.2m的弧度样板检测卷压弧度是否符合要求。

将压好头的钢板卷制成圆，卷制前，将钢板表面已剥落的氧化皮和其他杂物清除干净，钢板卷制方向应和钢板压延方向一致，钢板经往返多次卷制，并用弦长1～1.2m的弧度样板检查整个管节与样板之间的间隙，直至合拢成圆。

图3.10-2 钢衬卷制

3）工作井施工

① 工作井开挖及要求。

工作井根据图纸要求开设，一般两个插入坑之间相隔 150～200m，且在管线转弯处设置，以保证钢衬运输及灌浆线路布置。

② 原有混凝土管道内表面处理。

采用切割机将原有管线渗漏水处凿成 V 形槽，露出未经风化的混凝土层。使用快凝水泥浆或环氧砂浆将 V 形槽填平，较大漏水处进行注浆处理或埋设导水管。清理管道内表面，使用气镐或角磨机，辅以高压风或水，清除管内壁污垢、混凝土风化层等。

4）钢衬运输及安装

① 钢衬管运输。

采用尺寸适宜的叉车运输衬管，将部分交叠的衬管（图 3.10-3）用吊车从工作井吊入原有混凝土管内，交叠的衬管内径以 3m 比较合适，方便运输。

叉车上配一个运管工装，管内运送钢衬管，如图 3.10-4 所示，叉车上装有工装可以降低叉齿高度，方便运输，同时可以防止被运钢衬管变形。

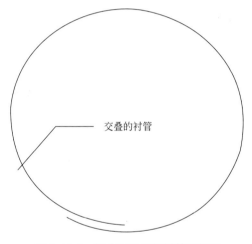

图 3.10-3　部分交叠的钢衬管正视图

图 3.10-4　弧形运输台架组合台车

② 钢衬管安装。

利用叉车配以液压支撑校正工装（图 3.10-5）；使用千斤顶将叠加的钢衬张开，同时使用叉车实现钢衬就位，必要时进行环缝修正。对接后，每节钢衬管用 8～12 条膨胀螺栓与混凝土管壁牢固固定，如图 3.10-6 所示。

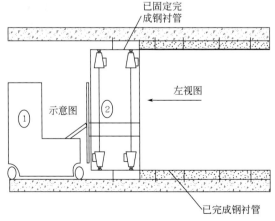

图 3.10-5　叉车配合千斤顶完成撑管效果示意图

①—叉车；②—撑管工装

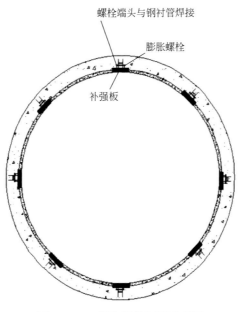

图 3.10-6 膨胀螺栓加固示意图

5）钢衬焊接工艺

焊缝支撑采用 I10 轻型工字钢钢架作支撑，每个焊缝处为一环，每环由 4 榀弧长相等的 I10 轻型工字钢拼接而成，两端各接厚 10mm 钢板，钢板之间采用 M12 螺栓连接。

由于钢衬为半成品，环缝、纵缝均需在混凝土管内焊接完成，受环境条件的局限，只有采用单面坡口、单面焊接，焊接过程及检测如图 3.10-7～图 3.10-10 所示。

图 3.10-7 钢衬管焊接

图 3.10-8 钢衬管焊

图 3.10-9 焊缝磁粉检测

图 3.10-10 焊缝检测

6）综合灌浆工艺

由于钢衬自身的刚度有限，易弹性变形，抵抗外压能力差；要保证灌浆饱满、钢衬不变形、不出现空鼓，形成钢衬、灌浆、混凝土管联合抗压的联合体，必须研究一套集回填灌浆、固结灌浆、钢衬接触灌浆为一体的综合灌浆工艺。

① 灌浆方式及灌浆孔、排气孔设置。

灌浆采用自流方式，从低位灌浆孔向高位灌浆孔依次推进。每单节钢管布置一个灌浆孔、三个排气孔。钢管在钢衬管中与其按上注、两腰、下排的顺序焊接布置，灌浆孔周围用等厚钢板加强。灌浆孔、排气孔布置如图 3.10-11 所示。

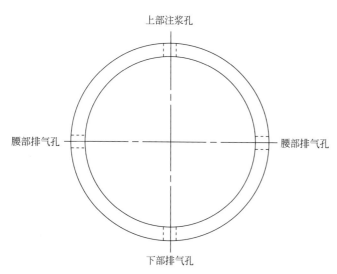

图 3.10-11 灌浆孔、排气孔示意图

② 灌浆管布设。

灌浆管的选择按注浆设备性能确定，灌浆管的直径、垂直距离、水平距离均在灌浆设备工作技术参数范围内；灌浆管路上安装压力表，用以观察灌浆压力；灌浆管路上安装截止阀，用以控制灌浆压力。

③ 制浆。

选用高速搅拌机现场制浆，制浆材料用量使用称重法计量，计量误差控制在 5％以内。制浆过程的有关技术参数根据现场情况经实验后做进一步调整。

④ 管口封堵。

灌浆前用环氧砂浆或水泥水玻璃将钢管管口和原管道周边的空隙封堵密实，以防漏浆，并留设一定数量的排气孔、观察孔。

⑤ 灌浆。

如图 3.10-12 所示，采用注浆机从低位开始灌浆，并在灌浆过程中敲击振动钢衬，待低处孔分别排出浓浆后，依次将其孔口关闭。当排气孔出浆、灌浆压力达到预定值、持续 10min，即可结束灌浆，同时记录各孔排出的浆量和浓度。灌浆压力以控制钢衬变形不超过设计规定值为准；设千分表监测钢内衬变形量，根据钢内衬变形情况调整灌浆压力和浆液浓度。

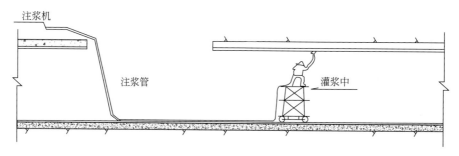

图 3.10-12 管内注浆操作示意图

⑥ 封孔。

灌浆管切除后安装孔塞，电焊补强后用角磨机磨平，保证与钢衬齐平圆滑，然后防腐补漆达到设计要求。

⑦ 填充灌浆质量检查。

在灌浆结束 7d 后，用锤击法进行质检，检查其脱空范围，不合格的部位须进行接触灌浆处理。

⑧ 钢衬接触灌浆。

针对检查出的脱空部位采用接触灌浆：

a.钢衬接触灌浆钻孔：敲击检查，绘制钢衬脱空区展示图，并确定接触灌浆孔位。每片脱空区域至少开设 2 孔，底部为灌浆孔，顶部为排气孔。钻孔采用电磁钻进行钻孔。

b.接触灌浆水灰比及压力控制：钢衬接触灌浆水灰比在没有特殊规定下，采用（1～0.45）：1。缝隙越大，浆液越浓，并且脱空面积较大、排气管出浆良好的情况下，以最浓级浆液结束。接触灌浆压力以控制钢衬变形不超过设计规定值为准，且不大于 0.2MPa，设千分表监测钢管变形量控制灌浆压力。

c.接触灌浆：接触灌浆孔，从低处开始灌浆，每一脱空区一次灌完，对脱空面积较小部位进行接触灌浆时适用手摇泵灌浆。

d.钢衬接触灌浆结束标准：在规定的压力下，最大浓度浆液停止吸浆 5min 后即可结束。灌浆结束时，先关闭阀门再停机，停机前关闭孔口阀门，以防灌入浆液回流。孔口无返浆后，才可拆除阀门。灌浆短管与钢衬间焊接，灌浆结束后用焊补法封孔，焊后用砂轮磨平，涂装防腐材料。

3.11 超长距离球墨铸铁管线施工技术

1.技术简介

刚果（布）布拉柴维尔体育场中心配套供水项目位于沙漠丘陵地带，土质为细沙，供水管道全长 30km，在沟槽开挖深度内土质承载力仅 80kPa，对项目的施工及管线试压造成极大困难。目前国内球墨铸铁管线一般工作压力为 0.5MPa，试验压力不超过 1.0MPa，试压长度不宜超过 1000m。按国内分段试压方法和技术，该工程至少需要 30 个试压段。

根据本工程的管线距离长、水压高、地形高差大以及当地水源极度匮乏等特点，通过合理划分试压段，采取水泵阶梯接力的方式实现多级提升，减少试压段数，加大试压段长，克服超长距离、超高差低点注水、高压力试压等诸多困难，形成了沙漠丘陵地带超长距离球墨铸铁管线施工技术，在保证质量安全的前提下有效降低了成本，加快了施工进度，保证了工期，同时节约了当地水资源。

2.技术内容

（1）施工工艺流程

超长距离球墨铸铁管线施工工艺流程如图 3.11-1 所示

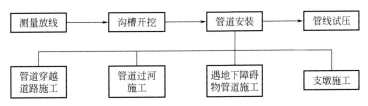

图 3.11-1 超长距离球墨铸铁管线施工工艺流程图

（2）技术要点

1）测量放线

施工测量应遵循"由整体到局部，先控制后细部"的原则，即先在施工现场建立统一的施工控制网，然后以此为基础，测设出整条管道位置。

2）沟槽开挖

沟槽开挖以机械开挖为主，人工开挖为辅。双管段，按单槽开挖考虑。土方开挖如图 3.11-2、图 3.11-3 所示。

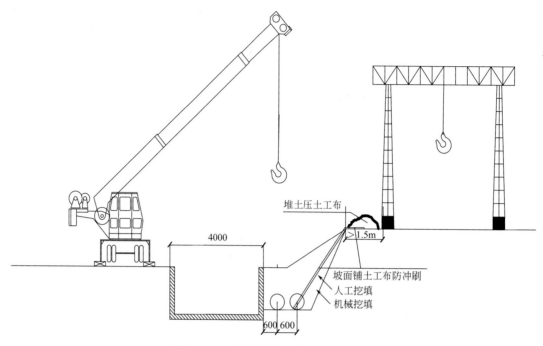

图 3.11-2　断面形式 5 人工/机械开挖

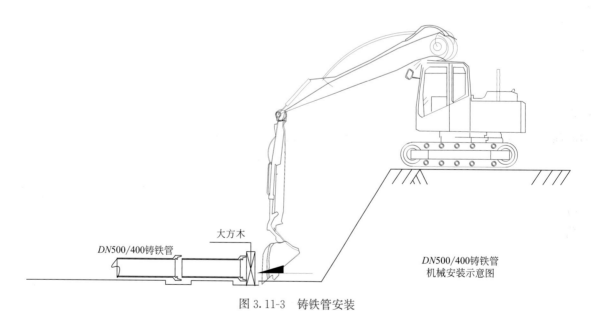

图 3.11-3　铸铁管安装

机械开挖沟槽，槽底预留 30cm 厚土层，采取人工清理槽底土方，避免机械扰动基底土层。管子对口完成后，沟槽立即采取原土回填。

3）管道安装

① 清理承口工作面槽内杂物，保持插口和胶圈干净。

② 将胶圈装入承口凹槽内。

③ 向胶圈内表面和插口处涂润滑油。

④ 采用外力推顶法，将待安装管插口向另一只已安装完成的管承口用力推进，同时人工左右摆动

待安装管的管身，缓缓将管子安装就位。

4）管道穿越道路施工

① 电缆探沟。

人行道路下方位置处有电缆情况，采取提前挖探沟开挖方式。施工路段，探沟开挖进度始终领先实际埋管进度 100m，每隔 15m 挖一个探沟，将电缆外露，并做好标记、设置警示标志。

② 过路段。

管线穿越公路时，采取半幅开挖方式。在路面上行驶作业的履带式挖掘机的履带务必安装上橡胶块，以防挖掘机作业时，对当地路面造成破坏。

半幅开挖，当过路沟槽开挖至道路中心线下方时，采取人工掏洞方式过中心线 0.5~0.6m，以便另一半幅路开挖接头。半幅过路开挖如图 3.11-4 所示。

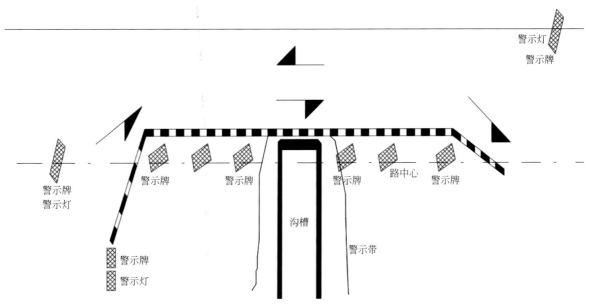

图 3.11-4　半幅过路开挖平面示意图

穿越道路两侧明渠采取掏洞方式，严禁破坏原有明渠结构。过路明渠开挖如图 3.11-5 所示。

图 3.11-5　过路明渠开挖图

③ 回填

过路沟槽回填方式：原土回填，振动分层夯实，每层 300mm。路面下 300mm 厚回填碎石稳定层。稳定层铺好后，洒水夯实。

5）管道过河施工

① 平台修筑。

在线路标提供直达施工平台的便道基础上，修建牢固的施工平台，满足冲击钻机、吊车、混凝土罐车、平板车等施工设备安全进出的基本要求。场地位于陡坡区域时，采用开挖、压实方法；场地位于淤泥区域时，采用开挖、回填、压实方法；场地位于浅水区域时，采用围堰筑岛的方法钻孔场地应清除杂物、换除软土、平整压实。

② 埋设钢护筒：

a. 以桩位中心为圆心，大于护筒 10cm 为直径人工开挖，开挖深度以保证护筒顶高出地面 30cm 为宜。埋设护筒时，护筒中心轴线对正测定的桩位中心，严格保持护筒的垂直度。护筒固定在正确位置后，用黏土分层回填夯实，以保证其垂直度及防止泥浆流失、位移及掉落。

b. 护筒采用钢板制成，护筒应坚实、不漏水，内壁平滑无任何凸起，以便于钻孔。

c. 在护筒埋设完成之后，当地面土层为黏性土时，直接将开挖护筒的土回填到护筒内与地面相平；当地面土层为沙层或砂砾层时，需在有黏性土的地点取黏性土运至施工现场，回填至护筒内。

③ 泥浆池开挖及造浆：

a. 泥浆池开挖：在表层土为砾石土层和沙层的易渗漏地段，泥浆池和沉渣池应采取素混凝土抹壁，避免开孔泥浆渗漏，无法造浆的问题。

b. 造浆：用泥浆泵在泥浆池中造浆和在桩孔内用覆盖层黏土冲击造浆相结合的方式，泥浆比重可根据钻进不同地层及时进行调整。

c. 泥浆检测：每个施工工点现场必须有泥浆比重计和泥浆含砂率测量计，在开孔、进入不同地层以及成孔后都必须进行检测。

④ 钻孔：

a. 装钻机：安装钻机时要求底部应垫平，保持稳定，不得产生位移和沉陷，顶端用缆风绳对称拉紧，钻头和钻杆中心与护筒中心偏差不得大于 50mm。

b. 钻进：开始钻孔时，应采用小冲程开孔，待钻进深度超过钻头全高加正常冲程后，方可进行正常冲击钻孔，钻进过程中，应勤松绳和适量松绳，不得打空锤，勤抽渣，使钻头经常冲击新鲜地层。在钻进过程中或取渣后，应及时向孔内补水或泥浆，保持孔内水头高度和泥浆比重。钻到设计标高时，对终孔地质及嵌岩深度进行确认，并检验孔深、孔径是否满足设计及验标要求。

c. 钻孔记录：严格履行 CPT 条款《Ⅲ.18.3.3 -施工》要求进行施工作业记录。

d. 清孔：钻孔达到要求深度后立即进行清孔，清孔标准符合设计及规范要求，严禁采用加深钻孔深度方法代替清孔。在清孔排渣时注意保持孔内水头，防止坍塌。

⑤ 钢筋笼制作、安装。

钢筋笼所有接头全部采用绑扎连接，考虑到钢筋笼自身重量，在钢筋笼制作中，重点受力处可采用点焊加绑扎连接，搭接长度严格按图纸要求计算。钢筋骨架的保护层厚度采用圆饼滚轮式高强度砂浆垫块，桩基钢筋笼下放前，应对垫块的布设固定情况进行检查，满足要求后可进行下一步工作。

钢筋笼制作完成后，骨架安装采用汽车吊，为保证骨架不变形，须用两点吊。

⑥ 二清。

在导管安装完毕后，由于安装钢筋笼及导管时间孔内泥浆不循环，所以在导管安装完毕后需进行二次清孔，清孔标准符合设计及规范要求。

⑦ 混凝土灌注：

a. 安装导管：导管使用前应进行试拼和试压，按自下而上顺序编号和标示尺度。导管长度应按孔深和工作平台高度决定。漏斗底距钻孔上口应大于一节中间导管长度。导管应位于钻孔中央，在浇筑混凝土前，应进行升降试验。

b. 灌注水下混凝土：桩基混凝土采用罐车运输配合导管灌注，灌注应连续进行。灌注时测探孔内混凝土面的位置，即时调整导管埋深。混凝土灌注过程中应严格控制水灰比、灌注数量，以防止导管进水。在灌注将近结束时，可在孔内加水稀释泥浆，并掏出部分沉淀土，使灌注工作顺利进行。在拔出最后一段长导管时，要防止桩顶沉淀的泥浆挤入导管下形成泥心。考虑桩顶含有浮渣，灌注时水下混凝土的浇筑面按高出桩顶设计高程 100cm 控制，以保证桩顶混凝土的质量。

⑧ 泥浆清理。

钻孔桩施工中，产生部分废弃的泥浆，为了保护当地的环境，这些废弃的泥浆，经泥浆分离器处理后，排往指定的废弃泥浆池，经沉淀后和自然蒸发后将面层清水排入附近地表，泥浆池回填恢复原状。

⑨ 桩基检测：在混凝土浇筑完成 7d 后，应进行桩基基桩低应变反射波法检测，检测完成后，应出具检测报告。

6）遇地下障碍物（电缆、电缆井等）管道施工

施工路段，探沟开挖进度始终领先实际埋管进度 100m，每隔 15m 挖一个探沟，将电缆外露，并做好标记、设置警示标志。

所有探沟必须采取人工开挖形式，对电缆全部挖出，并做适当保护，确保管线安装能够顺利进行。

7）支墩施工

① 支墩模板：支墩模板大部分采用土模的形式，要根据地形、开挖条件及环境合理的减少模板使用量，减少因为拆模搅动原土层，进而影响后背的承载力。

② 双管线支墩的优化。

供水管网部分管段为 DN400 和 DN500 的双管并排敷设，两管间距小，且双管段处于村内道路旁，管网施工征地范围小，不能使用普通单管支墩。为此段双线管网的弯头设计和制作了双管支墩，即两管共用一个弯头支墩。双管支墩如图 3.11-6、图 3.11-7 所示。

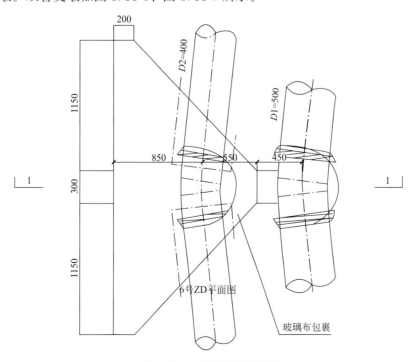

图 3.11-6 双管支墩平面图

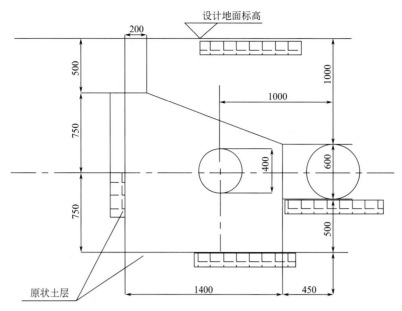

图 3.11-7 双管支墩（1-1）剖面图

8）超长距离高压球墨铸铁管管线试压

① 试压前准备：

a. 试压前确认试压压力，本工程管网试验压力采用分区压力试验。

b. 水源选取和划分试压段。

根据本工程的管线距离长，水压高，地形高差大和工期等特点，同时考虑到当地水源较少，现将全管网划分成 16 个试压段，并且选取了几个合理的取水点，如图 3.11-8 所示。

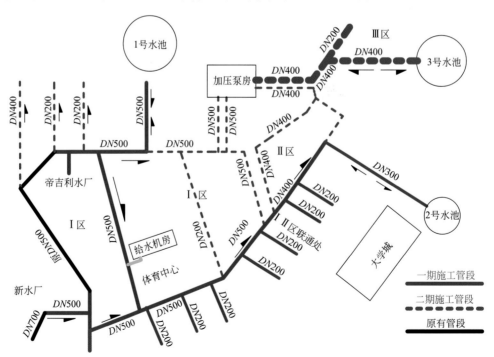

图 3.11-8 试压段划分及水源选取

c. 试压后背施工。

本工程不允许利用已完成管做后背，采用厚钢板配枕木加固后背。

后背宽度、高度、埋置深度等形式必须按图安装加固，不得随意改动。后背初装完成后，务必将后背与土壁缝隙夯实。用千斤顶顶后背，待注水过程中，因试压段有较大高差，低点处盲板开始承受压力，再用千斤顶加力。千斤顶中心必须与管盲板中心同中心，偏差不大于 15mm。

d. 试压后背分析。

打压后背主要考虑的是能否承受管道截面外推力，经模拟分析试压后背完全满足 1.5MPa 试验压力下的 DN500 管网试验要求。

② 水压试验：

a. 试验压力的确认和设备选型。

b. 注水和升压程序。

a）开启管道上预留的排气阀，将水从低端（或高端）缓慢注入，注满水后，按规定浸泡 24h 以上，以防水泥砂浆内衬吸水掉压。

b）注水前要对后背进行加固。

c. 稳压。

停止注水补压，稳定 15min；当 15min 后压力下降不超过规定 0.02MPa 允许压力降数值时，将试验压力降至工作压力并保持恒压 30min，进行外观检查。若无漏水现象，则水压试验合格。

d. 排水。

水压试验成功后，先打开排气阀，再开启排泥阀的 25% 流量，将打压用水排出；待试压段最高点盲板处压力表指数为 0 时，可打开盲板，调大排泥阀流量加速排水。

3.12　水厂地下管廊密集管道施工技术

1. 技术简介

某水厂地下管廊深 12.5m，且空间狭小、密闭，吊车、升降车、叉车均无法使用，但管道数量多，工艺流程复杂，各类管线纵横交错，管道运输及安装时难度大。管廊分布如图 3.12-1 所示。

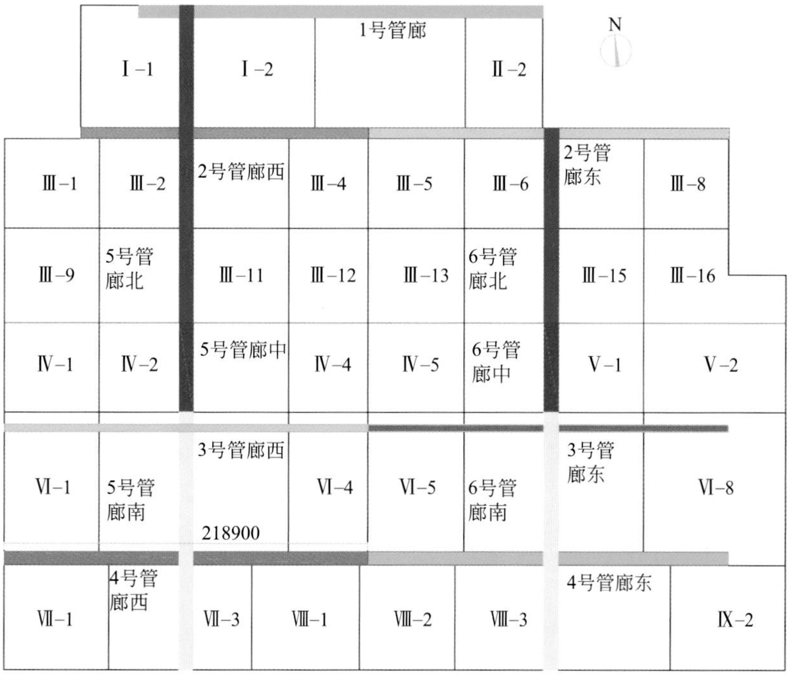

图 3.12-1　管廊分布图

通过系统的管线空间布局、运输线路优化、焊口及吊装入口排布规划等方法，解决了地下管廊空间狭窄、工艺流程复杂、管线纵横交错、运输安装困难等问题，形成了水厂地下管廊密集管道施工技术，适用于水厂地下管廊、全地下污水处理厂等类似工程。

2. 技术内容

(1) 施工工艺流程

地下管廊大口径管道施工工艺流程如图 3.12-2 所示。

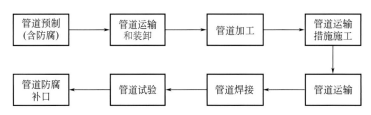

图 3.12-2　地下管廊大口径管道施工工艺流程

(2) 施工准备

1) 根据设计文件、施工图及标准规范，结合装置实际情况，编制详细管道焊口排布图（以 1 号管廊为例），施工中按焊口排布图依次运输，如图 3.12-3 所示。

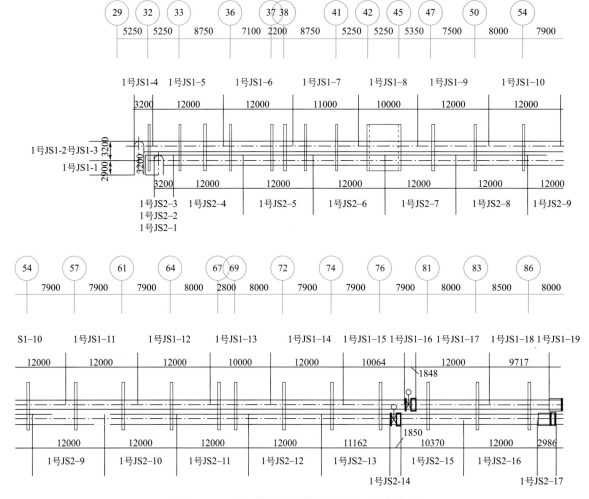

图 3.12-3　焊口排布图及管道分段焊口排布数据

2）根据图纸及现场情况规划好管道进入箱体的入口，大型管道均从入口处进入箱体内，再由箱体操作平台预留吊装孔进行垂直运输至地下一层，箱体入口如图3.12-4所示。

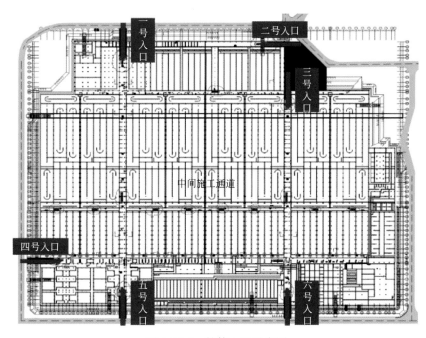

图3.12-4　箱体入口示意图

3）根据图纸及现场实际情况规划好吊装孔，管道进入箱体后，运输至吊装孔位置，垂直吊装至地下一层，涉及应力改变处，需由设计院复核批准，吊装孔布置如图3.12-5所示。

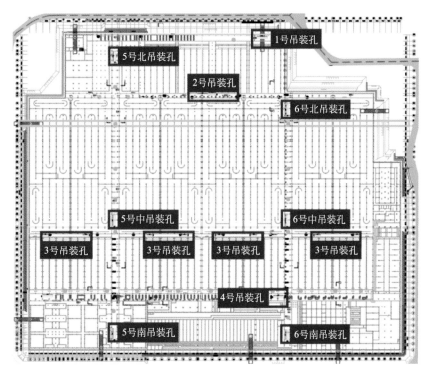

图3.12-5　吊装孔布置示意图

（3）地下大口径管廊管道安装

1）1~4号管廊管道数量多，空间狭窄，工艺流程复杂，纵横交错；管廊安装空间密闭吊车、升降

99

车、叉车均无法使用；管道口径大（DN1600），管道运输及安装时难度相对较大，管道防腐要求高，成品保护要求高，安装方法如下：

① 大型管道均从入口处进入箱体内，再由箱体操作平台预留吊装孔进行垂直运输至地下一层；入口处需提前回填土并夯实，确保通道运输安全。

② 管道进入箱体后，运输至吊装孔位置，垂直吊装至地下一层。

③ 箱体地上层平均操作高度为5.5m，操作空间有限，无法采用汽车吊。根据管廊管道数量和规格，地上吊装管道采用单梁起重装置或捯链（需提前在上层结构梁预埋钢板），运输效率高，安全保障性大，如图3.12-6所示。

图3.12-6 捯链吊装示意图

④ 多管道链接法。

多管道链接如图3.12-7所示。

图3.12-7 多管道链接示意图

按管道排布图，确定管道尺寸后，依据管道顺序依次放入导轨，并点焊对口，管道对口需利用2个50t千斤顶，管道之间进行点焊连接。现场配备两套卷扬机，一套为管道牵引设备，一套为小车式管道水平装置牵引设备。

管道连接后利用卷扬机进行前进牵引，管道运输至安装部位需对配套装置措施进行全部拆除，首先将小车式管道水平运输装置与管道脱离，借用定向滑动装置运输至管道运输始端，开始下一轮管道的运输。

多管道运输宜为4～5根同时运输，且运行速度较为缓慢，应派专人进行监护，发生管道碰撞时应及时采取相应措施。

管道滑动过程中，滑轮和配套角钢为主要受力点，监护人员应重点监视；其安全防护装置为辅助卡具，尽量避免多次重力碰撞，其不作为主要受力点。

管道安装完成后效果如图3.12-8所示。

2）5～6号管廊空间密闭，吊车、升降车、叉车均无法使用；管道防腐要求高，成品保护要求高，但工艺流程较简单、管道排布不密集。采用以下方法进行安装：

图 3.12-8　管道安装效果图

① 用 18 号槽钢铺设轨道，并采用膨胀螺栓固定，钢轨布置如图 3.12-9 所示。

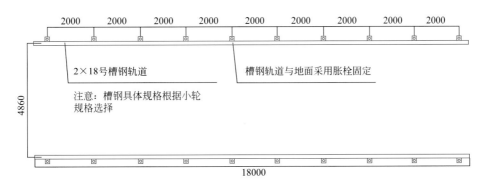

图 3.12-9　钢轨布置图

② 在轨道上设置轨道小车，如图 3.12-10 所示。

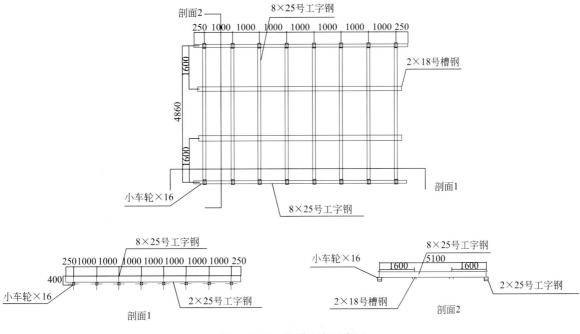

图 3.12-10　轨道小车示意图

③ 在中层板上方梁上水平铺设工字钢（工 25），并在梁两侧开孔，设置捯链（10t）。

④ 管道均从入口处进入箱体内，管道底部放置搬运小坦克，水平捯链牵引至轨道小车，管道运输如图 3.12-11 所示。

图 3.12-11　管道运输示意图

运输至安装位置后，用捯链稍提升管道，移除轨道小车。

缓慢、平稳下放管道，避免设备与吊装孔边缘发生碰撞，并在下方设置搬用小坦克。

⑤ 水平捯链牵引至安装位置。

第4章

设备安装与调试关键技术

净水厂、污水厂的机械设备，按制造标准通常分为通用设备和专用设备，通用设备包括水泵、加药泵、鼓风机、空压机、搅拌器、风机、脱水机等，专用设备包括格栅、输送机、闸门、撇油撇渣设备、刮泥设备、水槽、堰板、料仓、砂水分离器等；按处理工艺及处理系统分为曝气沉砂系统成套设备、A/A/O 生化处理系统成套设备、MBR 膜处理系统成套设备、高效沉淀系统成套设备、V 形滤池系统成套设备、深床滤池系统成套设备、污泥脱水成套设备、臭氧消毒成套设备等。本章主要内容为净水厂、污水厂关键设备及成套设备的安装技术，同时总结了污水厂的综合调试技术。

4.1 电动铸铁闸门安装技术

1. 技术简介

电动铸铁闸门是隔断水源或控制水流量的设备，闸门框及闸门板材质为铸铁，广泛用于净水厂和污

图 4.1-1 铸铁闸门实物图

水处理厂。电动铸铁闸门主要由闸门框、闸门板、传动螺杆及启闭机组成。闸门框与水渠或其他构筑物通过连接件固定，闸门板位于闸门框框槽内，通过螺杆与安装于水渠或其他构筑物上部的启闭机相连，启闭机驱动螺杆上下运行，从而带动闸门板升起或降落。

铸铁闸门常见长宽尺寸约（500～3000）mm×（500～3000）mm，单台重量约 1000～20000kg，外形尺寸大、重量重，运输及起重就位均有一定的难度。由于闸门板与闸门框之间为刚性滑行、闸门板与启闭机为刚性传动，闸门框、闸门板、铸钢丝杆、启闭机螺杆孔必须位于同一垂直线上，偏差不得大于 1/1000，累计误差不应大于 3mm，否则将导致铸钢螺杆弯曲、闸门板不能自由滑行、启闭机电机过载，甚至电动铸铁闸门不能正常使用。因此，严格控制各构件的安装精度是电动铸铁闸门安装的重点。铸铁闸门如图 4.1-1 所示。

2. 技术内容

（1）施工工艺流程

电动铸铁闸门施工工艺流程如图 4.1-2 所示。

（2）技术要点

1）施工准备闸门安装前需进行二次复核，主要复核以下尺寸：

预留洞口尺寸及位置、丝杆预留洞尺寸应与图纸一致，其允许偏差为 10mm。

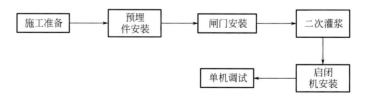

图 4.1-2 电动铸铁闸门施工工艺流程图

丝杆预留洞中心（即启闭机中心）应与预留洞垂直中心线位于同一垂线，偏差不大于 1/1000。

执行机构的预埋板水平度、预埋件钢板的垂直度偏差不大于 1/1000，且预埋板与池壁相平，预埋板的平整度允许偏差为 5mm。

2）预埋件安装

闸门预埋件安装前，应首先了解其规格、位置和数量，然后按要求制作预埋件。

预埋件钢板及锚筋根据设计图纸要求的型号规格加工，预埋钢板在加工厂剪切成型，长宽尺寸偏差控制在±1mm 之间，钢筋加工时弯曲成 L 形，以便伸入底部进行锚固。预埋板与锚筋之间应采用满焊，

钢筋满焊时焊缝应做到均匀饱满，无咬筋现象，焊接完成后焊渣应随手清理干净。

预埋件埋设时，平面定位通过交叉轴线进行控制，如图 4.1-3 所示。

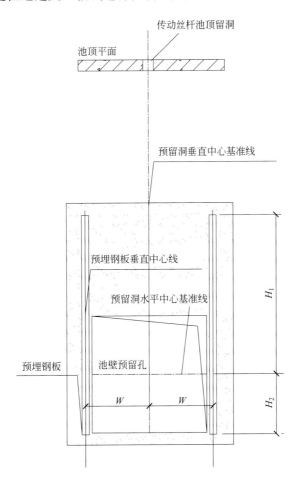

图 4.1-3　预埋件定位示意图

预埋钢板水平位置以预留洞垂直中心线为基准，控制预埋板与预留洞中垂线的间距 "W" 符合设计要求，预埋钢板高度以预留洞水平中心线为基准，控制预埋板与预留洞水平中心线的间距 "H_1""H_2" 符合设计要求。

两个预埋板的中心线应与预留洞的中垂线平行，标高以构筑物每层高程控制线为基准进行定位。

3）闸门框及闸门板安装

用起重设备将闸门吊起对准预埋洞，调整好闸门的水平中心线，使其与预埋洞水平中心线重合，闸门的两侧固定螺栓孔的中心线与预埋板的中心垂线重合。

在预埋板标记处固定螺栓的位置并焊接固定螺栓，最后再拧紧螺栓。闸门安装允许偏差和检验方法见表 4.1-1。

闸门安装允许偏差和检验方法

表 4.1-1

项次	项目	允许偏差	检验方法
1	设备标高	10mm	用水准仪与直尺检查
2	设备中心位置	10mm	尺量检查
3	闸门垂直度	1/1000	用线坠和直尺检查
4	闸门门框底槽水平度	1/1000	用水准仪检查
5	闸门门框侧槽垂直度	1/1000	用线坠和直尺检查

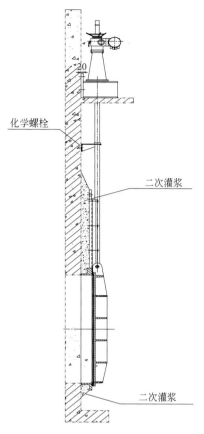

化学螺栓

二次灌浆

二次灌浆

图 4.1-4　二次灌浆示意图

4）二次灌浆

支设模板时，要做到竖直、规整与美观。灌浆应从一侧或相邻两点进行，严禁从多侧同时进行灌浆，否则不利于空气排出，拆模后二次灌浆如图 4.1-4 所示。

5）闸门启闭机安装

依据图 4.1-1 所示的闸门安装中心线（预留洞垂直中心线），测量定位确定启闭机安装中心，据此确定启闭机固定位置。启闭机就位安装后，检查确认启闭机螺杆孔中心与闸门板中心，其垂直度偏差在全长度内不得大于 1/1000，累计偏差不大于 3mm。

6）检验与调试

对启闭器内的润滑油脂进行检查和加注，检查电机接线是否正确、连接紧密，线路的绝缘电阻须大于 0.5MΩ。

电动铸铁闸门空载状况下的启闭试验应不少于 3 次，检查操作是否灵活，手感是否轻便，螺杆的旋合是否平稳，闸门板升起或降落过程中有无卡阻、启闭机运转时是否平稳，闸门框是否稳定、牢固，有无突跳现象。

闸门板处于上、下极限位置时能自动停机，不得出现超限情况。

4.2　气动闸板阀安装技术

1. 技术简介

气动闸板阀由上部的气动驱动装置使阀杆带着阀杆螺母和闸板沿垂直方向往复上下运动，达到闸门的启闭目的。闸板阀具有安装方便，自身重量轻的优点，其重量约为普通闸门的 1/3，其采用橡胶软密封，密封效果好。但安装时对闸板阀的安装面平静度要求高，并要求上部执行机构中心、阀杆中心、阀框中心位于同一铅垂线上。气动闸板阀具有动作快、使用寿命长、结构简单、便于维修等优点，可以快速完成闸板阀的开启和关闭。气动闸板阀常用规格有 500mm×500mm、800mm×800mm 等。

2. 技术内容

（1）施工工艺流程

气动闸板阀安装工艺流程如图 4.2-1 所示。

（2）技术要点

1）施工准备

① 对照发货清单，清点货物种类及数量是否与清单一致，同时做好货物的保管工作，且未安装前必须水平放置，防止铸件变形影响止水效果。

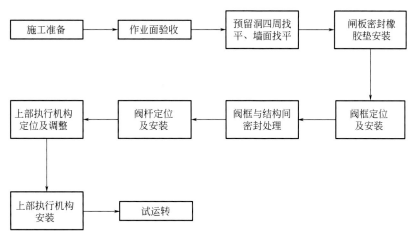

图 4.2-1　工艺流程图

② 施工人员全部到场，并准备好安装时必需的设备（如焊机、电钻、水平仪）等安装工具及测量工具。

2）作业面验收

按闸板阀安装要求对闸板阀上部阀杆预留洞及闸板阀预留洞的位置、尺寸、中心基准面标高、预埋件水平度、位置等尺寸进行全面验收。预埋件平面水平度允许偏差为 1mm，同时要求阀杆预留洞中心与下部池壁上的闸板阀方形预留洞同心且要求位于同一水平面。

3）预留洞四周找平、墙面找平

首先将预留洞与阀框结合的四周的墙面打磨找平，平整度要求偏差小于 0.5mm，再将预留洞洞口四周边角处有缺陷的部位用水泥抹平找正，使洞口四周的墙角均成 90°。

4）闸板密封橡胶垫安装

首先将橡胶板密封垫紧贴在闸板上，再将闸板与橡胶密封垫通过闸板四周边缘的螺栓孔用单头不锈钢螺栓紧密连接成一体，可以达到四面密封、双向止水的效果，增加闸板的密封性能是确保闸板阀自身不渗漏的必要条件。

5）阀框定位及安装

从阀杆预留孔中心向下引铅垂线，以此为基准找正阀框中心，根据定位的中心线安装阀框。按照阀框两侧的螺栓预留孔位置在池壁方形预留洞两侧定位膨胀螺栓的位置，再根据在预留洞上定好的位置用电钻打孔安装好膨胀螺栓，将阀框固定在池壁上。

6）阀框与结构间密封处理

阀框安装前，在基底验收时，应对阀框背部的墙面进行打磨找平，避免墙面凹凸不平导致密封效果下降。阀框定位完成后，将阀框背部清理干净，粘贴自粘型阻水密封条，然后清理阀框附着的墙面，保证基底无灰尘，同时含水率符合要求，清理完成后，将阀框连同密封条一起安装在墙面上，根据现场密封条的贴合情况可适当增加膨胀螺栓数量，如图 4.2-2 所示。

7）阀杆定位及安装

阀框安装完成后，阀框中心线应与阀杆预留孔中心线一致，安装阀杆前，应再次复核定位，同时在预留孔纵横向标记出阀杆中心。

阀杆与阀板连接安装时使闸门阀杆与铅垂线重合，偏差应小于 1/500，将阀杆穿过闸板阀上方的预留洞，用不锈钢螺栓将阀杆与阀板上方的连接点连接在一起，如图 4.2-3、图 4.2-4 所示。

图 4.2-2　阀框安装

图 4.2-3　阀杆

图 4.2-4　上部执行机构

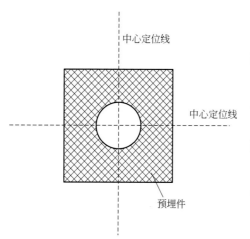

图 4.2-5　中心定位线

8）上部执行机构定位及调整

首先利用阀杆中心线向外延伸，在预埋件上标记出上部执行机构中心定位线，保证上部执行机构中心、阀杆中心、阀框中心位于同一铅垂线上；垂直定位完成后，再利用高精度水平尺对上部执行机构的基础面进行复核，测量预埋钢板的水平度，水平度要求为 2mm/m，如出现超过允许值的情况，采用垫铁进行找平，达到安装要求，通过对基础水平度的调整，进而控制上部执行机构的安装垂直度，如图 4.2-5、图 4.2-6 所示。

9）上部执行机构安装

中心定位、水平度复测调整完成后，将上部执行机构与预埋件牢固焊接在一起，如图 4.2-7、图 4.2-8 所示。

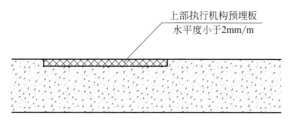

图 4.2-6　预埋件水平度控制

图 4.2-7　上部驱动装置安装

图 4.2-8　V 形池内安装好的排水闸板阀

　　安装完成后，利用垂直仪对安装成型的上部执行机构、阀杆、阀框等进行复核，控制三者位于同一铅锤中心上，如出现三者中心错位或垂直度偏差超出允许值时，及时安排人员进行调整。

　　10）闸板阀试运转

　　闸板阀配套的气动管路安装完毕后，首先清理阀框中的杂物，启动闸板阀气动开关，闸板阀开启及关闭应均匀平滑无阻滞、无异常噪声，验收合格后即可进行试运行。

4.3　耦合式潜水离心泵安装技术

1. 技术简介

　　耦合式潜水离心泵为成套装置，是由出水弯、自耦合底座、导杆、提升链、水下电缆等组成的一种流体输送设备，潜水电机直接与泵叶轮同轴相连，水力部件由水泵壳体、叶轮和耐磨环组成，水泵壳体的出水口为径向出水口，出水口中心线与电机中心线在同一平面内。离心泵的主要部件通常由如下材质组成：

叶轮　　　　　　　不锈钢

泵、电机壳体　　　优质铸铁

主轴　　　　　　　不锈钢 1.4021（420）

提升链　　　　　　　　不锈钢 304

导索　　　　　　　　　不锈钢 304

机械密封　　　　　　　耐腐蚀烧结碳化钨或碳化硅

耦合式潜水离心泵是水厂常用且重要的设备，具有流量大、便于维修等特点，潜水离心泵安装质量直接影响水泵的性能、维修保养、使用寿命，直接影响正常生产。本技术介绍了耦合式潜水离心泵设备基础偏差控制、水泵底座精度控制、水泵安装等主要技术控制要点，提高了水泵安装一次合格率，减少了设备运行过程中的故障率。

2. 技术内容

（1）施工工艺流程

潜水离心泵安装施工工艺流程如图 4.3-1 所示。

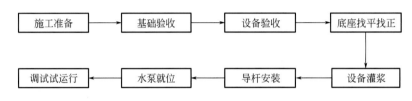

图 4.3-1　潜水离心泵安装施工工艺流程

（2）技术要点

1）施工准备

① 水泵安装前，应仔细核对设计图纸、基础结构图等与设备厂家的设备安装图是否一致；基础高度及尺寸是否满足水泵安装需要；预留螺栓孔间距或地脚螺栓间距是否满足水泵安装需要；建筑空间是否能保证水泵导杆安装垂直度。

② 校对水泵安装附件的形式与数量是否与设备厂家提交的设备安装图一致。

2）基础验收

外观检查基础表面质量，不得有裂纹、蜂窝、空洞、露筋等缺陷。核查基础标高基准线和纵横中心线，检查基础尺寸位置偏差，设备基础验收标准见表 4.3-1。

设备基础验收标准　　　　　　　　　　　　　　　　　　　　　　表 4.3-1

序号	项目		允许偏差（mm）	检验方法
1	坐标位移（纵轴线）		10	以出水穿墙管预埋洞中心为基准
2	坐标位移（横轴线）		20	尺量检查
3	标高		−20～0	用水准仪或水平尺检查
4	预埋地脚螺栓	标高（顶部）	0～+20	在根部及顶部用水准仪或拉线和尺量检查
		中心距	2	
5	预埋地脚螺栓孔	中心位置偏移	10	尺量纵横两个方向
		深度尺寸	0～+20	尺量检查
		孔壁铅垂度	10	吊线和尺量检查

3）设备开箱验收

设备的开箱验收工作需在设备运抵现场并在设备安装前进行，开箱验收前首先对设备的装箱进行验收，检查装箱是否完整。设备开箱后按装箱清单进行核对清点，检查设备的规格、型号、性能参数、数量等是否与设计相符；设备的合格证、说明书、质量证明文件等技术资料是否齐全；检查设备有无缺损、锈蚀、管口保护物和堵盖是否完好；设备安装附件、备品备件和随机工机具等是否与装箱清单相符。根据实际到货情况做出清点移交签字手续，对于暂时不安装的设备或备件（如轴承、密封圈）应及时办理有关移交手续，并妥善保管。

水泵安装前还需确认以下水泵常规的性能参数：

① 用于市政污水的水泵叶轮应为无堵塞离心叶轮。

② 用于过载、漏水、电机轴承过热等水泵保护系统测试。

③ 检查水泵潜水电缆相间、相对外壳的绝缘电阻值，不得小于 5MΩ。

4）耦合式潜水离心泵底座基础找平、找正

水泵底座利用构筑物内已安装的起重机吊装至基础上，采用地脚螺栓，水泵底座的纵向安装水平偏差不大于 0.05/1000，横向安装水平偏差不大于 0.10/1000，调整方法如下：

① 利用精度 0.02mm/m 的水平仪通过调整垫铁组来调节耦合底座的水平度。垫铁组的使用要求：

a. 垫铁组一组通常两斜一平（斜垫铁配对使用），配对的斜垫铁采用同一斜度（宜为 1/10～1/20）；斜垫铁与平垫铁的型号配套，材质通常为普通碳素钢。

b. 垫铁组一般不超过四层，高度为 30～70mm。

c. 垫铁直接放置于基础上，与基础接触均匀，其接触面积不小于 50%，各垫铁组顶面标高与机器设备底面实际安装标高相符。

d. 通常在设备的地脚螺栓两侧分别放置一组垫铁组，在放稳和不影响灌浆的情况下，放在靠近地脚螺栓和底座主要受力部位的下方，相邻两组垫铁组的距离宜为 500～1000mm。

e. 设备使用垫铁组找正找平后，用 0.25kg 的手锤敲击检查其松紧程度，无松动现象；用 0.05mm 的塞尺检查垫铁间及其底座间的间隙，在垫铁同一断面处从两侧塞入的长度总和，不得超过垫铁长（宽）度的 1/3，检查合格后随即在垫铁组的两侧进行层间点焊固定，垫铁与设备底座之间不得焊接。

② 找平时水平仪应放在设备出入口法兰加工面上或其他的机加工表面上，不得用松紧地脚螺栓的办法调整找平及找正值。

5）设备灌浆

设备灌浆分为两次，首先对预留孔进行灌浆，灌浆前，灌浆处清洗洁净；灌浆宜采用细碎石混凝土或专用灌浆料，其强度比基础或地坪的混凝土强度高一级，灌浆高度与设备基础相平；当混凝土强度达到 75% 以上时，再次调整水泵底座的水平度，保证泵机组的水平度符合要求后，进行设备的二次灌浆，灌浆前用定位焊焊牢垫铁组，二次灌浆层的高度与水泵底座底边相平，设备灌浆如图 4.3-2 所示。

6）导杆安装

水泵底座二次灌浆完成并达到强度后安装水泵导杆。先把导杆插于水泵底座的下固定件上，然后用铅锤校准导杆垂直度后，安装导杆的上固定件。双导杆安装必须平行且垂直，两导杆应平行且间距偏差小于 2mm，垂直度偏差应小于 1/1000，全长偏差不得大于 3mm。

7）耦合式潜水离心泵就位

① 潜污泵耦合装置安装完毕并检查合格后，利用导杆将潜污泵缓缓就位。整个就位过程中，保证潜污泵平稳沿着导轨下落，同时专人负责电缆的施放，保证电缆不应受力和受损。

② 泵体下降到位时自动与底座耦合，如图 4.3-3 所示。

③ 潜水泵就位后检查吸水口离池底高度应用符合设计要求，以保证水泵的过水效率。

④ 潜水泵的潜水电缆采用专用的电缆网套或线夹固定在池顶侧壁处，网套或线夹固定后潜水泵的电缆应保持一定的松弛度，防止水泵运行时受外力损坏。

8）调试试运行

① 熟悉设备说明书、操作手册等有关技术文件，了解设备的构造和性能，掌握其操作程序、操作方法和安全原则。

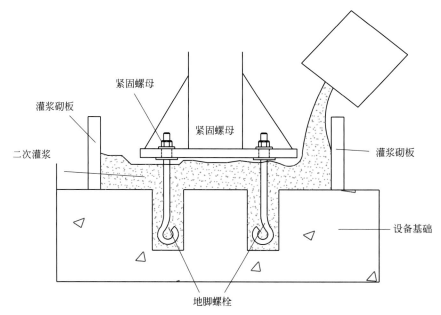

紧固螺母

灌浆砌板

二次灌浆

紧固螺母

灌浆砌板

设备基础

地脚螺栓

图 4.3-2　设备基础灌浆

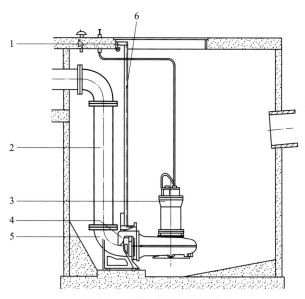

图 4.3-3　潜水泵安装示意图

1—导轨上固定件；2—出水管；3—潜水离心泵；4—耦合卡爪；5—底座；6—导轨

② 手动转动叶轮应灵活，无卡阻。

③ 安装于水池的潜水离心泵安装完成后，水池进水前需对水池进行全面清理，潜水泵带负载试运转前需确保池内固体垃圾清理干净，防止因固体卡阻叶轮而造成水泵损坏。

④ 试运行前检查各连接部位应牢固、无松动，电气及水泵安全运行的保护装置安装符合设备技术文件的规定，电气绝缘电阻测试符合要求，泵的过载保护装置按设备铭牌调整好。

⑤ 无负荷时点动运行检查叶轮的转动方向应与水泵标记的方向一致，无负荷时运行的时间必须符合随机技术文件的规定。

⑥ 水泵带负荷运转一般为 1h，检测其流量、扬程、电流、油温、泄漏应符合设计要求，运转时应平稳、无异常声音和振动。

⑦ 试运行时电动机启动次数小于 7.5kW 不能超过每小时 30 次，大于 7.5kW 不能超过每小时 10 次。

4.4　絮凝池折板安装技术

1. 技术简介

常规的网格或栅条絮凝池虽然处理效果好、水头损失小、絮凝时间较短，但易存在末端池底积泥、网格上滋生藻类、堵塞网眼的现象。折板絮凝池是目前广泛应用的絮凝形式，其主要工艺原理是通过进水口搅拌器将絮凝剂快速投加并扩散到原水中，水流在折板絮凝池中以一定流速在折板之间通过而完成絮凝过程，具有絮凝时间短、容积小、占地面积小、絮凝效果好等优点。

折板安装具有数量多、单仓深度大、作业空间狭小、对作业面条件要求高等特点，根据以往施工经验，折板施工中易出现以下问题：一是由于结构尺寸偏差问题导致折板无法安装；二是安装质量不佳，折板运行中水流易出现短流、漩涡等问题，导致混凝沉淀效果不理想。折板池内布置如图4.4-1所示。

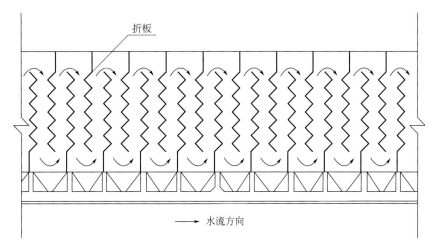

图 4.4-1　折板絮凝池工艺布置（单池）

2. 技术内容

（1）施工工艺流程

絮凝池折板施工工艺流程如图4.4-2所示。

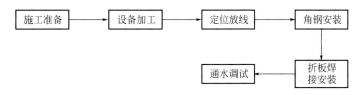

图 4.4-2　絮凝池折板施工工艺流程图

（2）技术要点

1）池体验收

① 絮凝池折板区结构施工完成后，在折板安装施工前，对池体进行检查验收，池体允许偏差见表4.4-1。

表 4.4-1

折板作业面验收标准

检查项目			允许偏差(mm)	检查方法
1	高程	池壁顶	10	用水准仪测量
2		底板顶		
3	平面尺寸(每区格的长、宽)		20	用钢尺测量
4	墙面平整度	折板安装范围平面	5	用2m直尺配合塞尺检查
5		一般平面	8	
6	墙面垂直度		5	用垂线检查

② 由于折板安装运行后严禁出现短流情况，因此折板角钢安装后与墙面的贴合度要求较高。如墙面平整度出现超出允许偏差的情况，及时进行二次找平。

2）设备加工

① 设备加工之前，应根据设计图纸中的尺寸绘制折板及角钢加工详图，如图4.4-3所示。

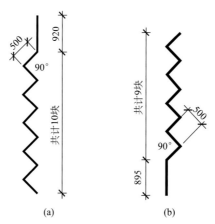

图4.4-3 折板加工典型尺寸详图
（a）上折板；（b）下折板

② 角钢加工时，270°角部位应将一边角钢切断，90°角部处应将角钢一边切除，折弯成形后焊接牢固，并按图纸加工固定孔，如图4.4-4所示。

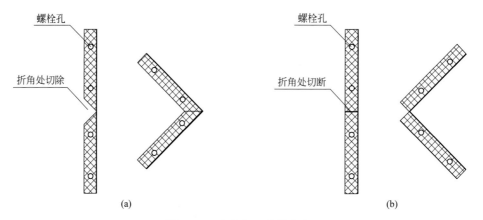

图4.4-4 角钢加工角部处理
（a）90°折角加工；（b）270°折角加工

③ 折板区加工前，根据池体实际测量宽度数据对折板进行定制化加工，并进行编号。折板加工时，折板波峰与波峰、波谷与波谷应在一个水平面上，不能有拱起和翘曲。

④ 角钢及折板加工允许偏差：长宽尺寸误差为 2mm，夹角为 90°，夹角角度误差不超过 0.5°。

3）测量放线

首先根据图纸设计标高定位每块折板的上部点位，然后利用铅垂线将上部点位引至絮凝池下部池体上确定下部点位，将上部、下部点位连接后形成折板安装控制线。

4）角钢安装

① 根据定位的点位，在墙壁上利用膨胀螺栓安装折板固定角钢。折板角钢安装如图 4.4-5 所示。

图 4.4-5　折板角钢安装图

② 如墙面平整度不满足要求，现场找平又存在困难时，可在角钢和墙面之前附加一层 5mm 厚的橡胶垫，保证角钢与墙面之间的密封，如图 4.4-6 所示。

5）折板焊接安装

① 折板的安装顺序为从进水端依次安装至出水端。

② 将折板按编号吊装入相对应廊道内，确定折板迎水面，并放置在固定角钢上，做好成品保护。

③ 调整折板形状与安装位置，使其符合设计要求，并将折板焊接在固定角钢上。折板与角钢焊接时，需注意焊机的工作电流电压，不可将折板焊穿或发生严重形变。折板焊缝采用多段焊，焊缝应饱满、无虚焊漏焊，但进水第一块折板顶部折弯处需与固定角钢满焊，不锈钢折板所有焊接部位均需进行酸洗钝化。

④ 每块水下折板安装完成后，将折板下端与混凝土支墩间用水泥砂浆密封。

⑤ 折板的波峰、波谷安装标高误差小于 3mm。折板间距误差小于 5mm。

6）通水调试

折板安装完成，池体具备条件后，应进行通水调试，重点观察折板区水流是否正常，若出现短流、局部漩涡的情况，应及时检查折板做好记录，待泄水后检查、处理。

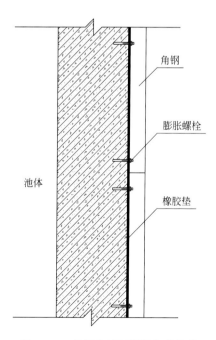

图 4.4-6　角钢和墙面间附加橡胶垫

4.5 链板式刮泥机安装技术

1. 技术简介

链板式刮泥机成套装置是污水处理厂重要的物理处理设备，主要包括驱动装置、榫轴、链轮、导轨、耐磨条、主轴组件、刮板组件等部分，由电机/齿轮减速箱驱动，通过非金属驱动链和链轮，将扭矩传递至刮泥机的驱动轴上，再通过一组传动链轮、链条、刮板的组合运动实现水面刮浮渣、池底刮污泥，将沉淀的污泥输送到沉淀池另一端的集泥槽（斗）中。一台常规完整的链板式刮泥机共有 1000 多个配件组合而成。

基于刮泥机安装条件普遍存在环境潮湿、池底积水、钻孔偏位等影响，开发形成激光放线技术及榫轴固定技术，克服了环境潮湿无法施工的困难，提高了安装工效和质量合格率。

2. 技术内容

（1）链板式刮泥机施工工艺流程如图 4.5-1 所示。

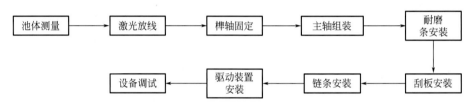

图 4.5-1 链板式刮泥机工艺流程图

（2）技术要点

1）池体测量

① 池体质量标准。

刮泥机安装前必须对池体进行测量，控制标准见表 4.5-1。

池体偏差控制标准 表 4.5-1

序号	项目	标准	测量工具
1	池体宽度	8.5m±10mm	卷尺
2	池底平整度	6mm	卷尺及刮板
3	池体垂直度	10mm	铅垂及卷尺
4	池体对角线误差	15mm	卷尺

② 测量方法。

池体平整度及垂直度测量时，刮泥机板由 2 人牵引，另外 3 人分别从左、中、右三处连续跟踪观察测量，如图 4.5-2 所示。

2）激光放线定位

根据图纸确定驱动轴、尾轴距池边距离，取池体两端的中点（A、B 点，如图 4.5-3 所示）各放置 1 台激光放线仪，调平后，激光放线仪下对激光点与 A、B 两点对准，分别转动 A、B 两点激光放线仪使之与池体的中心线重合，以此确定池体中心线，再分别从 A、B 两点按图纸尺寸确定左链轮中心线、右链轮中心线，并用水泥钉做好标记。

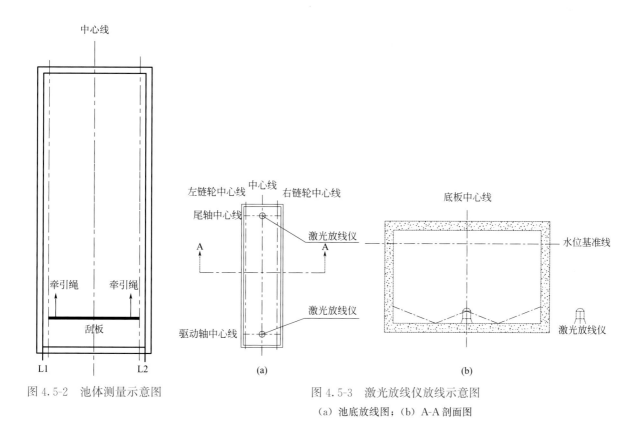

图 4.5-2　池体测量示意图

图 4.5-3　激光放线仪放线示意图

（a）池底放线图；（b）A-A 剖面图

　　再用 1 台激光放线仪和 1 台水准仪，迅速确定尾轴中心线、驱动轴中心线、上坠轮中心线、下坠轮中心线等定位线，并用水泥钉做好标记，放线定位如图 4.5-4 所示。

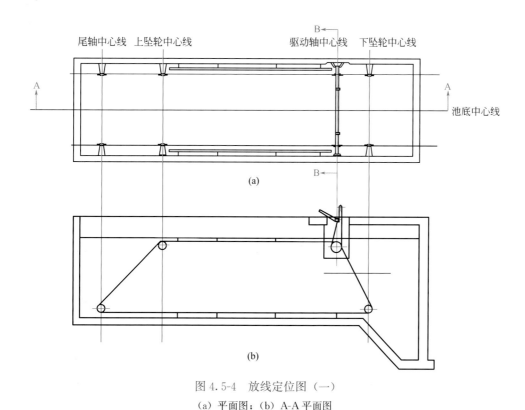

图 4.5-4　放线定位图（一）

（a）平面图；（b）A-A 平面图

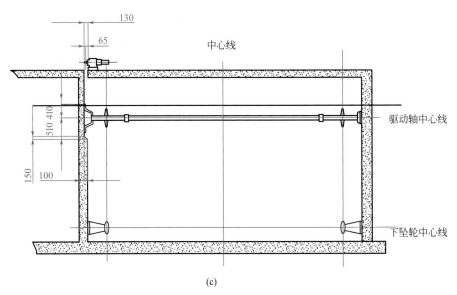

（c）

图 4.5-4　放线定位图（二）

（c）B-B平面图

3）榫轴固定

首先采用以上方法定位 8 个榫轴的中心点，按图纸画出榫轴的固定孔的位置，然后采用水钻开孔，孔洞的直径为 28mm，深度为 150mm（注：固定刮泥机榫轴的化学螺栓直径 24mm、长度 290mm）。

钻孔后用电吹风或汽油喷灯把孔洞内烘干，并用压缩空气把孔内吹扫干净，再把化学药剂放入已吹扫干净的孔内，用电钻把化学螺栓钻入孔内，使得化学螺栓、药剂和混凝土充分粘结，保证牢固。榫轴安装如图 4.5-5 所示。

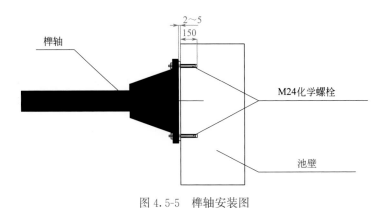

图 4.5-5　榫轴安装图

待化学药剂充分凝固（约 20min）后，安装榫轴并用 3 个水平调节螺栓调节榫轴水平，待试车完毕后用 C40 混凝土浇筑榫轴与池壁间的空隙。

4）主轴组装

① 主轴由短轴、主轴套管、定位圈、轴销拼装而成，先将短轴推入主轴套管，再将短轴的两面端分别套入榫轴，然后拉伸主轴，使主轴的另一端套入对应的榫轴，插入联接键并拧紧抱箍，使主轴套和短轴固定。

② 检查主轴是否平直及自由旋转，并根据需要通过校平螺钉调节榫轴，直至主轴水平度全长小于 3mm。

③ 在主轴上安装拼合大链轮并用螺钉固定，保证大链轮中心与墙面的间隙为（130＋10）mm。

5）耐磨条安装

① 下耐磨条安装：

a.根据安装图纸，以池底的中心线为基准测量出两边耐磨条的位置并做好标记（池底耐磨条靠近池边且与中心线平行）。拉一条细线作为耐磨条的中心线，如图 4.5-6 所示。

b.从沉淀池的排泥渠开始，在细线上铺置一条耐磨条，使得细线可以透过耐磨条上的孔眼。每根耐磨条靠排泥渠的一端需有一个长圆形的螺栓孔。

c.标出每个长圆形和圆形孔眼的中心点。移开耐磨条钻孔，栽入塑料胀管。再次放置耐磨条，并用不锈钢螺钉固定，如图 4.5-7 所示。螺钉拧紧后再将螺钉倒转 1/2 圈，使得耐磨条能在这些位置自由活动。接着放置下一条耐磨条，长圆形孔眼同样朝向排泥渠。在两条耐磨条中间留出 13mm 空隙，以防其膨胀。采用同样方法将耐磨条铺到沉淀池的另一端为止。

d.在沉淀池的另一边，同样从排泥渠处开始安装，但要保证两条耐磨条之间的空隙存在交叉。

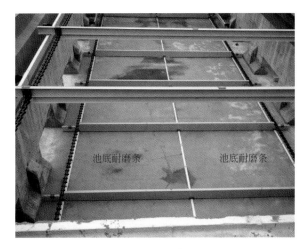
图 4.5-6　下耐磨条位置图

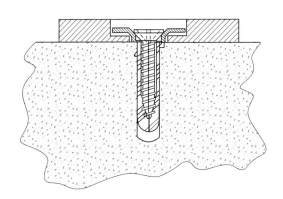
图 4.5-7　下耐磨条固定图

② 上耐磨条安装：

a.导轨支架安装。

根据安装图纸尺寸、位置在池子尾端，划出池壁支架的上下螺栓的中心线。同样在沉淀池头端（排泥渠端）也划出池壁支架的上下螺栓的中心线，在对面池壁上也对应划出池子前后短支架上下螺栓的中心线。再按图纸要求在支架的上下螺栓中心线上标记出支架的位置，如图 4.5-8 所示。

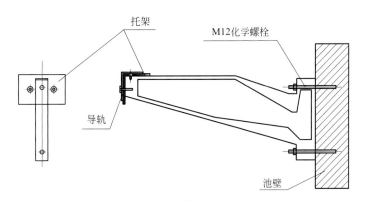
图 4.5-8　导轨支架安装图

上耐磨条支架的化学螺栓安装方法与榫轴安装相同（固定上耐磨条支架化学螺栓直径为 12mm，其钻孔的深度、直径与固定刮泥机榫轴的化学螺栓不同）。

b. 回程导轨及上耐磨条安装。

在每个导轨支架一端装上托架，将玻璃纤维的回程导轨用不锈钢紧固件紧固在支架托架上，并保证每根回程导轨之间留出 6mm 的空隙。上耐磨条是敷设在回程导轨上，在两条耐磨条中间留出 13mm 以防耐磨条伸长。

6）刮板安装

① 刮板组件如图 4.5-9 所示。

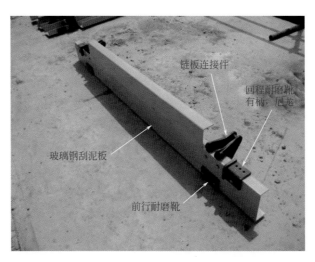

图 4.5-9　刮板组装图

② 刮板组件的组装：

a. 装衬块和连接链节。

首先将衬块放置在刮板的槽里，并使衬块的孔与刮板的孔对齐，再将连接链节放在衬块的顶部，用不锈钢螺栓插入刮板最上部的两个孔，将刮板、连接链节和衬块连接起来，用手拧紧即可。

b. 装刮泥耐磨靴。

将刮泥耐磨靴放在刮板外侧的两个孔上，并用不锈钢紧固件与刮板固定，在刮板的另一端也采用同样的方式组装耐磨靴。

4.6　周边传动刮泥机安装技术

1. 技术简介

周边传动刮泥机是自来水厂中置式高密度沉淀池重要的污泥处理设备，具备污泥沉淀、浓缩、刮除聚集、回流助沉的功能，辅助污泥沉淀浓缩并刮除推至底部的污泥收集池。布置更紧凑更合理，工艺组合更灵活，处理效率更好，出水水质效果更可靠。主要由中心枢轴、滚轮组合、轨道、传动机构、销齿盘、刮臂、刮板等组成。其工作原理为刮泥机顶部的电机带动传动轴转动，传动轴将带动位于池内浸在水中的销齿盘转动，销齿盘底部的滚轮组合沿着导轨运行，刮泥机的销齿盘和刮臂相连接，由此带动刮臂下方的多组刮板刮除池体底部的污泥等，将污泥等刮到池体中心底部的集泥坑中，最后由吸泥管将污泥等排出水池。某工程周边传动刮泥机具体结构如图 4.6-1 所示。

中置式高密度沉淀池由于池体内每格直径较大，对刮泥机的安装提出了较高要求。安装质量不达标容易引起刮泥机滑轨、卡轨等现象，不能正常运行，造成生产事故。

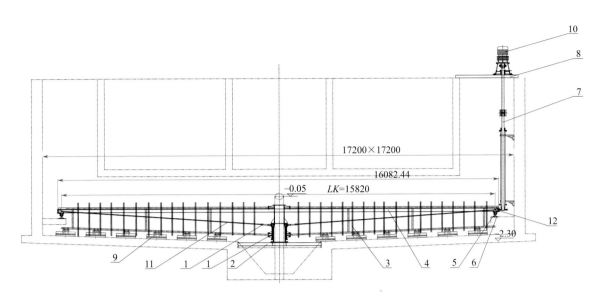

图 4.6-1　某工程周边传动刮泥机结构图

1—中心枢轴；2—底座；3—浓缩装置；4—刮臂太梁；5—滚轮组合；6—轨道；

7—传动机构；8—支架；9—刮板；10—电动机；11—拉杆；12—销齿盘

针对沉淀池水下周边传动刮泥机的特点，为解决周边传动刮泥机发生滑轨、卡轨等现象，通过济南鹊华水厂工艺改造工程，总结形成了周边传动刮泥机安装关键技术。主要技术操作要点为刮泥机轨道安装。

刮泥机安装时在水平方向要做到中心支座的中心、池体中心、轨道中心的重合，在垂直方向要做到每组刮板与池底间隙保持在 10mm 以内，并在任何位置不得与池底刮擦，研究总结了刮泥机安装轨道定位及弧度调整技术。

刮泥机安装轨道定位是指以底部牛腿上轨道预埋钢板的中心线来定位中心支座，轨道弧度调整技术是在安装好的主梁上面利用钢板和钢筋焊接制作一个大型圆规，以此调整轨道弧度使其与滚轮运行轨迹同心。

本技术经在污水处理厂工程的应用，有效解决了各主要配件准确定位，提高了设备安装的效率。

2. 技术内容

（1）施工工艺流程

周边传动刮泥机施工工艺如图 4.6-2 所示。

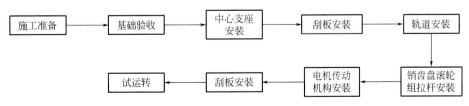

图 4.6-2　周边传动刮泥机施工工艺流程图

（2）技术要点

1）施工准备

① 对照发货清单，清点货物种类及数量是否与清单一致。

② 对设备在运输过程中造成的变形及损伤，要进行全面检查和修整。

③ 施工人员全部到场，并准备好安装时必需的设备（如：吊车、捯链，焊机、气割、脚手架、水准仪）等安装工具及测量工具。

2）基础验收

按设计要求对池周轨道面标高、中心基准面标高、池底的坡度、预埋螺栓和预埋件位置等尺寸进行全面验收。池周轨道面水平度允许偏差为 2/1000，全周累计小于 15mm，池周轨道面与中心基准面标高差不超过 15mm；预埋件位置偏差不超过 10mm。

3）中心支座安装

安装刮泥机中心支座前，先找出池体底部牛腿上所有预埋钢板圆周的中心位置（轨道中心线），再与中心支座中心线进行校核，如中心支座中心线与轨道中心线有偏差，以轨道中心线为准，调整中心支座中心线（必要时修正中心支座预埋件位置），使中心支座的中心与池体底部牛腿上所有预埋钢板圆周的中心位置重合。将中心支座起吊就位，对正各基础孔位后安放，调整中心支座的高度和水平度（中心支座水平度允许偏差 5/1000）后，再次复核中心支座中心线是否与轨道中心线一致，如一致将支座与池体底部的中心底座预埋件焊接牢固。

4）刮臂安装

刮泥机刮臂主梁分为数段组成，组装时可在池外地坪上联接，然后起吊就位搁置于中心支座与端梁上；也可分段在池内安装，分段安装时，先在池内主梁联接处竖起脚手架，两端分别与中心支座及端梁连接，在脚手架上调整主梁的提拱度，侧弯度合格后紧固连接螺栓。在主梁的分段接头处用螺栓连接后还需施焊连接，焊缝高度不小于 6mm。

5）轨道安装

① 利用安装好的主梁在上面利用钢板和钢筋焊接制作一个大型圆规，为下一步的轨道的安装调整同心度使用，如图 4.6-3 所示。

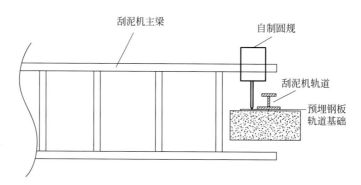

刮泥机主梁　　自制圆规　　刮泥机轨道　　预埋钢板轨道基础

图 4.6-3　利用自制圆规调整刮泥机滚轮轨道同心度

② 自制临时圆规制作完毕后，开始进行刮泥机滑轮组轨道的安装工作，准备好安装工具主要有捯链、吊装带、电焊机等。

③ 首先在一个牛腿基础上利用制作好的圆规找准轨道安装位置，在轨道两侧各焊接安装一组定位压板。

④ 待分段导轨的第一个点固定完毕后，开始调节每段轨道的第二个连接点。用人力推动主梁，将圆规上的针移动至下一个相邻牛腿的预埋钢板上，在预埋钢板上划出轨道需要安装的位置，再利用捯链及吊装带人工调整轨道的弧度至第二个定位位置后，由电焊工焊接轨道的定位压板，将轨道固定在牛腿的预埋钢板上。

⑤ 将所有轨道连接成一个整体圆后，推动主梁，使主梁上的圆规围绕安装好的轨道运行几周，确保每段轨道均在一个同心圆上。轨道面水平度允许偏差为 4/1000，全周累计小于 15mm，椭圆度允许偏差为 4/1000。

6) 销齿盘、滚轮组、拉杆安装

刮泥机所有的刮臂主梁安装完毕后，开始安装滚轮组、销齿盘及销齿盘与中心枢轴之间的拉杆，如图 4.6-4、图 4.6-5 所示。

图 4.6-4　刮泥机销齿盘及滚轮组安装

图 4.6-5　刮泥机拉杆安装

中心支座、主梁、端梁及滚轮组安装固定后，用人力推动主梁，此时滚轮应无较大阻力，行走装置、中心支承应转动灵活，并调节端梁径向位置使滚轮与其运行轨迹相切，推动主梁检查其运行轨迹，直至前后两滚轮轨道相重合。

7) 电机、传动机构安装

底部构件安装完毕后，开始安装位于池体上部的刮泥机的电机及减速机，如图 4.6-6 所示，最后安装减速机与底部的销齿盘相连接的刮泥机的传动主轴及主轴的固定支架。

图 4.6-6　刮泥机上部电机及电机底座安装

8) 刮板安装

依次安装刮臂、刮板，调节刮臂长度，使刮板位置正确，用人力推动主梁，检查底部与池底间隙保持在 10mm 以内，如发现刮板与池底刮擦，需要人工凿除突出部位，并用砂浆抹平。

9）刮泥机的试运转

刮泥机设备安装完毕后，清理水池中的杂物，外观检查无缺漏、碰擦后向减速机等各加油点加足润滑油脂，接通电机电源，电机转向应与安装图所标方向一致。此时可进行空车试运转，启动开关后，开车运行至少 5 圈，设备各部件应运行正常，无异常噪声，验收合格后即可进行试车阶段。向池中注入清水至设计标高，启动刮泥机运转 4～8h，正常后即可投入使用。

4.7 非金属链条刮泥机安装技术

1. 技术简介

非金属链条式刮泥机是用于矩形沉淀池的一种水处理设备。该设备主要由刮泥板、链条、链轮和驱动装置等组成。驱动电机、减速机输出扭矩经过驱动链和链轮传送到刮泥机主轴，主轴链轮驱动铺设于沉淀池两侧的链条做回转运动，刮泥板两端分别安装在两侧的链条上，由从动轮及导轨支撑，去程于池底刮泥。

非金属链条式刮泥机具有以下特点：

1）主要零部件采用非金属材料制造，耐腐蚀、质量小、运行阻力小；

2）纵向池刮泥板间隔 3m，刮泥板数量多，单个刮泥板的实际负荷小；

3）链条和刮泥板具备合理的定位导向装置；

4）刮泥机不具备排泥装置，需与静压吸泥管联合工作排除池底污泥；

5）非金属链条式刮泥机具有结构简单但连接精密、安全性高的特点；

6）其运行时具有不扰乱水流及搅起污泥等优越性能。

鉴于污水厂矩形沉淀池的池体面积较大，宽约 2.5～8m，长约 10～40m，设备安装的困难大，导致非金属链条式刮泥机安装中常出现设备运行过程突跳、刮板斜走的现象。通过污水厂工程施工，总结形成了非金属链条式刮泥机安装关键技术。

此技术通过池体土建尺寸偏差控制、刮泥板、链条、链轮和驱动装置安装精度的控制，解决了非金属链条式刮泥机运行过程中常见的质量问题。

2. 技术内容

（1）施工工艺流程

非金属链条刮泥机施工工艺流程如图 4.7-1 所示。

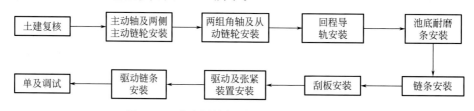

图 4.7-1 非金属链条刮泥机施工工艺流程图

（2）技术要点

1）土建复核

刮泥机在沉淀池底部运行，池体的宽度、高度、侧壁垂直度、两侧侧壁的平行度与设备本身的配合问题非常重要。为了保证设备安装的整体质量，必须在沉淀池池体结构施工前从设备安装的角度出发，对土建提出要求，并在设备安装前核验池体结构尺寸是否满足要求，如图 4.7-2 所示。复核重点如下：

① 沉淀池两侧墙刮泥机回程导轨位置处结构墙面偏差不得超过 10mm，其平行度偏差不得超过 5mm。

② 沉淀池侧壁垂直度偏差不得超过 10mm。

③ 沉淀池底沿池体纵向方向与设计高程偏差不得超过 6mm。

图 4.7-2　池体复核

2）主动轴及两侧主动链轮的安装

① 首先用经纬仪在每个沉淀池池体纵向通长放 3 条线：中心线 1 条（主动轴中心线 1 条），左边线 1 条、右边线 1 条（两侧主动链轮 2 条）。再用水准仪每池放出 4 个高程控制点即端轴位置处，用塔尺量测，找出主动轴轴承座中心位置，按设备轴承座螺栓孔画线定位，然后安装主轴轴承座，用化学螺栓固定，轴承座固定后再进行复测。

② 主轴安装前先将主轴链轮安装在主轴上，然后将主轴安装在轴承座上。先将主轴一端放入轴承座中，再将另一端调整就位。用水平尺测量单轴的水平度偏差应小于 1/1000，用水准仪测量全长水平度偏差应小于 3mm。吊装时应用尼龙吊带做吊绳，减少硬蹭以防止出现划痕，如图 4.7-3 所示。

图 4.7-3　主动轴及链轮安装

3）两组角轴及从动链轮安装

从动链轮安装顺序：前端角轴、从动轮（位于驱动轴下方）→后端角轴、从动轮（池底另一端）。

① 主轴及主动链轮定位安装后，以主动链轮为基准安装其他从动链轮。安装时用经纬仪与主轴找

直角在池底放线，与已有主动链轮线进行校核，确认无误后，再进行后续工作。

② 前从动轮必须和驱动轴上的驱动轮在一条竖直线上，后从动轮的位置必须根据前从动轴进行量测来决定位置，并确保对应侧角轴中心距。确定无误后再安装从动链轮的角轴，将从动链轮安装在角轴上。确保所有的从动链轮的标高（该标高与回程导轨高度相关）正确，单侧的链轮应在同一平面，其偏差应小于 5mm，如图 4.7-4 所示。

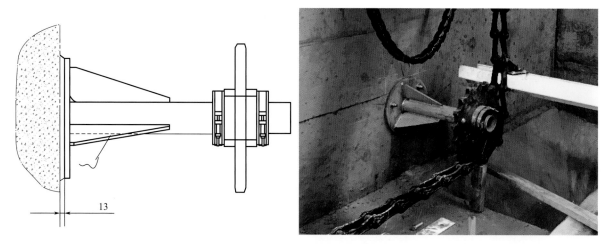

图 4.7-4　角轴及从动链轮安装

4）回程导轨安装

用经纬仪放出导轨中心线，用水平仪测出池壁导轨支架的高程。先安装导轨支架，采用不锈钢膨胀螺栓固定在池壁上。导轨接头搭界要平滑，并在导轨上部安装耐磨条，耐磨条接口要与导轨接头错开安装，防止出现刮板运行卡阻现象。导轨安装沿纵向偏差应小于 1/1000，全长偏差应小于 5mm。回程导轨安装如图 4.7-5 所示。

图 4.7-5　回程导轨安装

5）链条安装

① 非金属链条之间用销子将其连接在一起，而且要确保池子两侧的节数一致等长。当装配链条时，必须使用设备厂家的专用工具将销子压进链条毂，专用工具旋入到底表明链销安装成功（注意所有的链销必须装在链条内侧，即池体内测）。安装的松紧度，以能保持池底刮板直立、平行、垂直于池底耐磨

条，与池底耐磨条刚好接触为宜。在满水后，链条会吸水，之后可通过取下标准节来调整链的松紧度，两侧必须在同一位置进行。链条安装如图 4.7-6 所示。

图 4.7-6　链条安装

② 链条必须用专用工具拆卸和安装，严禁用锤子或类似的工具接触链条上的销子。链条的极限荷载为 28.91kN，工作荷载小于 11.57kN，一般重量为 1.93kg/m。两侧链条需对位调整。

6）刮板安装

① 由于刮板附件较多，需先在沉淀池池底进行组装。把刮板与带连接座的专用链节用不锈钢螺栓连接，注意刮板方向及螺栓安装方向。确认无误后，再进行滑块及耐磨靴安装。安装工作在池底部进行。为了方便安装，将刮泥板对应位置后，再逐块安装。禁止磕碰踩踏。安装间距、间隔数量及与池壁的间隙严格按设备图纸进行安装。刮板安装如图 4.7-7 所示。

② 刮板与池底应均匀接触，运行过程中应无刮擦声响，且刮板无变形为宜。

图 4.7-7　刮板安装

7）驱动及张紧装置安装

① 用吊车将减速机吊至池顶，吊装应采用吊带做吊绳，以免划伤设备外表。人工窜动调整使减速

机的动力输出轴齿轮与主轴驱动轮在同一平面，驱动齿轮垂直中心线与主轴垂直中心线应相互平行且间距需符合设备图纸要求，其偏差应小于1mm。安装前先用铅坠进行粗调，调好后在底座孔内画线，同时要用水平尺测量底座的水平度，必要时用垫铁垫平。反复测量无误后打孔，采用化灌锚栓固定。驱动及张紧装置安装见图4.7-8。

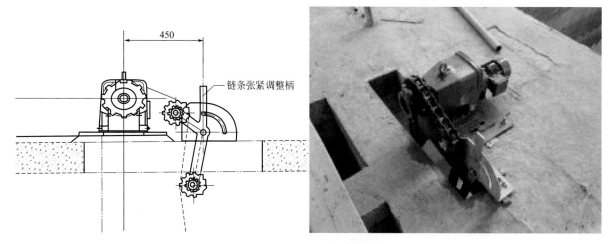

图 4.7-8　驱动及张紧装置安装

② 减速机安装后，严格按照设备图纸距离要求安装张紧装置。将驱动链条安装在传动装置上，粗调时可通过拆卸链条标准节实现，精调时通过张紧装置实现，精调后张紧装置调节手柄应在30°范围内。限位装置安装后，应多次扳动限位接触杆，检查限位开关是否正常工作。

4.8　中心驱动吸泥机安装技术

1. 技术简介

中心驱动吸泥机是污水处理厂二次沉淀池重要的物理处理设备，主要有工作桥、驱动装置、中心垂架、中心柱、吸泥桁架、吸泥管、中心泥罐刮渣装置、排渣斗、冲洗水阀、出水堰板及其附件以及电控装置等，吸泥管和刮渣装置通过吸泥桁架及中心垂架与驱动装置连接。其工作原理为污水通过周边进水渠均匀的流入池内，呈悬浮状的污泥经沉淀后沉积于池底，中心驱动装置通过旋转笼带动集泥筒、桁架在池内旋转，吸泥管悬吊于桁架下并与集泥筒相连，保证一定坡度旋转，靠池内静水压将污泥吸入集泥筒排出池外，水面上的浮渣通过旋转撇渣装置撇向池边，再由浮渣刮板刮进排渣斗内排出池外，而上清液则通过三角形出水堰板溢入出水槽内排出。大型中心驱动吸泥机如图4.8-1所示。

中心驱动吸泥机具有跨度大、构件多、设备装配精密、找平、找正困难、安装的精度要求高等特点，通过污水厂工程施工总结了中心驱动吸泥机中心柱安装及吸泥精调技术，此技术有效解决了二次沉淀池吸污泥效率低、设备运行故障多等问题。

中心驱动吸泥机中心柱安装技术：通过4个吊线以90°分开分别从四个方向调整中心柱的垂直度，保证设备安装精度。

吸泥机精调技术：将二次沉淀池以每15°角度划分24个区域，通过在每一个区域内测量吸泥管与池底的偏差值来调整吸泥管的角度，使吸泥机的吸泥管在运行一周范围内各点的误差不超过20mm。

本技术在多个污水厂工程应用，设备稳定运行平稳，吸泥效果达到了设计要求。

图 4.8-1　大型中心驱动吸泥机

2. 技术内容

（1）施工工艺流程

中心驱动吸泥机施工工艺流程如图 4.8-2 所示。

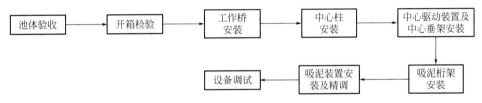

图 4.8-2　中心驱动吸泥机施工工艺流程图

（2）技术要点

1）池体验收

对照土建结构测量记录，核查基础标高基准线和纵横中心线；检查池体尺寸位置偏差，其检查项目质量标准及检验方法见表 4.8-1。

池体验收标准　　　　　　　　　　　　　表 4.8-1

项次	项目		允许偏差（mm）	检验方法
1	池内径		25	用尺量检查
2	底面的标高（二次找平后）		5	用水准仪检查
3	池壁顶面固定工作桥处标高		10	用水准仪检查
4	垂直度	每米	5	用经纬仪或吊线和尺量检查
		全长	10	
5	预埋地脚螺栓	标高（顶部）	0～+20	在根部及顶部用水准仪或拉线和尺量检查
		中心距	2	
6	预埋地脚螺栓孔	中心位置偏移	10	尺量纵横两个方向
		深度尺寸	0～+20	尺量检查
		孔壁铅垂度	10	吊线和尺量检查

2）开箱检验

① 开箱时采用起钉器和撬杠，严禁用大锤向内猛打箱板。

② 拆卸箱板时，注意周围的环境，拆下的箱板将钉子拔出或打平妥善堆放，防止箱板倒下碰坏设备和操作人员。

③ 暂不开箱的设备，用垫木垫平，以免产生变形。

设备开箱后，在有关人员参加下，按下列项目检查：

① 箱号、箱数及包装情况。

② 设备名称、型号和规格与施工图纸是否相符。

③ 装箱清单、随机技术文件、资料、专用工具及备品备件等是否齐全。

④ 设备有无变形，表面有无损伤和锈蚀等情况；在安装前，制造厂为防止部件损坏而包装的防护粘贴，不得提前揭掉。

⑤ 对开箱过程中发现的设备质量问题及时留下图片资料，以备查改。

⑥ 及时测量设备地脚螺栓孔的位置及几何尺寸，以便复核土建基础，及时发现可能存在的问题。

⑦ 设备的零部件、专用工具及备品备件等，施工中妥善保管，防止变形、损坏、锈蚀、错乱或丢失，工程完工后，归还建设单位。

3）中心柱安装

首先将中心柱吊装在二次沉淀池中心的设备基础上，然后调节中心柱的每个地脚螺栓和垫片，使中心柱的底部法兰达到设计的标高，其允许偏差为 1.5mm。

当中心柱标高达到设计要求后进行中心柱的垂直度调校。中心柱垂直度调校时，首先制作四个宽度为 12mm 木模，将它们用螺栓固定在中心柱上部驱动装置的螺栓孔上，将 4 个吊线以 90°分开，以到顶部螺栓所在的圆相等的水平距离从中心柱的顶部垂下，并将吊线的铅坠稳在水或油罐中（中心柱高度较高约 4.8m，如果不用水或油，铅坠线会晃动测量产生误差），测量每条铅垂线到下部螺栓孔之间的水平距离。调节地脚螺栓下部支撑水平螺母直到每组 180°对角的两个测量值之差小于 1.5mm。中心柱吊装就位如图 4.8-3 所示。

图 4.8-3　中心柱安装图

4）中心驱动装置及中心垂架安装

中心柱调整完毕后，将对接后的驱动装置整体吊装至中心柱顶端并使其下端固定孔对应中心柱顶面连接孔，以螺栓连接，底架指向工作桥方向。

然后将中心垂架及中心集泥罐整体吊起，中心垂架上部四角与方形驱动连接平台对应孔以螺栓对接。中心集泥罐密封装置的安装待下部结构安装结束后进行。

5）工作桥安装

按照工作桥装配图将两段工作桥在地面上依编号进行对接，对接前应将各段放平，保证工作桥的侧向直线度≤15mm，拧紧接头连接螺栓。将工作桥整体吊起、就位，池中心一端与连接平台上对应连接孔以螺栓连接，外端通过底座以膨胀螺栓固定。

6）吸泥桁架安装

参照吸泥桁架安装图，将根部桁架与中心垂架以销轴连接，垫起梢端以保证其梢端上翘 15mm；然后安装中间桁架并将螺栓紧固，垫起梢端以保证其梢端上翘 30mm；之后安装末端桁架并将螺栓紧固，垫起梢端以保证其梢端上翘 45mm。对接时防止桁架扭曲、侧弯。

安装长拉杆，确认末端桁架梢端上翘 45mm 且无明显扭曲后，将拉杆张紧焊接，拧紧长拉杆两端螺栓。

最后安装用于连接中心垂架和吸泥桁架的三角支架，之后将桁架下衬垫物取出。若桁架梢端挠度过大，则需重新将桁架垫起并增大其梢端上翘尺寸，然后紧固各件，直至其符合要求。

7）吸泥装置安装及精调

参照吸泥装置结构将吸泥管依次固定在桁架下，按设计高度要求初步调整吸泥管下缘至池底。吸泥装置安装完毕后首先用水准仪测量中心柱两边吸泥臂相对位置各点的偏差，随后将二次沉淀池以每个 15°角度划分为 24 个区域，将单管式刮吸泥机的驱动装置接上电源后缓慢地进行转动，在每一个区域内测量其吸泥臂各个位置的偏差值；当其偏差大于 20mm 时调整驱动装置与中心柱顶部的连接螺栓，以位置较高的吸泥管为基准，首先将中心柱与吸泥管的连接螺栓拧松，随后吊起中心柱，使中心柱与吸泥管连接螺栓有一定的间隙，用龙门架升高位置低的吸泥管，在其与中心柱与吸泥管连接螺栓部位加上一个 U 形垫片使两个吸泥臂处于同一水平高度。随后将中心柱与吸泥管连接好并将驱动装置固定；转动到下一个区域，采用同样的方法升高或降低吸泥管的高度，使单管式吸泥机的两个吸泥臂在运行一周范围内各点的误差不超过 20mm。

在吸泥管调平后检查旋转的中心笼与中心柱之间的同心度，从中心柱的外表面到中心笼底部的每个水平角钢的内部垂直支柱之间测 4 个水平距离（90°），如果测量误差在 3mm 以内，则将中心笼与驱动装置螺栓拧紧；如果测量超差，应在最小测量值相对侧的驱动器与中心笼连接板之间加垫板。随后再进行测量检测，如达到允许误差范围（3mm）则拧紧螺栓，否则用同样的方法再次进行调整，直到达到允许误差范围内。

8）设备调试

① 空运转：

a. 启动电机开关，开车运转 1～2 圈。

b. 检查各传动部分运转情况，运行应平稳。

c. 吸泥管与池底一周的间隙是否合乎要求；连续开运 24～48h，检查运转是否正常，减速箱电机应无异常发热及噪声和振动。

② 负荷运转：

a. 放水后负荷运转 24～48h，启动、停车工作是否正常。

b. 运转是否平稳，应无振动、撞击等异常情况。

c. 电机、减速箱有无过热、异常噪声、振动等情况。

4.9 行车式吸泥机安装技术

1. 技术简介

行车式吸泥机是平流沉淀池常用的机械排泥设备之一，广泛应用于给水排水工程设置于地表或半地下的平流式沉淀池池底沉积污泥的刮吸排除。行车式吸泥机根据吸泥原理，分为虹吸式吸泥机和泵吸式吸泥机。虹吸式吸泥机具有节能、故障率低等特点，也是目前净水厂采用较多的一种机型。吸泥机结构示意图如图 4.9-1 所示。

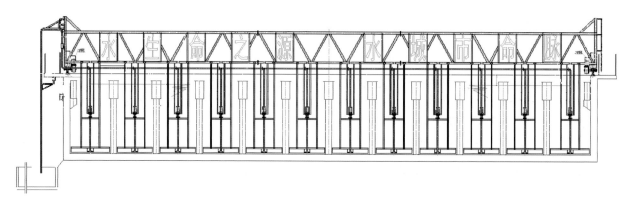

图 4.9-1 吸泥机结构示意图

平流沉淀池由于池体结构特点，长距离及大跨度池型对吸泥机的安装提出了较高要求。安装质量不达标容易引起吸泥机爬轨、咬轨等现象的发生，造成生产事故。为解决行车式吸泥机发生爬轨、咬轨等现象，通过徐州市骆马湖水厂工程，总结形成轨道安装控制要点，包括轨道直线度、纵向倾斜度、全行程相对高差、接头偏差等行车式吸泥机安装关键技术。

本技术在徐州市骆马湖水厂工程应用，设备稳定运行无故障，为平流沉淀池行车式吸泥机安装提供了技术支持，减少返工、返修的发生。

2. 技术内容

（1）施工工艺流程

行车式吸泥机安装工艺流程如图 4.9-2 所示。

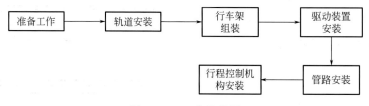

图 4.9-2 工艺流程图

（2）技术要点

1）准备工作

① 安装前安装箱单清点部件的数量，检查装拆箱和运输过程中部件是否完好无损。

② 在开始安装前，必须仔细核对土建基础尺寸，校核水平标高是否符合要求，经确认符合基础图后，才能进行安装。

③ 吸泥机的安装应在沉淀池满水试验之后进行。

2）轨道安装

轨道安装根据设计图纸，严格进行池两侧轨道基础复测，主要复查预埋件位置，标高是否符合设计要求，并逐块检查预埋板是否有空鼓现象，不符合要求的，须处理合格后方可施工。

基础检查合格后，放出轨道安装基准线，同时将标高基准点固定于池顶，并做出标记，以此作为轨道安装检验的基准。

铺设轨道时注意两平行轨道的接头位置应错开，其错开的距离不应等于虹吸排泥机前后车轮的间距。轨道安装的具体要求如下：

① 轨距偏差不超过 5mm；直线度应控制在 3mm。

② 轨道纵向倾斜度不超过 1/1500，但在全行程上的相对高度允差为 10mm，轨道在同一截面内相对高速允差为 10mm。

③ 轨道接头处的高低差和左右不平允差为 1mm。

④ 轨道的横向水平允差为 1mm。

⑤ 轨道安装时必须有可靠的接地。

⑥ 轨道在伸缩缝处的组对间隙为（3±1）mm。

固定时，由于走道面积较窄，而且轨道的接触面积较小，垫铁点焊，螺栓压紧后必须采用无收缩膨胀水泥进行灌浆施工，确保轨道整体刚性和稳定。轨道找正后应拧紧所有连接螺栓。

3）行车架组装

先在轨道上安装好行车端梁并临时固定在轨道上，然后组装桥架。安装时要打开行走轮的轴承盖，清洗后加上润滑脂并用手盘动，行走轮应转动灵活，无卡阻，否则应进行处理后再组装桥架。桥架按图组装后应及时装上走道板及两侧扶手栏杆及踢脚板。栏杆接头焊缝光滑，无毛刺。两端扫轨器待试车后再安装。应重点控制同一侧前后轮中心度。

4）驱动装置安装

安装驱动装置时应清洗减速器，清洗干净后加注润滑油。两侧的制动装置松紧应调整一致。先可调松一些，待试车时再调紧。弹性柱销联轴器安装时，同轴度应符合要求，柱销应能自由穿入，不得强行打入。

各传动部件在安装时须经过手动校验，要求灵活正确可靠和无阻滞现象。

两台减速机的转速应相同，安装后应在钢轨上试运行，两边走轮要保证平行前进。

5）管路的安装

① 安装时管路系统和联接面的密封处不应有漏气现象。

② 吸泥管为多管式，吸泥管扁吸口及污泥刮板离池底最高点不大于 50mm；离池边距离保持在 70mm（具体也可根据现场实际进行调整）。

③ 真空引水装置中装有电磁阀，与电气控制配合后可实现自动控制，当吸泥机停车时虹吸自动停止。

6）滑触线的安装

① 设备各部件安装好后，根据现场实际使用情况将滑触线支架用膨胀螺栓固定在池上。

② 滑触线安装应位于一条水平线上，避免接触不良造成线路烧毁。

7）行程控制机构安装

行程控制装置安装在驱动装置的两端，与钢轨上的限位装置相碰撞，实现行车的往复运动。行车运行到沉淀池两端时，通过限位开关，可将行车停留或反向运行。

133

行程开关与车挡应联合使用，车挡位置应布置合理，避免吸泥不净或刮板撞击池壁。

4.10　沉淀池自动排渣装置安装技术

1. 技术简介

净水厂平流沉淀池由于池体面积大，尤其在夏季，池面会漂浮大量飞虫、杨絮及落叶等，各类杂物随着水流汇集到沉淀池末端出水槽附近，给正常生产造成一定隐患。针对现场实际设计开发了一种自动排渣装置，主要包括排渣槽、可调式堰板、排渣支管及排渣主管等部分，主要工艺原理是通过排渣管上电动阀门控制排渣槽收集与排放，实现浮渣自动清理。

自动排渣装置在沉淀池末端共设置若干个排渣槽，并在上部设计可调堰板，收集表层废水及浮渣汇集至支管，支管共同连至一根较大径的主管，主管将含有杂物的废水排至沉淀池排泥渠中，主管末端设置电动蝶阀，实现排渣装置的自动控制，其装置结构如图4.10-1所示。

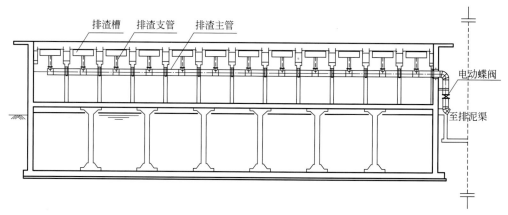

图 4.10-1　排渣槽剖面图

2. 技术内容

（1）施工工艺流程

沉淀池自动排渣装置施工工艺流程如图4.10-2所示。

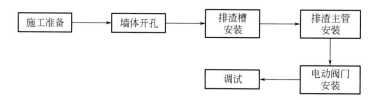

图 4.10-2　沉淀池自动排渣装置施工工艺流程图

（2）技术要点

1）墙体开孔

排渣主管接至排泥渠需对沉淀池墙板进行开孔埋管，为避免开孔处渗漏，穿墙管采用$DN400$带防水翼环钢管，居中埋设，完成后对洞口进行二次灌浆处理，如图4.10-3所示。

2）排渣槽安装

排渣槽安装是自动排渣系统的关键，安装关键点如下：

① 进行精准的定位放线，12 个排渣槽应位于一条水平线上，放线完成后做好标记。

② 为满足排渣要求，排渣槽的安装高度控制在出水槽出水水面以下 50mm，如图 4.10-4 所示。

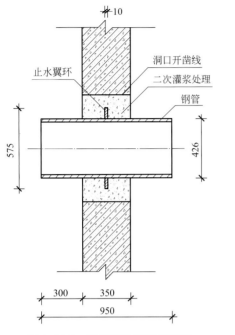

图 4.10-3　墙体开孔埋管剖面图

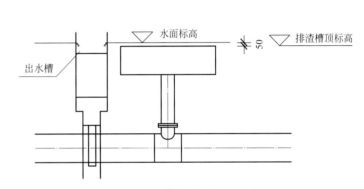

图 4.10-4　排渣槽安装标高示意

③ 堰板与排渣槽采用 M12 不锈钢螺栓连接，堰板安装完成后可根据水位高度进行统一调节。堰板安装应平直，与排渣槽之间的缝隙采用橡胶垫密封，如图 4.10-5、图 4.10-6 所示。

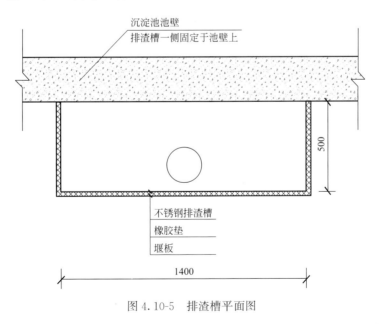

图 4.10-5　排渣槽平面图

3）排渣主管安装

① 排渣主管的安装在排渣槽调平之后进行。

② 管道支吊架选用吊架形式，采用 12 号槽钢制作吊架，打入集水槽支撑梁下方进行固定。

③ 主管与支管的连接采用法兰，便于排渣槽维修更换。

④ 先进行管道吊架的制作，再进行排渣管道的排布和焊接，根据已确定的支管位置在主管上开制

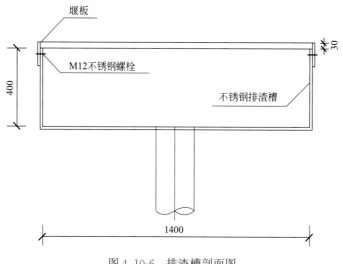

图 4.10-6　排渣槽剖面图

三通，三通定位安装完成后进行与支管的法兰连接。

　　排渣主管安装平面如图 4.10-7 所示。

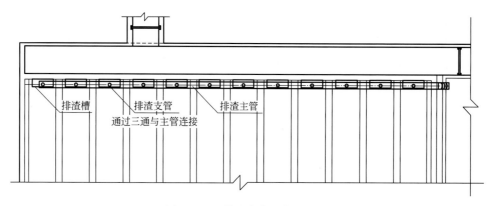

图 4.10-7　排渣主管安装平面图

4）电动阀门安装

电动阀门安装在竖向管道上，立管设置支架，立管下方采用支墩进行固定，如图 4.10-8 所示。

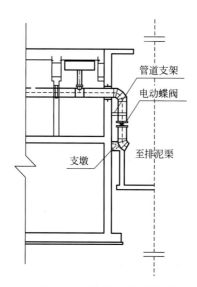

图 4.10-8　立管及阀门安装图

5）调试

自动排渣装置安装完成后，沉淀池满水条件下，打开主管电动阀门，观察每个排渣槽的运行情况，逐个调整排渣槽上方出水堰板高度（一般距离阀门较近的排渣槽堰板宜高、距离阀门较远的排渣槽堰板宜低），使得各排渣槽均匀进水、排渣通畅。

4.11　磁混凝沉淀池主要设备安装技术

1. 技术简介

磁混凝工艺是一种极速沉淀技术，以投加微米级惰性高密度微粒（微砂、Fe_3O_4）作为絮凝核，利用絮体与磁粉微粒的结合，在较优水力条件下形成高浓度和大密度复合絮体，该复合絮体在极短时间完成沉淀，使水体迅速得到净化，从而有效去除 COD、总磷、氨氮等污染物质，提供更好的出水水质。磁混凝工艺最大的特点就是大大缩短了混凝沉淀的时间，传统的混凝沉淀至少需要 1h 以上，而引用磁混凝工艺进行的混凝沉淀总时间在 15min 以下，甚至可以在 7min 以内完成。

整套磁混凝沉淀池设备大多为非标设备，如中心传动式刮泥机、不锈钢集水槽、高剪机、磁分离机、斜管等，通过北仑岩东污水处理厂提标改造工程总结形成了磁混凝沉淀池设备安装技术。本技术主要特点是现场应用了一种托架式集水槽安装技术和斜管热线切割技术，有效解决了常规磁混凝沉淀池的集水槽安装困难和斜管切割不整齐的问题，提高了设备安装效率，并保证了施工质量。

2. 技术内容

（1）施工工艺流程

磁混凝沉淀池主要设备安装施工工艺流程如图 4.11-1 所示。

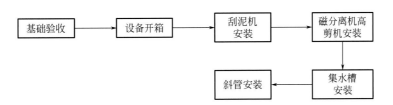

图 4.11-1　磁混凝沉淀池主要设备安装施工工艺流程

（2）技术要点

1）基础验收

① 设备安装前，对基础进行正式中间交接验收。土建专业提供测量记录及其他施工技术资料；基础上应明显地画出标高基准线、纵横向中心线标记；混凝土基础的外形尺寸、坐标位置及预埋螺栓应符合设计图样的要求，且不得有裂纹、蜂窝、空洞及露筋等缺陷。

② 设备安装前，应对基础进行复查，并符合表 4.11-1 规定。

基础设备位置和尺寸允许偏差值　　　　　　　　　　　　　　　　　表 4.11-1

项目	允许偏差（mm）
基础坐标位置（纵、横轴线）	20
基础顶面标高	$-20\sim0$
外形尺寸	20

续表

项目	允许偏差（mm）	
基础平面水平度	每米　5	全长　10
基础侧面垂直度	每米　5	全长　10
预埋地脚螺栓	顶标高　0～＋10	
	中心距　2	
预留地脚螺栓孔	中心位置：10	
	深度：0～＋20	
	孔壁铅垂度：10	

③ 集水槽出水孔洞的标高、位置、宽度、高度符合设计要求。

2）磁分离机、高剪机安装技术

剩余污泥泵将含磁粉的污泥输送至高剪机时，高剪机内部的核心部件剪切刀高速旋转将含磁粉的污泥迅速剪碎、分散，使磁粉和污泥分离，剪碎、分散后的磁粉和污泥进入磁分离机，磁分离机的核心部件强磁滚筒将污泥中的磁粉吸附捞起，使磁粉与污泥分离，分离后的磁粉回用，污泥进入污泥处理单元。磁分离机、高剪机安装技术要求如下：

① 按施工图纸对磁分离机、高剪机预埋件的尺寸、位置、标高、平整度进行复核，其允许偏差应符合设备的技术文件。

② 根据现场施工环境及设备自身特性，选择安全、经济的运输及吊装方法使设备就位。

③ 磁分离机、高剪机通过垫铁找平、找正并固定牢固，其水平度允许偏差为1mm，高剪机与磁分离机的安装如图4.11-2所示。

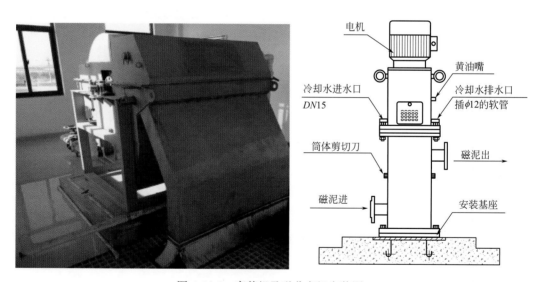

图4.11-2　高剪机及磁分离机安装图

④ 高剪机的密封材料为耐磨合金钢，在高速旋转时会迅速产生高温，为避免密封件烧坏，在未接通冷却水之前禁止启动。

3）刮泥机安装技术

中心传动时刮泥机主要由驱动装置、传动轴、底部支座、刮泥部分总成等部分组成，提高沉淀池的污泥收集和排空效果。其作用是将沉降在池底的污泥通过刮泥板收集至池中心集泥缸中，然后依靠静水压力或污泥泵将污泥从中排出，进入下道工序。该刮泥机的功能除满足刮泥外，还起缓速搅拌、提高刮泥效果等作用，具有结构紧凑、运行平稳、刮泥效率高、使用寿命长，且驱动装置在池面走道上方，维修保养方便等特点，其安装图如图 4.11-3 所示。

图 4.11-3　中心传动式刮泥机底部安装图

① 驱动装置的安装：将驱动装置安放在池顶的混凝土构筑物中心的预留孔处，并垂线至池底中心，检查驱动装置总成是否在池子的中心，同轴度允许偏差为 10mm。通过垫片调整机座水平，标高允许偏差为 0～10mm，然后用连接钢板与预埋钢板焊接固定，固定后，驱动装置通电试验，各绝缘件应耐压绝缘，传动件应正常转动。

② 安装驱动管轴，管轴的上端法兰与驱动装置输出轴法兰用螺栓联接，垂直度允许偏差为 1‰。

③ 安装底部支座，调整支座的中心线与驱动管轴的中心线重合，校准好后用膨胀螺栓固定支承座。

④ 安装刮泥部分总成，刮泥部分总成由刮泥臂、刮板装置、斜拉杆和水平拉杆等部件组成，刮泥臂通过联接螺拴与传动轴联接，两只斜拉杆和水平拉杆分别与刮泥臂和传动轴联接，刮泥板与刮泥臂联结为一个整体构件，以达到浓缩刮泥功能。

⑤ 安装完工后，应进行整机运转，检查刮板与池底距离应为 20mm，其允许偏差为 5mm，且与池底坡度相吻合，且应运行平稳。

4）集水槽安装技术

① 复核池体尺寸。

复核池子的标高、尺寸等，长度方向误差应控制在 50mm，宽度方向误差应控制在 10mm，；复核不锈钢集水槽出水孔标高、尺寸，标高误差应控制在 −100mm，长度及宽度误差应控制在 +100mm。

② 测量放线、安装托架角钢。

在池体两侧池壁上标记出集水槽底标高线，安装标高偏差在 5mm 内，在预留洞口一侧及对侧墙壁根据水槽底标高，在两侧墙壁上各固定一根通长的不锈钢角钢，角钢使用膨胀螺栓固定在墙壁上，如图 4.11-4 所示。

③ 集水槽安装。

使用起重设备将水槽吊装放置在距离池体外边缘较近的角钢上，利用角钢滑动水槽，直至水槽一端深入到预留孔洞中。按同样的方法，使水槽另一端放置在距离池体外边缘较远的另一侧角钢托架上，调整好水槽与池体的平行度，将出水槽一端与角钢焊接固定，另一端使用膨胀螺栓与池体固定，最后将预留洞一侧的角钢拆除，如图 4.11-5 所示。

④ 二次灌浆。

集水槽安装后，对集水槽出水端底部及两侧进行二次灌浆，灌浆前应做好底部及端部的封堵，以防浆液渗漏。

⑤ 堰板安装。

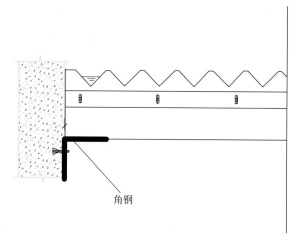

角钢

图 4.11-4　托架安装图

图 4.11-5　集水槽安装图

采用可调堰板调整齿形堰板的标高，同一水槽及相邻水槽堰板其安装标高偏差为 1mm。

⑥ 斜管安装。

斜管也称六角形蜂窝斜管、斜管填料、蜂窝填料、聚丙烯斜管，一般由聚丙烯制成蜂窝状，具有一定的硬度、体积较大。斜管安装如图 4.11-6 所示。

a. 复核斜管沉淀池的标高、尺寸等，长度方向误差应控制在 50mm，宽度方向误差应控制在 10mm。

b. 在每条支撑梁上，标记出每个膨胀螺栓安装位置。

c. 在支撑梁上安装膨胀螺栓，并安装固定角钢，调整角钢顶部标高至设计标高。

d. 在角钢上划出扁钢的位置，将扁钢焊接在固定角钢上，并对焊缝进行防腐处理。

e. 斜管根据池体尺寸进行拼接，拼接用高频焊机依次将斜管组四周焊接成一体，根据安装的方便性确定斜管组的大小。

f. 斜管线切割。

将一根长的不锈钢焊丝两端分别缠绕在两根方木上，然后将电焊机的接地线钳与电焊机焊把钳分别

第一步：斜管支架安装	第二步：斜管安装	第三步：斜管压条安装、绑扎

图 4.11-6 斜管安装流程图

夹在不锈钢焊丝两端对其进行加热，待到焊丝发红后移除焊把钳与接线钳停止加热；使用加热后的焊丝对斜管进行切割，斜管在接触发热的焊丝后会局部融化，此种切割方法方便快捷，而且斜管的切口整齐，如图 4.11-7 所示。

g. 将已焊接好的斜管组吊装入池内，沿进水端依次排布，一个挨一个摆放整齐，相邻两个斜管之间凹面和凸面卡紧，再用高频焊机依次将斜管组与周边斜管组进行焊接。

斜管安装完毕后，将不锈钢压条平放在斜管上方，先用细绳绕过不锈钢压条、穿过斜管的孔洞后与斜管支架绑扎在一起，使得斜管、斜管支架和压条连成一个整体防止斜管上浮。安装后的斜管应平整、绑扎牢固。

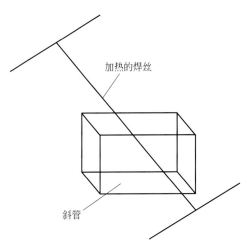

图 4.11-7 焊丝切割斜管

4.12 滤池滤砂装填施工技术

1. 技术简介

深床滤池是污水深度处理的重要工艺装置之一，目的是水质通过深床滤池的处理进一步去除污水中 SS、TN、TP，使得出水达到一级 A 标准（《城镇污水处理厂污染物排放标准》GB 18918—2002）。深床滤池主要由出水槽、滤砖、滤砂、进水槽等组成，以杭州市七格三期提标改造工程为例，深床滤池设计规模 60 万 m^3/d，长约 88m，宽为 61m，共设有 30 格滤池，单格滤池为 30.48m×3.56m，单格滤池滤砂高度 2.44m，滤池滤砂共计近约 13000t。

由于装填工程量非常大，人工装填成本高、效率低、装填时间长，如果使用汽车起重机吊装装填，大多受制于场地条件，不能多台汽车起重机同时作业。为此推出一种深床滤池滤砂装填装置及装填技术。该装置包括吸砂池、吸砂泵组、吸砂管道、回流泵、回水管路，如图 4.12-1 所示。砂水在吸砂池混合后，通过吸砂泵使滤砂输送至滤池完成滤砂装填，滤池内水通过回流泵送至吸砂池循环使用。此技术具有操作简便、装填速度快、施工工期短、施工成本低等特点。

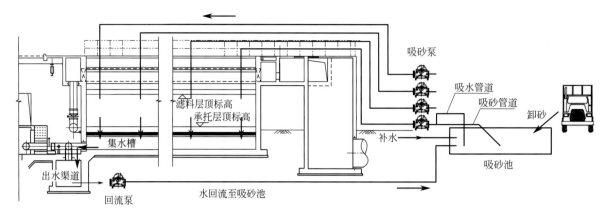

图 4.12-1　深床滤池滤料填充装置工艺流程图

2. 技术内容

（1）施工工艺流程

滤池滤砂装填施工工艺流程如图 4.12-2 所示。

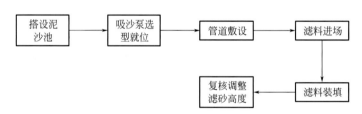

图 4.12-2　滤池滤砂装填施工工艺流程图

（2）技术要点

1）搭设吸砂池

在深床滤池基坑边，距池体附近，搭建一个圆形池子作为吸砂池用。根据现场情况，吸砂池可采用挖掘机在地面开挖基坑而成，池内铺设一层塑料防水布；如若地面已经硬化，不方便开挖，可采用砂包堆砌成圆形，覆盖防水布作为吸砂池，如图 4.12-3 所示。

2）吸砂泵选型、就位

① 根据工期要求，确定滤砂装填允许的施工时间。

② 根据滤池尺寸计算出需要装填的滤砂工程量，由滤砂量及施工时间确定每天或每小时需装填滤砂量。

③ 根据滤池顶部高度、管路路径与滤砂池底部高度确定吸砂泵扬程。

④ 根据以上参数确定吸砂泵型号和泵的数量，进料泵组根据现场实际需要可选择一台或多台吸沙泵。

3）管道敷设

本系统管道敷设主要包含进料管道、出料管道、回流管道，管道一般采用 UPVC 给水管材，粘结连接。

进料管道由吸砂池连接进料泵组入口，包含吸砂管路和吸水管路，两根管道分别设有球阀，通过三

图 4.12-3　吸砂池搭设图

通汇成一根主管连接到吸砂泵。运行时，可通过球阀调节进水与进砂的比例，如水占的比例大，会影响滤砂装填进度，砂占的比例大，会加速叶轮磨损，增加吸砂泵的负荷，砂在管道中的流动速度也会变慢。

出料管道由进料泵组出口连接至滤池，管路上依次设置阀门、可伸缩软接、尾部喷头等。现场可根据实际情况将吸砂管道固定在支架上，管道转折处使用 UPVC 加筋软管，用以避免转弯半径过小带来的阻力，使得滤砂在管道中流动的更流畅；管路末端可设置尾部喷头，如带活接的喇叭口。

回流管道包含出水渠道至回收泵的进口管道以及回收泵出水口至滤池的管道。

在深床滤池滤料层填充过程中，可根据实际需要，通过补水管路向滤池中补水。

4）滤料进场

根据现场装填进度，合理安排运砂车辆送货时间。

5）滤料装填

深床滤池滤料填充时，具体填充过程如下：

① 通过补水管路往吸砂池内注水。

② 将滤料与水在吸砂池中混合均匀。

③ 开启进料泵组、回收泵，进行深床滤池装填。

首先在吸砂管管口安装一个钢丝网罩（网罩缝隙应根据石英砂粒径允许的最大值采购），防止大块物体或大颗粒、不符合粒径要求的砂子进入管道，保证了石英砂材料质量，然后在吸砂管管口安装一根操作导杆，方便施工人员不断调整位置，使吸砂管的管口置于滤砂之中，通过吸砂泵将滤砂与水混合输送至滤池内。

在滤砂装填期间要时刻观察输砂管道出口处的情况，如果出口处出水量过大，就应该去吸砂池检查滤砂数量，判断是否需要补砂，或者调节吸水管道上的阀门，降低进水量；如果出口处出水量过小或滤砂在管道中流动不畅，则为管道中水量偏低，这时就应该加大进水阀门开度，或者减小进砂阀门开度。根据现场试验，调整出砂效率，既保证吸砂泵在额定功率正常运转，也保证滤料装填速度。

填充过程中，滤砂和水的混合物进入深床滤池后，混合物中的水由于沉降作用经滤砂和集水槽盖板进入深床滤池的出水渠道，通过回收泵重新进入吸砂池循环使用。

6）复核调整滤砂高度

在滤砂基本均匀分布在单格滤池后，安排施工人员进入滤池，利用铁铲等工具平整单格滤池滤砂。在单格滤池基本平整完成好，关闭滤池出水阀门，对滤池注水。滤砂经过水密实后，检查经滤砂沉降情况，当需要补充石砂时应及时补足，如图4.12-4所示。

图4.12-4　滤砂装填完成图

4.13　臭氧成套设备安装技术

1. 技术简介

臭氧成套系统是污水深度处理阶段中臭氧-活性炭工艺的关键环节。臭氧成套系统由气源系统、臭氧发生系统、臭氧-水接触反应系统及尾气处理系统组成，其中气源制备采用液态纯氧蒸发；臭氧发生系统用于制造臭氧化气，包括臭氧发生器、供电设备及发生器冷却设备；臭氧-水接触反应系统用于水的臭氧化处理，包括臭氧扩散装置和接触反应池；尾气处理系统用以处理接触反应池释放的残余臭氧，达到环境允许的浓度。

针对臭氧成套设备多，技术要求高，调试专业性强，并且臭氧具有强氧化性，是比氧气更强的氧化剂，对金属腐蚀性大，曝气装置孔小易堵塞等特征，总结形成臭氧成套设备安装调试技术，包括臭氧输送管道焊接、管道内部清洁、曝气分配系统安装、系统调试等关键技术。

本技术经在工程中的应用，通过输送管材的选型、管道的焊接、清洗、吹扫、曝气的试验、系统的调试参数的控制，解决了设备、管道易腐蚀、曝气装置易堵塞的问题，取得了良好的经济及社会效益。

2. 技术内容

（1）施工工艺流程

臭氧成套设备安装施工工艺流程如图4.13-1所示。

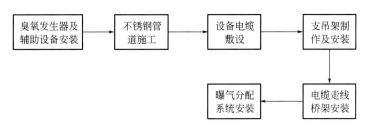

图 4.13-1　施工工艺流程图

（2）技术要点

1）臭氧发生器及辅助设备就位

臭氧设备及其附件均采用化学螺栓进行固定。根据图纸确定臭氧设备及其附件的安装位置，使用电锤在设备固定处开孔并安装好化学螺栓，然后再将臭氧设备及其附件固定在螺栓上，确保各部件固定牢固，杜绝因设备固定不牢靠而引起的安全隐患。

2）不锈钢管道施工

① 管道焊接。

臭氧系统管道焊接采用惰性气体保护手工钨极氩弧焊。焊丝应符合《现场设备、工业管道焊接工程施工规范》GB 50236—2011 对不同材质的不锈钢应采用相应的不锈钢焊丝，不锈钢焊丝应比母体不锈钢高一个等级。

② 管道清洁。

在安装过程中，管道内所有污物，包括油、脂、碳水化合物、水分、尘土、焊接飞溅物、油漆等必须全部清除，避免细小颗粒在高速气流带动下与管壁摩擦点燃管内的油脂残留物，导致管道爆炸。

管道的清洗、吹扫工作应在干净、通风的室内场地中进行。清洁剂采用 99.8％的乙醇，不得使用氯化物清洗。具体操作如下：

a. 对焊接好的管道分段清洗，封住管道一端倒入乙醇，灌满后浸泡约 15min，等油脂完全溶解后倒入清洁剂。

b. 用钢丝缠紧不起毛的白布，蘸上乙醇通入管道后，反复擦拭管壁直到干净为止。

c. 使用无油压缩机将压缩空气或高压氮气吹入管道，直至除去溶剂和固体颗粒。

d. 采用不起毛的白布反复擦拭管壁，直到管壁擦拭干净。

e. 将已清洗的管道两端封住，做好标记，摆放在清洁、干燥的房间里。

③ 压力测试。

管道、设备安装完成后，必须做压力试验和密封性试验。压力试验时，用空压机压入无油空气（或惰性气体），缓慢增加压力至设计压力的 1.15 倍，稳压 30min，用发泡剂检查所有接口，不泄漏为合格。

④ 注意事项。

不锈钢和碳钢必须分开作业；与臭氧接触的材料（如法兰垫片等）要能防臭氧腐蚀，如采用 PTFE（聚四氟乙烯）、EDPM（乙烯丙烯二烯单体）、Viton（含氟橡胶）等材质的垫片均能满足上述要求。

3）设备电缆敷设

臭氧设备电缆连接主要包括：设备电力电缆连接、通信电缆连接及高频高压电缆连接。在敷设各电缆时应注意做好高频、工频及通信电缆之间的隔离，防止设备运行过程中各电缆之间的信号干扰导致设备运行不稳定。

4）支、吊架制做及安装

支架的悬臂、吊架的横梁采用角钢或槽钢，斜撑采用角钢，吊杆采用圆钢或角钢制作。支、吊架制作完成后进行除锈，并刷防锈漆两遍做防锈处理。

在支、吊架安装前根据施工图纸要求位置进行测量放线，并在支、吊架安装位置进行标注，根据设备距墙体距离及设备放置位置决定采用支架（墙上固定）或吊架，为了确保支、吊架安装完成后使用安全，支、吊架的安装必须达到横平竖直。

5）曝气分配系统安装

① 曝气管道采用的全部是 SS316L 不锈钢材质，具有耐腐蚀的优点。在预臭氧接触池和后臭氧接触池底部划出安装基准线，要求横向、纵向均匀分布，且满足曝气盘的有效范围。

② 安装臭氧管道。按图纸要求安装好管道，并调整管道的水平。管道安装好后应进行水压试验，试验压力为 1.5Pa（工作压力）。水压试验合格后进行气密性试验，试验压力为 1.0Pa。

③ 用臭氧破坏器吹扫管道，使空气管道内清洁。

④ 曝气盘安装。曝气头采用螺纹连接，安装注意保持清洁，防止污物掉入管道中。

⑤ 曝气试验。向反应池内注入一定量的清水，一般高于曝气盘 5cm，调整曝气盘高度，曝气头允许偏差为 5mm。开启臭氧破坏器，检查曝气是否均匀，检查管道接口是否漏气，并调整。

⑥ 曝气试验结束后，向池中注入一定清水，将曝气盘全部浸入水中养护。

某污水处理厂曝气分配系统安装如图 4.13-2 所示。

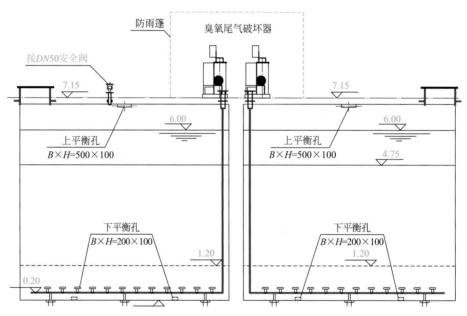

图 4.13-2 某污水处理厂曝气分配系统安装示意图

（3）测试调试

1）发生器和辅助设备测试

① 设备耐压试验。

采用 10000V 耐压测试仪对每个蜂窝头以及整台设备进行测试。若 1min 内电压持续不变，说明设备内放电管完好。

② 设备及管道是否有泄漏和堵塞：

a.在不通电的条件下，比较进气流量、压力与投加系统中气体流量、压力，若两者一致，说明设备和气体管道无泄漏和堵塞现象。

b.接通循环冷却水，检查有无泄漏和水压异常，若没有，说明设备和冷却水管道无泄漏和堵塞现象。

③ 仪器仪表校准，信号输出是否正常：

a.臭氧浓度仪采用碘化钾吸收法校准。

b.臭氧泄漏报警仪在开机时采用人为泄漏法校验。

c.温度和压力传感器，以及浓度仪信号输出是否正常通过液晶面板有无显示进行检查。

2）冷却水系统调试

① 内循环冷却水的加注：

a.在冷却水中加注40％的乙二醇防冻液，确保在－20℃环境下冷却水不结冰，避免因冷却水结冰导致臭氧发生器损坏。如果环境温度低于－20℃需根据设备制造商提供防冻液的配比进行加注。

b.打开循环水路的所有阀门，将配制好的冷却水往阀门加注。

c.利用安装在臭氧发生器上最高点的加水排气阀，打开排气阀，直到排气阀均匀流出水5min后关闭。

② 冷却水泵的启动：

a.确保系统已经加注水。

b.检查电路连接完好。

c.注意水泵的旋转方向正确，并对水泵排气口排气。

d.检查并确保管道连接完好，没有泄漏。

e.观察管道没有泄漏，压力不小于2kg/cm^2。

f.慢慢调整阀门使转子流量计流量在1t/h左右。

3）电源调整

直接在电源柜显示屏中调整运行电压和频率。通过变换电源频率将电路调整到谐振状态，在功率密度不变的条件下，此时放电功率最大。

4）系统性能测试

a.臭氧浓度、产量、能耗测试。

将电路调整到谐振状态后，通过改变功率密度以调整放电功率得到额定的臭氧浓度和产量。系统的主要运行参数，如放电功率、臭氧浓度和产量可以在电源柜上的显示屏直接读取。

b.冷却水温检查。

系统连续稳定运行时，进出口冷却水温的温差约为4℃。进出口冷却水温可以在电源柜上的显示屏直接读取。

c.后续检查。

臭氧破坏器测试，用臭氧泄漏报警仪检测破坏器出口气体，如无报警，说明出口气体臭氧浓度小于0.12ppm，达到气体排放标准。

4.14　浸没式超滤膜系统安装及调试技术

1.技术简介

浸没式膜滤池为净水厂深度处理的关键构筑物，主要功能是通过超滤膜膜丝过滤功能实现水质提升。超滤膜系统整个系统含膜池及其辅助车间（含抽真空系统、空压机系统、膜池清洗循环系统）、提升泵房、中和池、排水池、配电间、水质检测间、控制间等。超滤膜在实际运行过程中膜池污染物富集在膜布表面，如冲洗不及时，会导致膜污染和膜丝间积泥，并引起膜组件断丝现象，对出水水质产生了不利影响。

浸没式超滤膜是膜池内最重要的设备，此安装的质量直接影响水厂的出水水质和运行的稳定性，结合现场实际安装调试情况，总结出了一套浸没式超滤膜膜组安装、超滤膜系统调试、膜系统联动调试关键技术。

本技术经在净水厂工程的应用，通过膜组、管道安装的质量控制、系统的调试参数的设置，解决了超滤膜膜组件断丝、运行维护大的问题，降低了水厂运行的成本。

2. 技术内容

（1）施工工艺流程

施工工艺流程如图 4.14-1 所示。

图 4.14-1　施工工艺流程图

（2）超滤膜安装准备

1）主要辅助系统已安装调试完成，包括：

① 空压系统空载试车和负荷单机调试。

② 排污系统空载试车和负荷单机调试。

③ 鼓风曝气系统试车。

④ 真空系统试车。

⑤ 加药系统空载试车和负荷单机调试。

⑥ 化学清洗系统调试。

2）池内已清理干净，池体尺寸经复核符合膜体安装条件。

3）水厂其他各项工程已全部完成达到进水条件。

（3）膜组安装

按图纸要求先安装好膜组导轨后，再用叉车运至膜车间内，位于膜滤池的吊车有效工作范围内；吊车吊钩挂上专用吊架，升起吊架，高于膜组后移动至正上方；当吊架四角的挂钩中心对准起吊横杆中心后缓缓提升吊架及膜组，慢慢移动到超滤膜安装位置的膜池；膜组缓缓降下，当膜架底脚即将碰触膜池内导轨时对准膜架四角，进入导轨后方可继续下降，沿导轨下滑至池底；重复以上步骤，将其他膜堆安装到位。

（4）连接管路的制作与安装

1）管道制作

测量膜组产水管、曝气管、加药管与池边产水支管、曝气支管、加药支管相对位置，确认下管尺寸；根据测量的尺寸进行下料，做好标记，逐个对应。

2）管路连接

将切割完成的水平和竖直短管与弯头连接；

根据标记将刚刚预制的管道与膜组件三通接口连接；

使用管道连接器将单个膜组产水管连接到膜滤池产水母管，将单个膜组曝气管连接到膜滤池空气输送管。

（5）膜滤池进水

完成管道安装后，膜滤池进水，并使膜组完全浸没在水中。完成后可进入超滤膜调试工作。

（6）超滤膜膜系统调试

超滤系统调试内容主要包括四个方面的内容：膜系统调试前的准备工作；超滤膜堆冲洗工作；膜系

统单个工艺过程调试；膜系统的联动调试。

1）超滤膜堆冲洗工作

新安装膜组件上带有甘油等保护液，在系统运行前要进行冲洗，冲洗膜组件表面甘油保护液，所需用水采用水厂自来水或正常运行的前端工艺出水，冲洗工作主要包括曝气冲洗和过滤状态冲洗两个步骤，具体如下：

① 气冲洗。

具体步骤如下：

a.膜池注入自来水或前端工艺出水，超过膜保护液位。

b.关闭进水阀，停止进水，浸泡。

c.开启膜池曝气阀。

d.手动开启鼓风机。

e.关闭膜池曝气阀，再浸泡。

f.开启膜池排污阀，通过排污管路排空膜池内洗膜废水。

g.排空池内冲洗废水后，关闭排污阀。

h.重复以上步骤，直至膜池内泡沫较少或膜池内水有机物含量合格。

② 过滤状态冲洗。

过滤过程结合曝气进一步浸泡和冲洗干净膜丝内部残留的甘油保护液，具体步骤如下：

a.待膜池内膜箱完全冲洗完毕后，确认膜滤池内进水水位标高达到设计运行水位。

b.手动开启膜池进水阀进水。

c.手动开启真空引水装置，手动开启真空阀。

d.手动开启产水阀，向外产水。

e.每个膜池过滤过程中产水约半小时后，关闭产水阀，手动开启鼓风机，同时人工操作控制阀门，进行曝气，曝气完后停止曝气，关闭鼓风机，关闭曝气阀，启动产水阀，继续过滤。

f.每半小时后，重复步骤e对膜池进行曝气。

g.停止过滤，排空膜池废水，重新进水，曝气。

h.取膜池内、膜出水水样检测COD并与原水进行比较，直至膜池内水中的COD已经和原水的相当，膜池可以进入膜系统单个工艺过程调试阶段。

2）膜系统单个工艺过程调试

① 过滤过程调试：

a.待膜池内膜箱完全冲洗完毕后，确认膜滤池内进水水位标高达到设计运行水位。

b.手动开启膜池进水阀进水。

c.自动开启真空引水装置，自动开启真空阀。

d.手动缓慢开启产水阀，向外产水。

e.所有膜池出水在1h后进行取样，检测浊度指标变化，直到降低到0.1NTU以下，进行产水状态。

f.切换至自动过滤程序，观察过滤步序、过滤状态是否正常。

② 所有膜池的过滤联动调试。

待逐个膜池的产水浊度下降至0.1NTU以下后，进行多个膜池的联动调试，过滤一段时间，并检测混合水样也确保达到0.1NTU以下。

③ 反洗过程调试。

反洗调试具体有以下几个步骤：

a.保证清水池注满滤后水。

b.由第一个膜池开始，确认待反洗膜池的注水水位到达膜丝保护标高。

c. 自动开启真空装置，同时开启真空阀。

d. 手动开启其他产水阀、正常产水，阀门开度，单台产水流量控制为 220m³/h。

e. 手动打开第一个曝气阀，手动开启鼓风机，时间 60s。

f. 手动开启膜池反洗用的气动阀，对膜组同时进行气水反冲，时间 90s。

g. 90s 后，关闭反洗反洗泵，停止反洗。

h. 打开第一个池子排污阀排空，然后开启第一个膜池进水阀进水。

i. 待水位达到设计标高时，手动开启第一个产水阀，正常产水。

j. 重复 c～h 步骤进行对其他膜池的反洗调试。

切换至自动程序，启动反冲洗程序，观察反冲洗步序、反冲洗状态是否正常。

④ 维护性化学清洗调试。

过滤-反洗调试后续进行维护性清洗调试，维护性清洗调试使用清水代替药剂完成程序测试。

维护性清洗系统调试步骤：

a. 将加药泵切换到手动状态。

b. 在加药桶内加满清水。

c. 开启加药计量泵，记录一定时间内减少的体积，以计算加药泵的流量。

d. 反复调整阀门开度，加药泵频率和冲程直至达到目标流量，并且记录相关的阀门开度、加药泵频率和冲程。

e. 将加药泵调至自动状态。

f. 在控制柜输入相应参数，开始维护洗。观察系统清洗过程中各个动工作是否正常。

g. 调试结束，关闭设备。

维护性化学清洗流程如图 4.14-2 所示。

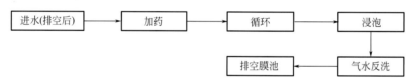

图 4.14-2　反冲洗过程调试流程图

3）膜系统联动调试

① 自控设置。

待自控人员初步做好过滤与反洗程序后，给定膜系统运行参数与跨膜压差的参数。

② 过滤产水-反洗程序的自动运行。

膜系统切入自动运行状态，观察膜系统过滤-反洗运行工序的每一步骤，如果有问题，找出原因，最后整个系统自动完成进水，抽真空引水，过滤，反冲洗，排污工序。自动运行初期 24～72h，膜产水量、反洗水量按照小于设计参数运行，之后再将膜产水量、反洗水量按照设计参数提升到设计值，继续自动运行 24～72h。

③ 过滤产水-反洗-维护性清洗程序的自动运行。

膜系统切入自动运行状态后，继续膜系统过滤-反洗等待膜池进入维护性程序，观察膜系统维护性清洗运行工序的每一步骤，如果有问题，找出原因，最后注意膜系统是否重新进入过滤-反洗程序。

④ 膜系统消毒。

在系统自动运行、甲方取水样检测前，需对膜池以及管道进行消毒。一般采用有效氯离子含量不低于 20mg/L 的清洁水浸泡 24h 以上，可反洗加入，也可直接加药到膜池，采用过滤循环 30min 后进行浸泡（利用维护性清洗系统或者化洗系统），浸泡完成后再用洁净水进行冲洗，直至水质化验合格为止。

4.15　藻污泥脱水成套设备施工技术

1. 技术简介

湖泊内蓝藻问题直接影响到周边地区城市饮水问题，国家高度重视湖泊生态治理工作。蓝藻藻泥无害化处理率较低，不但对环境造成污染，也对人体健康产生较严重的危害。在此背景下，蓝藻藻泥处理项目、污泥处理项目应运而生。藻污泥脱水成套设备是该类项目的核心设备，该类成套设备高标准安装，将大大提高蓝藻藻泥、污泥无害化处理水平和资源化处理率。

隔膜板框压滤机（图 4.15-1）、污泥干化机（图 4.15-2）是藻污泥脱水成套设备中最为核心的设备，隔膜板框压滤机的不锈钢除臭密封罩（图 4.15-3）是藻污泥脱水处理工程的除臭系统重要组成部分。

图 4.15-1　隔膜板框压滤机

图 4.15-2　污泥干化机

图 4.15-3　不锈钢除臭密封罩

板框压滤机主体结构为平卧机械设备，到货形式分为机架、滤板、液压站、水洗架等散件，由于车间内行车吊装能力有限，无法实现板框压滤机直接吊装就位至设备基础。同样，污泥车间的污泥干化机也是安装在封闭厂房内，由于单台设备重量超出车间行车起吊能力，车间内运输成为安装难点。结合无锡蓝藻藻泥处理工程的施工经验，总结了藻污泥脱水成套设备施工关键技术，解决了封闭厂房内大型设备吊装、就位的难题。

藻污泥脱水成套设备施工技术的运用，既节约了工期又解决了吊装运输困难，可在类似工程中推广应用。

2. 隔膜板框压滤机施工技术内容

（1）施工工艺流程

隔膜板框压滤机施工工艺流程如图 4.15-4 所示。

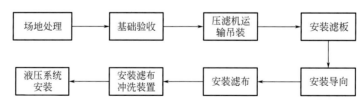

图 4.15-4　隔膜板框压滤机施工工艺流程

（2）安装准备

根据现场情况及设备参数，确定设备二次运输及吊装方案。

1）板框压滤机平面运输如图 4.15-5 所示。

2）某污水处理厂板框压滤机安装临时轨道制作如图 4.15-6、图 4.15-7 所示。

（3）设备安装

设备构造如图 4.15-8 所示。

1）机架的找平找正

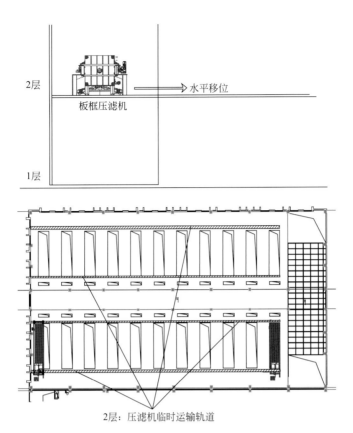

图 4.15-5　板框压滤机平面运输

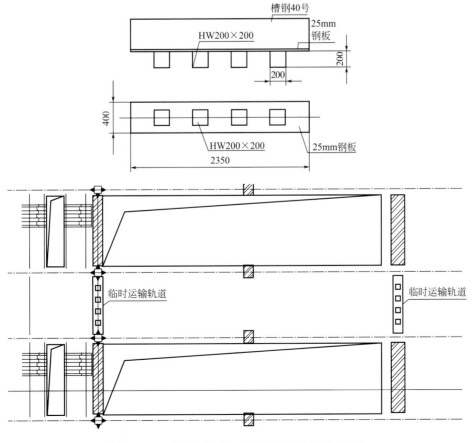

图 4.15-6　某污水处理厂板框压滤机安装临时导轨

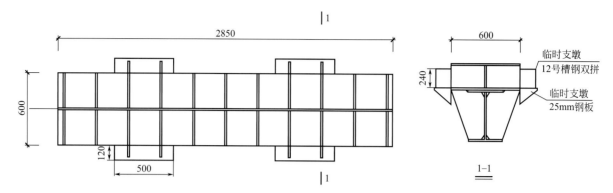

图 4.15-7　某污水处理厂板框压滤机安装临时支墩

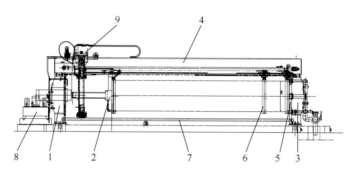

图 4.15-8　设备大样图

1—液压处端板；2—挤压端板；3—进泥处端板；4—顶梁；5—压紧板；
6—滤板；7—拉梁；8—液压站；9—冲洗装置

压滤机的机架由液压处端板、进泥处端板、顶梁和拉梁构成。安装机座时，采用如下测量步骤。

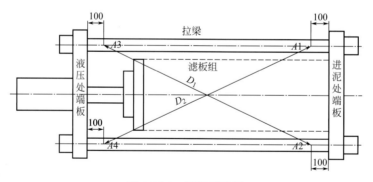

图 4.15-9　测量示意图

为保证两根拉杆平行，在拉杆上取四个点，如图 4.15-9 所示，使用卷尺检查对角尺寸 D_1 和 D_2，二者应当满足：$|D_1-D_2|\leqslant 5mm$。

机座的纵向和横向安装水平，其偏差均不应大于 2/1000。使用水平测量仪检查水平位置（测量点 $A1\sim A4$）。

2）安装滤板

将滤板悬挂在压滤机的机架上，上紧悬挂机构和滤板之间的固定螺栓，使悬挂机构的挂架与滤板对齐。滤板悬挂机构的爪钩朝着止推板的方向安装。头板的后侧表面要完全与止推板表面贴合。如果没有完全贴合，松开滤板和挂架之间的螺栓，对齐滤板。

滤板的悬挂机构排列要整齐，悬挂机构的爪钩和滤板挂架上的爪舌之间保持大约 7mm 的间隙。

3）安装导向杆

将导向杆穿入各自所在止推板和压紧板的搪孔内，并轴向用两个定位环将导向杆固定，然后用管卡将滤板与导向杆连接起来。

4）安装滤布

将一片滤布卷成圆筒，穿过滤板的中心孔，然后将其在滤板的背面展开。之后将滤布相应的孔眼挂在滤板的挂布钉上，然后用塑料扣环扣压在挂布钉上，以防滤布脱落。沿着滤板的两侧和下缘用自锁的绑线将两片滤布扎紧。

一块滤板的滤布安装完成后，用手将此板移向止推板方向，并用同样的方法安装下一块滤板的滤布。

5）安装滤布冲洗装置

将已预装好的洗布装置从压滤机的顶部安装在压滤机的高悬梁上。将控制喷淋管上下运动的电动马达面向止推板的方向安装。按装配说明调整洗布刷导轨位置并安装喷嘴。

6）液压系统的安装

该压滤机的工作压力由液压站提供。液压站主要设备是一台电动双级液压泵，该泵由一个低压齿轮泵和一个高压多级柱塞泵组成，用法兰安装在液压油箱内部。液压站能够提供的最大压力为37MPa，滤板最大压紧压力为34MPa。

3. 污泥干化机成套设备施工技术内容

（1）施工工艺流程

污泥干化机成套设备施工工艺流程如图4.15-10所示。

图4.15-10　污泥干化机成套设备施工工艺流程

（2）技术主要内容

根据现场情况及设备参数，确定设备二次运输及吊装方案。以某污水处理厂干化机安装为例介绍干化机安装技术。

1）某污水处理厂干化机平面运输如图4.15-11所示。

2）某污水处理厂干化机临时轨道制作如图4.15-12所示。

① 临时轨道1。

采用挖机找平，铺设4块路基板1.5m×5.5m，路基板厚度150mm。路基板上表面标高为0.2m（相对室内±0.000m），路基板上表面要保持与临时轨道2西侧段相平。

② 临时轨道2。

在刮板机的地坑内采用双拼36号槽钢作为立柱（立柱高约2.8m），下面焊接0.4m×2.4m的底板（采用25mm钢板）；共设置6根立柱，上面铺设25mm钢板作为临时运输通道，立柱间用12号槽钢连接以保证其整体性。在坑外同样采用双拼36号槽钢作为立柱，立柱高度根据钢板上表面平整度要求。

临时轨道2起点相对室内地面（±0.000m）标高为0.2m，终点相对室内地面标高为0.5m，临时轨道2为一个斜坡。临时轨道2制作如图4.15-13所示。

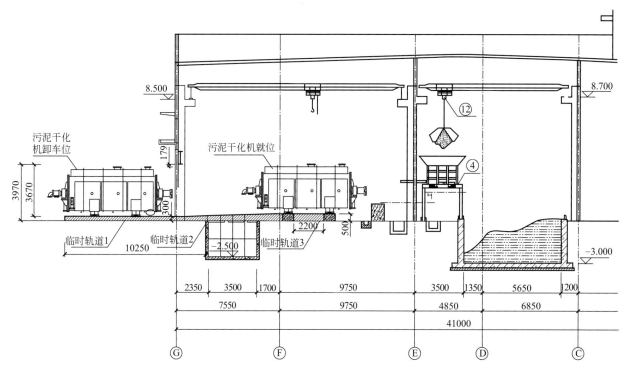

图 4.15-11 某污水处理厂干化机平面运输

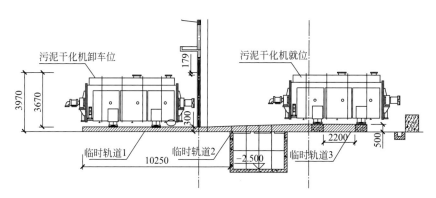

图 4.15-12 某污水处理厂干化机临时轨道制作总图

③ 临时轨道 3。

临时轨道 3：采用挖机找平，双拼 36 号槽钢作为立柱（立柱高 0.475m），下面焊接 400mm×
400mm 的底板（采用 25mm 钢板），共设置 4 根立柱，上面铺设 25mm 钢板作为临时运输通道。临时轨
道 3 制作如图 4.16-14 所示。

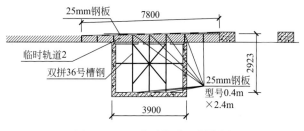

图 4.15-13 临时轨道 2 制作图

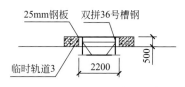

图 4.15-14 临时轨道 3 制作图

4. 不锈钢除臭密封罩施工技术内容

（1）施工工艺流程

不锈钢除臭密封罩施工工艺流程如图 4.15-15 所示。

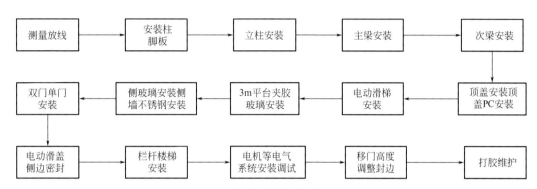

图 4.15-15 不锈钢除臭密封罩施工工艺流程

（2）技术主要内容

1）测量放线

根据图纸的标高及立柱位置尺寸和已测定的中心线，弹出加罩立柱位置线，如图 4.15-16 所示。

图 4.15-16 预埋板清理、弹线

2）安装柱脚板

根据标高控制线加罩主骨架位置，检查预留板标高是否符合设计要求，如有差异应剔凿、加钢板找平处理。

3）材料倒运

材料二次倒运注意要点是切勿破坏表面包装，做好轻拿轻放，如图 4.15-17 所示。

4）立柱、主梁、次梁安装

根据弹出主骨架位置线，将主骨架在楼面上组装好后，利用行车安放在位置线上，用线坠吊垂直

图 4.15-17　二次倒运

面，中间临时固定后与预埋钢板进行焊接。两端主骨架安好后，再从一端向另一端逐个安装至全部完成，如图 4.15-18 所示。

图 4.15-18　主骨架安装

5）顶盖下料、预制、安装

不锈钢下料采用切割机下料，下料前检查切割面是否有污染物，如果有应清除干净，以保持切割件的干净和平整。切割后应清除飞溅物，操作人员应掌握机械设备使用方法和操作规程，调整设备最佳参数，如图 4.15-19、图 4.15-20 所示。

图 4.15-19 下料预制　　　　　　　　　　图 4.15-20 滑动盖板预拼装

6）焊接

立柱、主梁、次梁焊接全部采用氩弧焊。焊接处必须焊点饱满，无虚焊，不松动，无缝隙。

7）侧墙玻璃安装、侧墙不锈钢板安装

按照深化设计排版位置，将钢化玻璃准确进行安装，安装完后玻璃的边、纵缝、横缝在一条线上。钢化玻璃安装前要复核钢构件框架的安装精度，清理框架内的施工焊缝。首先安装内侧折边板，然后固定玻璃，最后进行外侧封边。

8）双门、单门安装

成品门安装完毕后，通过铰链进行微调整，密封罩框架误差应不超过 2mm，且误差只能为正偏差，如图 4.15-21 所示。

图 4.15-21 门的安装

4.16 大型离心鼓风机安装技术

1. 技术简介

离心鼓风机是污水处理厂生物处理必不可少的重要设备，主要功能是为生物处理提供氧气，包括以下几个主要部件：进风过滤器、进风消声器、柔性接头、锥形扩压管、放空阀及消声器、出风止回阀、电动蝶阀、隔声罩、高压电机等。离心鼓风机构造如图 4.16-1 所示。

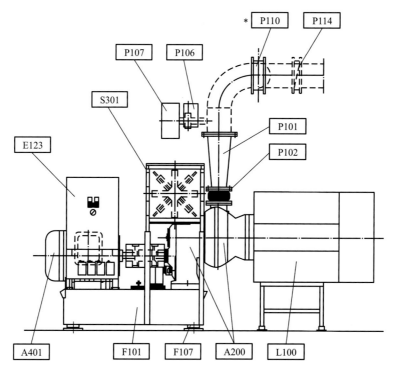

图 4.16-1 离心鼓风机构造图

A200—鼓风机/齿轮箱；P101—锥形扩压管；A401—电机；P102—柔性接头；F101—机座；

P106—放空阀；L100—过滤器；P107—放空阀消声器；P110—止回阀；P114—手动阀门；

E123—就地控制柜；F107—机器安装地脚

由于高压高速鼓风机易造成鼓风机振动大、噪声大，通过杭州七格污水厂的工程施工总结了一种无垫铁胶胶粘减振器安装方法，有效解决了大型高速离心鼓风机振动、噪声等难题。杭州七格污水厂选用高压高速鼓风机的主要技术参数及特性如下：

鼓风机形式：   单极高速离心鼓风机

鼓风机的规格尺寸：   6495mm×2730mm×4527mm（长×宽×高）

风量：   238.3Nm^3/min

风压： $P=900$mbar

功率： $N=440$kW

总重量：   8t

无垫铁胶胶粘减振器法安装是指通过设备基础与设备接触面的处理后，再用无垫铁胶把减振器（机器安装地脚）与设备基础粘结，从而实现设备的固定，达到了设备稳定运行振动小、噪声低的效果。

2. 技术内容

（1）施工工艺流程

大型离心鼓风机施工工艺流程如图 4.16-2 所示。

（2）技术要点

1）基础验收

设备基础应符合现行建筑工程验收规范的有关规定，见表 4.16-1。基础验收在业主、工程师、承包

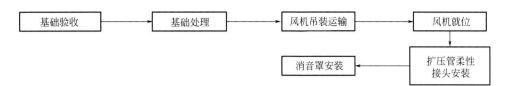

图 4.16-2 大型离心鼓风机施工工艺流程图

商的共同参与下，由基础施工测量人员和安装测量人员对鼓风机基础进行检查，在鼓风机基础上放出安装基准线，校核基础的实际中心、标高和几何尺寸，并检查减振器支撑板着地处的水平度、高程是否符合安装要求，形成详细记录。

设备基础质量标准   **表 4.16-1**

项次	项目	允许偏差(mm)	检验方法
1	基础中心线与厂房轴线	20	用拉线和尺量检查
2	各基础顶面的标高	10	用水准仪检查
3	基础结构外形尺寸	10	用尺量检查
4	相邻各基础中心线	10	用拉线和尺量检查

2）设备基础处理

设备基础施工一般采用混凝土一次浇灌成形，为保证设备基础的平整度，在设备基础施工时设备安装人员必须密切配合，在混凝土面尚未凝固前，用水准仪进行找平，尽量控制设备基础顶面的平整度小于 1mm。

如果设备基础顶面的平整度大于 1mm，按以下方式进行处理：首先，对基础进行放线，确定减振器地板位置，某污水处理厂离心鼓风机减振器布置如图 4.16-3 所示；其次，对上图中减振器位置用水

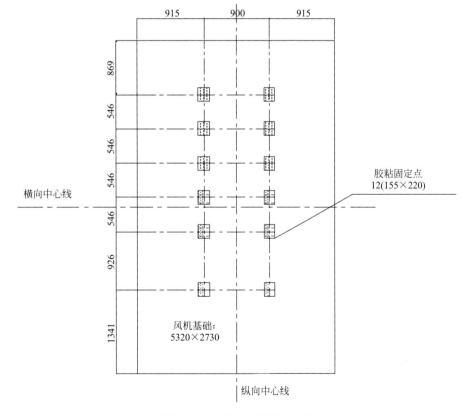

图 4.16-3 设备减振器布置图

准仪测量各点的标高，找出最低点标高，以此为标准，其他各点须进行处理达到此点的标高。处理方式采用手持磨光机打磨，打磨完成后共12处减振器地板的基础顶面的平整度小于1mm为合格。

3）鼓风机吊装、运输

设备到达现场后，直接运至安装现场，以减少周转环节，降低在搬运过程中受损的可能性。鼓风机总重大约8t，风机本体重5.5t。

设备安装场地及空间如无法直接用吊车吊装就位，一般采用汽车吊进行卸车，电动卷扬机加地坦克的方式把设备运输到基础旁后进行安装，如图4.16-4所示。

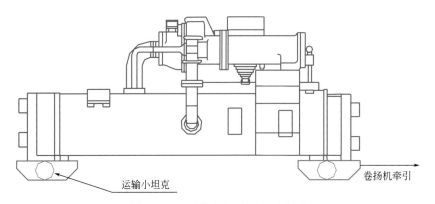

图4.16-4 卷扬机加地坦克示意图

为了不至挤坏电器仪表和管路等，应使用如图4.16-5所示的吊运用横杆（俗称扁担），吊运时应将吊带固定在其底座上的四个吊装孔上。

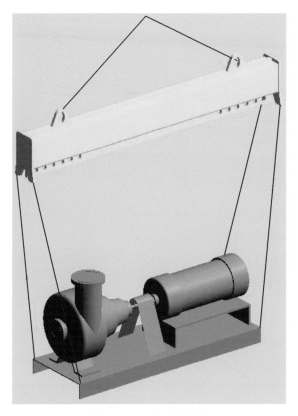

图4.16-5 吊运示意图

把设备卸到事先准备好的地坦克上，用设置在鼓风机房内的两台5t电动卷扬机进行经向运输和纬向运输，把设备运输到基础旁边，如图4.16-6所示。

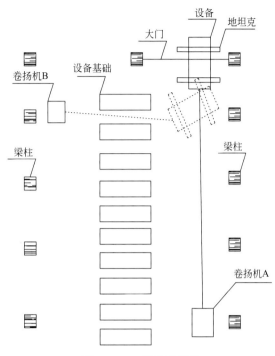

图 4.16-6 运输示意图

鼓风机在被运输到基础旁边时，用千斤顶及撬杠把鼓风机挪移到基础上，鼓风机在被移到基础上后调整鼓风机的位置，使鼓风机 12 处固定螺栓孔对准机器安装地脚上固定孔。

4）鼓风机就位固定

将鼓风机用千斤顶顶起并垫上道木，安装固定好减振器。在标记处或已处理的支撑板位置处涂抹专用胶粘剂，涂抹应适当，厚度均匀，2～3mm 之间，把枕木依次抽走将鼓风机慢慢放在基础上，减振器与基础接触面不应小于 75％；机组落地后，严禁水平移动。

5）锥形扩压管、柔性接头的安装

鼓风机本体安装找平后，在风机出口安装不锈钢波纹管（柔性接头）和锥形扩压管。波纹管与风机出口用法兰螺栓紧固后，波纹管两端管道上的法兰中心应在同一轴线上，并与轴线垂直，允许偏差不超过 2mm，法兰连接时应保持平行，其偏差不大于 1mm，不得用强紧螺栓的方法消除倾斜，安装完后，伸缩器不得承载和受扭，安装前作好预紧工作，且要避免磕碰，焊接飞溅。

为防止鼓风机出口反作用力过大造成设备机械损坏，必须对鼓风机出口水平管设计支撑支架，以保证设备的正常稳定运行。鼓风机出口水平管支架安装如图 4.16-7 所示。

6）消声罩安装

消声罩在主机设备和进出口管路安装完成后，电气控制安装、接线之前进行。

根据图纸尺寸以风机中心线为基准划出侧板中心线，将侧板底部横框放在基础的侧板中心线上，定位后用重物压好，根据横框上的孔钻出直径 10mm，深度为 55～65mm 的胀钉孔，移去底框，清扫干净并栽入胀钉（栽入胀钉时要保证胀钉露出底面约 40mm）。

将底框底部及槽内清理干净，并在底框与基础间装上密封条。在胀钉上垫约 9mm 的垫片，并将底座就位。用榔头砸下胀钉，将立柱按安装图位置逐一插入底框槽内，并拧紧螺母。

先将侧面的中部横框就位，然后将端面的中部横框就位，就位后用螺栓将其固定在立柱上。

将鼓风机上下面板用螺栓固定在立柱上，最后用 30mm×50mm 密封条密封入口消声器和消声罩间的缝隙。

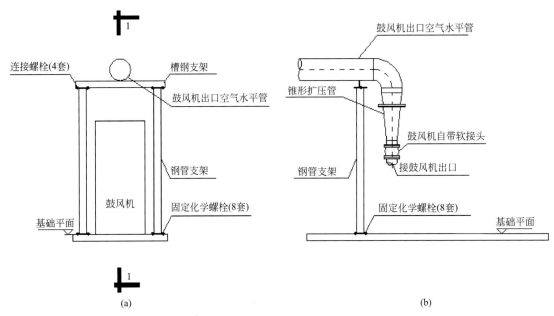

图 4.16-7　鼓风机出口水平管支架安装图

（a）鼓风机房支架立面图；（b）1-1 剖面图

4.17　全地下污水厂安装施工技术

1. 技术简介

全地下式污水处理厂占地面积小，其结构呈箱体状，设置于地下，箱体顶盖低于地表 1.5～2.0m，箱体顶部经覆土进行景观绿化建设成景观公园或健身娱乐场所等，环境悦目，极具发展潜力和良好的市场前景。全地下式污水厂建筑结构一般设置为两层，负一层主要为设备操作层，含设备间、加药间、磁悬浮鼓风机房、配电室、消防泵房及送排风机房等，负二层主要为各污水处理构筑物（曝气沉砂池、提升泵池、初沉池、生物反应池及 MBR 膜池等）、综合管廊及送排风机房等，局部设有夹层。箱体两侧设置由地面至负一层汽车运输通道，用于药剂、压榨机产生的垃圾及检修时设备运输通道。

目前建设的全地下式污水处理厂通常采用三级处理工艺，污水处理质量得到大大提升。其中预处理单元为物理处理过程，主要去除污水中的漂浮物、去除原水中比重大于 2.65 及粒径大于 0.2mm 的无机砂粒；去除污水中大部分无机 SS（固体悬浮物浓度）及少量有机 SS，减少生物池浮渣量，有利于生物池和膜池的正常运行。预处理单元包含粗细格栅、曝气沉砂池、提升泵池、初沉池及膜格栅等污水处理构筑物。主要工艺设备有液控速闭闸门（防止地下污水处理厂被淹）、附壁铸铁方（圆）闸门、不锈钢渠道闸门、粗格栅、螺旋输送机、内进流细格栅、栅渣输送溜槽、压榨机、桥式吸砂机、排砂泵、砂水分离器、提升水泵、链板式刮泥机、不锈钢集水槽、电动撇渣管及内进流膜格栅。

二级生物处理单元为化学处理过程，通常称之为硝化过程，用以脱氮除磷。该单元构筑物由含生物反应池，生物反应池由厌氧区、缺氧区、好氧区及后缺氧区组成。厌氧区主要工艺设备为潜水搅拌机，缺氧区主要工艺设备为潜水推流器、穿墙式回流泵，好氧区主要工艺设备为板式曝气盘，后缺氧区主要工艺设备为潜水搅拌机。A_2O 工艺是一种典型的脱氮除磷工艺，其生物反应池由厌氧（anaerobic）、缺氧（anoxic）和好氧（aerobic）三段组成，其特点是厌氧、缺氧、好氧三段功能明确，界线分明，可根据进水条件和出水要求，人为的创造和控制三段的时空比例和运转条件，只要碳源充足便可根据需要达到比较高的脱氮率。

深度处理单元采用 MBR 工艺，膜-生物反应器（Membrane-Bioreactor，简称"MBR"）是膜分离技术和污水生物处理技术有机结合的产物，被普遍认为是性能稳定，效果良好，极具发展潜力的污水处理技术。该技术的特点是以超、微滤膜分离过程取代传统活性污泥处理过程中的泥水重力沉降分离过程，由于采用膜分离，因此可以保持很高的生物相浓度和非常优异的出水效果，可有效去除水中的有机物与氨氮等污染物质。主要工艺设备包含：起重机、MBR 膜、产水泵、排空泵、清洗水泵、剩余污泥泵、穿墙式回流泵、空压机、真空设备、气动闸门、各类阀门等。

全地下式污水处理厂由于将污水处理构筑物全部组合在地下箱体内，具有建筑结构复杂、设备倒运安装困难、管道口径大、综合管线排布密集、安装空间狭小等显著特点，由于结构的特殊性、土建安装交叉施工的复杂性以及工程工期要求，安装工程如何进行前期深化设计、预留预埋、管道预制、有序组织设备及综合管线运输安装，成为全地下式污水厂工程施工的重点和难点。

2. 技术内容

（1）施工工艺流程

全地下式污水处理厂安装工程施工工艺流程如图 4.17-1 所示。

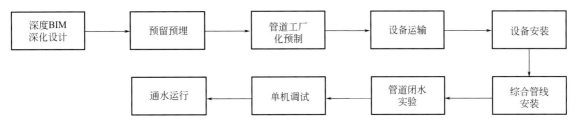

图 4.17-1　全地下式污水处理厂安装工程施工工艺流程图

（2）技术要点

1）深化设计要点

通过深度 BIM 技术应用，先进行设备及管线综合排布，确定设备安装顺序及位置；根据设备安装位置及建筑结构空间以及介质流向，进行管道、风管、桥架、支架综合排布，确定套管及预埋件位置，使套管及预埋件、预留洞实现可视化，为精准布置预埋件、套管、预留洞位置起到关键性指导作用。根据管线排布及预留洞位置、尺寸确定所需预制管段或阀组内容，为管道工厂化预制加工提供图纸。

2）预留预埋要点

在全地下式污水处理厂主体结构施工阶段，施工班组须严格按照 BIM 深化设计图纸进行预埋件、套管、预留洞的预埋或预留，工程师在预留预埋后须进行逐一检查复核，确保不遗漏、无偏差。

3）管道工厂化预制

管道工厂化预制严格按照管道 BIM 加工预制图纸实施，加工预制质量符合施工规范规定。所预制管段或阀组应通过张贴二维码显示预制段名称、安装部位。预制管段及阀组运输时应采取成品保护措施。

4）设备运输吊装

设备吊装运输前应编制运输吊装专项方案，并严格按照方案组织实施。

在设备安装时，由于全地下式污水处理厂主体结构施工的特殊性，两侧由地面至负一层的汽车坡道大都不具备施工条件或不具备使用条件，设备大多需经结构顶板预留洞吊装置于负一层或负二层楼层面。设备运输、吊装应按原既定顺序进行实施，否则将出现组织混乱、设备安装作业面相互影响等现象。设备运输吊装前，应根据设备重量、预留洞部位楼板载荷确定是否需对楼板进行支撑加强，以防出现结构受损、设备损毁以及安全事故。设备吊装前，应提前清理水平运输通道及设备安装部位的障碍物，在设备吊运至楼层后及时运输至设备安装位置，不应影响其他设备吊运及吊装孔洞下方位置的正常通行。每次设备垂直吊运工作结束后，预留洞口须及时恢复封闭，以防发生高空坠落事故。

全地下污水处理厂箱体设计采用无缝结构，后浇带设计较多，主体结构封顶后后浇带制约设备运输，需优先完成后浇带浇筑及拆模清理，为设备运输及安装创造有利条件。当后浇带不能及时施工时，应通过采取相应技术措施，满足设备运输需求，最大程度地缩短安装工程施工周期。

利用吊装口、采光通风井运输如图4.17-2所示。

图4.17-2　利用吊装口、采光通风井运输

5）设备安装

地下式污水处理厂所有设备与地上式污水处理厂设备规格、型号以及安装技术要求基本相同，最大不同点主要表现为地下污水处理厂设备安装须按照一定顺序组织安装，否则因受建筑结构及安装空间影响，将导致设备安装无法正常进行，增加施工难度和技术措施投入。本节内容主要介绍针对不同设备或不同区域设备在安装时应注意的施工组织事项。

① 格栅/曝气沉砂池设备安装。

粗/细格栅机安装于负一层格栅渠道内，箱体顶部设计有预留吊装口，粗格栅、螺旋输送机、压榨机及内进流细格栅机均可通过吊装口进行吊装。如果格栅设备先安装，将导致其他设备倒运困难，故吊装口的使用需全面考虑，吊装口下的设备不宜过早安装，待该区域范围内所有起重设备（含轨道）、闸门、桥式吸砂机、水泵等全部倒运进入箱体后再安装。确认其他设备有可靠的倒运通道后再安装格栅机。

桥式吸砂机（整体桥架）、轨道及安装附件通过吊装口倒运至地下箱体内，轨道安装完成后将吸砂机桥架整体吊装至轨道上，然后进行吸砂管、刮渣板、电缆支架及电气安装。桥式吸砂机安装如图4.17-3所示。

压榨坑上方的捯链优先安装，为压榨机及配管提供条件。

② 提升泵池设备安装。

提升泵池主要设备为捯链及提升水泵。

提升泵池上方的捯链优先安装，为提升水泵及配管提供条件。

污水处理厂提升泵、潜污泵类设备数量较多，且为关键设备，由于泵体较大、重量重、大多为水下工作，自耦合式安装。安装及后期维护需便于水泵自由提升。泵池水泵上方均设计有设备吊装检修孔及起重设备。提升水泵安装如图4.17-4所示。

设计及施工阶段需确保起重机轨道中心线与泵设备吊环在同一直线上，水泵基础定位时需以起重机

图 4.17-3　桥式吸砂机安装

图 4.17-4　提升水泵安装

轨道中心线为基准,水泵安装完毕后能通过提升导轨自由上下。

某全地下式污水处理厂起重机轨道与潜污泵安装示意图如图 4.17-5 所示。

③ 初沉池、膜格栅设备安装。

初沉池、膜格栅主要设备为闸门、链板刮泥机、污泥转子泵、电动撇渣管、不锈钢集水槽、内进流膜格栅及压榨机。

闸门、污泥转子泵、电动撇渣管、不锈钢集水槽及压榨机等小型设备均可通过坡道倒运进入地下箱体,坡道不具备运输条件时可使用起重机通过箱体顶部风井、采光通风井进行设备、构件倒运。

链板刮泥机一般为散件供货、现场组装,可使用起重机将设备组件倒运进地下箱体内,再使用叉车将组件运输至安装位置,现场进行安装。

内进流膜格栅为整体设备,安装于渠道内,渠道应优先进行清理及防腐,通过箱体顶部专用吊装口使用起重机将膜格栅直接吊入渠道内安装。

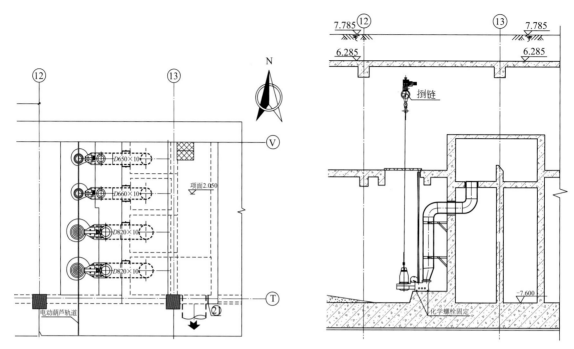

图 4.17-5　某全地下式污水处理厂起重机轨道与潜污泵安装示意图

初沉池电动撇渣管及膜格栅设备配套的压榨机使用捯链进行就位安装，捯链应提前安装。初沉池、膜格栅压榨间捯链如图 4.17-6 所示。

图 4.17-6　初沉池、膜格栅压榨间捯链

④ 生物处理单元设备安装。

生物处理单元主要设备为潜水搅拌器、潜水推流器、穿墙回流泵及好氧池曝气盘。

潜水搅拌器、潜水推流器、穿墙回流泵及提升导轨、提升吊架等均可通过吊装口倒运至安装位置，优先安装提升导轨及提升吊架，为后期设备就位创造条件。

好氧池曝气盘由定标供货商按照设计参数进行优化布置，供货商根据优化布置向设计院提供曝气支管管位需求，设计院再进行曝气管设计，以达到最优化目的。

某全地下式污水处理厂曝气盘布置如图 4.17-7 所示。

提升吊架、潜水推流器如图 4.17-8 所示。

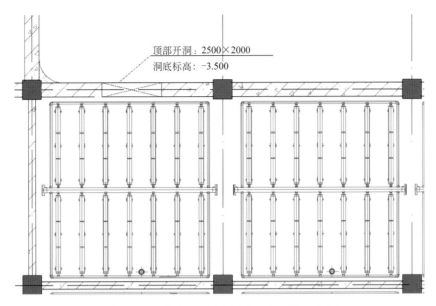

顶部开洞：2500×2000
洞底标高：-3.500

图 4.17-7　某全地下式污水处理厂曝气盘布置

图 4.17-8　提升吊架、潜水推流器安装

⑤ 磁悬浮鼓风机安装。

磁悬浮鼓风机是污水处理工艺中的重要设备，为生物处理单元好氧池提供氧气及 MBR 膜擦洗气源。磁悬浮鼓风机外形尺寸较大、重量较重（单台 3～4t），设计及施工需为鼓风机倒运就位考虑运输通道。由于鼓风机进风管、出风管、电机冷却出风管、控制柜冷却出风管等管径均较大，不锈钢管安装工程量大，为便于磁悬浮鼓风机倒运就位及大直径管道材料倒运及安装，鼓风机房二次结构配合设备及管道安装，进风廊道应优先砌筑抹灰、墙体局部预留为安装提供空间。磁悬浮鼓风机如图 4.17-9 所示。

⑥ 深度处理（MBR）单元设备安装。

MBR 单元主要设备为起重设备、膜池气动进水闸门、膜池出水调节堰门、MBR 膜架＋固定装置、MBR 膜元件、产水泵、排空泵、清洗水泵、剩余污泥泵、螺杆空压机、真空发生器等。

MBR 单元设备、管道及电仪安装工程量较大，从开始安装到安装完成绝对工期常规一般需要 60～70d，是全地下式污水处理厂核心处理单元，MBR 单元设备、管道及电仪安装直接决定污水处理厂是否

图 4.17-9　磁悬浮鼓风机就位

能按期投产，大量设备及管道材料顺利倒运是安装进度的关键。

MBR 膜池及设备间一般设计安装有电动单梁悬挂起重机，起重机可为设备、管材倒运提供极大的便利条件，所以 MBR 膜池及设备间电动单梁悬挂起重机应提前安装，膜池主体结构拆模清理后需第一时间组织起重机安装，为后续设备、管道倒运及安装创造条件，可缩短安装周期。

MBR 膜池钢管吊装如图 4.17-10 所示。

图 4.17-10　MBR 膜池钢管吊装

6）综合管线安装

全地下污水处理厂综合管廊管线布置密集，合理的综合管线安装顺序对于管道工程能否顺利施工起着关键性作用。管线安装应严格按照 BIM 深化设计确定的施工顺序组织实施，在施工时施工班组不得随意更改管线位置及支架位置，否则导致后续管道无法施工。

管廊内地面管道应在上空管道基本结束后再进行连通安装，否则将影响整个区域的正常交通。

7）单机调试要点

地下式污水处理厂设备单机调试与地上式污水处理厂的技术要求基本相同，但由于设备位于地下封闭空间，应在单机调试前着重做好以下工作：工作区域范围内地面不得有积水情况；逃生路线标识清楚；照明满足工作需求；现场工作流程及责任人必须明确；调试内容及责任人应明确；排水设施应满足使用要求；救援物资及工作人员应符合应急预案要求；通信设施确保无畅通。

8）通水试运行

地下式污水处理厂与地上式污水厂通水试运行主要不同点为安全危险性大，主要表现在管道进出各水池池壁套管易发生泄漏水、出水管道第一个阀门与管道连接处泄漏水导致排水不能及时排出，发生设备淹没、触电事故。

地下污水处理厂通水试运行技术操控要点：通水试运前编制专项方案，严格按照方案组织实施；加强组织管理，明确责任人及职责内容，确保组织、协调严密；第一次通水应使用自来水或中水，以便发生意外事故时保证较好的维修作业条件；通水运行前，必须在现场做好每个人、每个工作点的应急逃生通道标识；参与通水运行的人员应配备通信工具，确保通信畅通；所有设备必须经单机调试达到正常运行要求；增加的临时备用压力排水泵经调试达到运行要求；所有工作区域照明应达到设计要求；所有通风及排风系统应全部运行，检测空气质量符合设计要求；每个进水流程必须达到设计要求后方可进入下一个水处理构筑物；在通水过程中，安排专人检查构筑物、池壁套管、管道接口是否有渗漏水现象，如果发现有渗漏水现象，必须立即进行处置，处置合格后方可继续通水运行；在通水运行时，应安排专人检查管道及支架的稳定性，当支架需加固处理时，应先进行支架加固处理，再进行通水运行；通水运行期间，值班人员必须坚守岗位，按方案要求巡检，对于出现的异常情况，必须及时上报。

4.18　污水处理厂综合调试技术

1. 技术简介

污水处理厂具有水下设备多、专用设备种类多、系统复杂等特点，在工程安装完成后开展各阶段的调试工作最为重要，如果未做好调试工作，将导致水厂不能正常运行，甚至发生安全生产事故，可能出现的问题如设备性能达不到设计要求、效率低、运行方向错误、故障率高、保护装置不灵敏、仪表测试数据不准确、执行机构错误动作等问题，导致设备维修量大、系统运行不稳定、延期投产，甚至污水处理指标达不到设计要求而发生污水外溢、排江的环境事故，造成不良社会影响。

污水处理厂调试一般分为单机调试、通水调试、工艺调试、全厂联动调试四个阶段。单机调试如闸门、水泵、格栅、刮泥机、搅拌器等单台设备无负荷试运行，检验单台设备通电后运行是否正常；通水调试是指根据设计的工艺流程，利用河水、处理过的污水等源水，从进水口开始经过各构筑物、管路至出水全流程的调试，检验水源流经各构筑物、管道、水渠、设备时运行是否正常，流量、扬程、转速是否达到设计要求，有无渗漏现象，设备运转是否稳定；工艺调试指活性污泥接种、培养、驯化等，以积累污水处理所需微生物的量，如游仆虫属、旋口虫属、表壳虫属、磷壳虫属及轮虫等；全厂联动调试是指全厂的所有机械设备、电气设备、仪表设备、自控设备全部投入运行测试的调试，检验全厂所有设备自动化运行、信息传输状况是否达到设计要求。

2. 单机调试技术

（1）机械设备单机调试

1）闸门类设备调试

① 闸门调试运行前，清理丝杆、闸槽、闸门密封面上附着的混凝土、垃圾等杂物，并对传动丝杆涂抹润滑油脂。

② 手动操作执行机构，螺杆的旋合应平稳，门板无卡位、突跳现象。

③ 设置闸门的上下限位。

手动操作执行机构直至闸板下密封面与闸框的下密封面重合后，在电动头处设置好下限位行程装置；手动操作机构直至闸板的下密封面与闸框的上密封面重合后，在电动头处设置好上限位行程装置。

④ 电动操作执行机构，观察三次闸门全开全关试验，试验时上下限位应动作可靠。

2）潜水泵类设备调试

① 调试前检查各连接部位应牢固、无松动，电气及水泵安全运行的保护装置安装符合设备技术文件的规定，电气绝缘电阻测试符合要求。

② 检查泵筒内、叶轮内应无杂物，手动转动叶轮应灵活，无卡阻。

③ 点动运行检查叶轮的转动方向应与水泵标记的方向一致，运转时应平稳、无异常声音和振动，无负荷时运行的时间必须符合设备技术文件的规定。

3）钢丝绳式格栅除污机

① 格栅清污机整体安装结束，钢丝绳上涂抹润滑油脂。

② 开耙、关耙试验：点动开耙、关耙按钮，观察齿耙开启与闭合应灵活，耙板开启度符合设备文件要求，关闭时耙齿尖端与门形架下部挡板间距<6mm。

③ 清污机构下行、上行试验：点动下行、上行按钮，清污机构在门形架导轨范围内上下移动行走应畅顺，运行时清污小车两侧共四只滚轮至少应有三只滚轮与导轨接触。

④ 全过程试验：开关切换至自动位置，齿耙自动开耙后，清污小车下行至格栅上、中、下三个部位，并闭合齿耙后上行，耙齿应能准确插入格栅缝，并与栅条无顶撞。除污机运行过程应顺畅，无啃道、阻滞和突跳现象，各行程开关、保护装置动作正确、可靠。钢丝绳、电缆在移动过程中不应重叠、搅乱、卡滞。

4）回转式格栅除污机

① 调试前检查扣在每个耙齿轴的两侧链条都安装正确，调整涨紧轮及耙齿链的松紧度，并对电动机减速器加注润滑油。

② 松开电动机与减速机联接装置，点动转动电动机，检查电动机的转动方向应符合设备技术文件要求。

③ 检查电机电流应正常，试运行1h后，检查电机、减速器的温度应小于70℃。

④ 试运行结束后，再次调整涨紧轮及耙齿链的松紧度符合设备技术文件要求。

5）搅拌器

① 试运行前检查各连接部位应牢固、无松动，电气及搅拌器安全运行的保护装置安装符合设备技术文件的规定，电气绝缘电阻测试符合要求，设备加注的油位正常。

② 手动转动叶轮应灵活，无卡阻。

③ 点动运行检查叶轮的转动方向应与设备标记的方向一致，无负荷时运行的时间必须符合随机技术文件的规定。

④ 点动试运行应在空池内进行，在池内注满水时进行运转无法检查方向，严禁在搅拌器叶轮未完全浸泡在水里时运行。

⑤ 运转时应平稳、无异常声音和振动。

6）链板式刮泥机

① 设备安装完毕后，清理池底及耐磨条，耐磨条涂抹黄油，以减少设备运行的阻力。

② 安装好剪力销，试验超载开关动作灵敏性，能正常切断电机电源。

③ 试运行时在池底安排人员观察刮板在移动时其顶部是否与集渣管、池壁等其他设施碰撞，在池顶安排人员控制。

④ 试运行时间不得少于3～4h，设备旋转次数不少于2次，转速、转向应符合有关技术条件。

7）带式浓缩压滤一体化脱水机的安装及调试

① 设备安装完毕后，核对电气线路接线是否正确，各保护装置、调节装置是否安装完整。

② 分别点动主传动电机、副传动电机和絮凝搅拌电机，检查传动方向是否正确。

③ 打开压缩空气进口开关，再打开气控箱，通过调压阀将纠偏和张紧的压力均调整至 0.5MPa，张紧 3 条滤带。

④ 调整主、副传动电机上的调速器，将浓缩过滤带的速度调至 10m/min，压滤带的速度调整至 5m/min。

⑤ 空载运行 2h，检查纠偏是否正确及时，并调整到最佳状态，试验过滤带的极限位置开关是否动作，运行时无异响、滤带转动顺畅。

（2）仪表设备单体调校

1）流量仪表的单体校验

检查仪表的有效期内的出厂合格证及校验合格报告，且仪表外观完好，可不进行精度校验，但应通电或通气检查各部件的工作是否正常，电远传与气远传转换器应作模拟校验。

流量计的精度校验（流量标定）只有在专门的流量试验室中才有条件进行，如果个别仪表需要重新进行流量标定时，可委托附近地区有条件有资质的单位进行。

2）在线分析仪表的校验

在线分析仪表种类较多，其工作原理和结构又各不相同，在现场开展校验工作主要包括两方面内容：一是检查分析仪表的各项基本功能是否正常，二是用标准样液或样气对仪表的零点和量程进行标定。在线分析仪表现场校验可按如下程序进行：

① 认真阅读仪表的使用说明书，掌握仪表的结构、工作原理、校验步骤及操作使用方法等。

② 试验 AC220 伏电源端子对外壳的绝缘电阻，应不小于 $1M\Omega$。

③ 按照一般指示及记录仪表的校验方法对分析仪表的"指示及记录装置"进行校验。

④ 设有取样及预处理装置的，应检查其取样和预处理功能是否满足说明书要求。

⑤ 设有恒温控制器的，应检查其恒温精度是否能满足水质分析的要求。

⑥ 有电源稳定装置的，应检查当供电电源电压波动时，其输出电压是否能满足说明书上的要求。

⑦ 仪表零点和量程的标定，将对应于仪表测量下限和测量上限的已知浓度的标准样液分别送入仪表的分析部分，检查仪表的零点和量程与输入的标准样液的浓度是否相符。

⑧ 调校过程中发现精度超差、不合格的仪表，首先应认真分析原因，排除各种可能引起仪表超差的外部原因和人为原因后，再重新进行校验。对确实不合格的仪表，应及时与仪表生产厂家驻现场代表或仪表供货商取得联系，尽快予以调换或维修。

3）超声波液位计

超声波液位计是利用超声波物位传感器通过高性能的探头发射聚焦的脉冲波束，发射波遇到介质表面后被反射回来，通过计算声波的运行时间，智能化的电子部件就可以测得探头到介质表面的距离，并输出一个与之成正比的物位信号。根据不同的应用要求，超声波传感器有 16～70kHz 各种不同的发射频率，超声波传感器可以自动进行温度补偿以便消除由于声波的运行速度受温度的影响而造成的测量误差。其现场校验可按如下程序进行：

① 采用设备厂家提供的专用调整模块插接在传感器里或外部显示仪表内，所有调试步骤可通过调整模块的按键完成。

② 设置在不同传播气体中进行测量，如当超声波的传播气体为二氧化碳、氢气等时，需要这个功能。

③ 工作范围设置。在菜单"调整"中，选择不带料调整方法，通过按键设定最小值或低料位时对应的百分数值，高料位的调整与最小值调整相同。

④ 分析处理。在菜单"分析处理"中，设置介质加注高度的单位和小数点位数，如 m、cm。

⑤ 输出。在菜单"输出"中，设定输出的电流值或电压值。

4）电极式 DO（溶解氧）测量仪表

电极式 DO 溶氧测量仪表原理：以铂金作阴极、Ag/AgCl 作阳极，电解液为 0.1M 氯化钾（KCl），测量时，在阳极和阴极间加上 0.68V 的极化电压，氧通过渗透膜在阴极消耗，透过膜的氧量与水中溶解氧浓度成正比，因而电极间的极限扩散电流与水中溶解氧浓度成正比，通过仪表检测出电流量经运算转换成氧浓度。其现场校验时可按如下程序进行：

① 设置探头类型、盐浓度、海拔高度、单位。

② 制备饱和氧水。

方法 1　气泵鼓气法；

方法 2　快速用两个桶对倒水 10～25 次。

③ 将探头放入饱和氧水中，然后等待几分钟，直到探头显示温度与水中温度相同。

④ 输入相应的饱和氧数值，按确认键。

（3）PLC 自控设备调试

污水厂 PLC 控制系统是可编程序控制器及自动化仪表组成的检测控制系统，主要由一座中央控制室、若干座现场控制站、通信网络、检测仪表等组成，现场控制站（Local control station）以控制分区为对象，对污水处理厂各过程进行分散控制，具有独立的区域控制能力，能接受中央控制的调控，但不依赖中央控制的存在；中央控制室（CCR）对全厂实行集中管理，各分控站与中央控制室之间由工业以太网进行数据通信。

中央控制室由监控操作站、数据服务器、工程师站、打印机等组成，系统中的每台计算机应能随时独立完成图像管理控制、数据保存、系统再生、数据处理等的不同任务。其主要功能如下：

① 实时采集各个现场控制站传送的各类数据和信号。

② 在彩色监视器（TFT）显示总工艺流程图、分段工艺流程图、供电系统图、工艺参数、电气参数、电气设备运行状态等。

③ 操作站以"人-机"对话方式指导操作，自动状态下，可用键盘或鼠标设定工艺参数、控制电气设备。

④ 根据采集到的信息，自动建立数据库，保存工艺参数、电气设备运行状态、报警数据、故障数据，并自动生成工艺参数的趋势曲线。

⑤ 按生产管理要求打印年、月、日、班运行报表以及报警报表、故障报表、工艺流程图（彩色硬拷贝），并能实时报警打印和故障打印。

现场控制站主要由可编程序控制器、输入、输出模块、触摸屏、工业交换机、24VDC 电源装置、总线隔离器、电断路器、接线端子、小型继电器，安装连接缆线和附件等组成。其主要功能如下：

① 按控制程序对所辖工段内的工艺过程、电气设备进行自动控制。

② 通过 ETHERNET 与中央控制室的监控管理系统进行通信。向监控管理系统传送数据，并接受监控管理系统发出的开停机命令。

③ 在操作屏上显示所辖工段的工艺流程图、工艺参数、电气参数及设备运行状态。通过人机界面设定工艺参数，控制电气设备。

④ 采集的主要工艺参数有水位差、水位、流量、压力、温度、酸度、溶解氧、MLSS、COD、浊度、电流、电压、功率等。

PLC 设备的调试，是在 PLC 设备运抵用户现场且安装工作结束后，在 PLC 设备出厂前工厂调试已合格的基础上，对 PLC 进行的现场调试。从保证 PLC 自身的安全和确保整个自控系统调试进度满足工期要求出发，一般将 PLC 的现场调试工作划分成 PLC 的现场离线调试和 PLC 的现场在线调试两个阶段进行。调试人员在开展调试工作前，必须准备好以下工作：

① 了解系统的硬件配置和软件组态情况。

② 熟悉 PLC 的系统操作手册、系统软件组态手册等厂家提供的技术文件。

③ 了解 PLC 的模拟量 I/O、开关量 I/O 和脉冲量输入通道的分配情况。

④ 准备好与调试工作有关的施工图纸和说明书等技术资料。

⑤ 准备好调试工作所需的检测仪器和通信工具等。

1）PLC 的现场离线调试

现场离线调试即在 PLC 没有与现场仪表连接之前进行的调试，可按 PLC 的硬件调试、PLC 的软件调试和 PLC 的系统模拟调试三个步骤进行。

① PLC 的硬件调试：

a. 依据施工接线图和 PLC 回路原理图，对盘、柜、站间的所有接线逐一进行检查核对，确保接线正确无误，接触良好。

b. 对 PLC 各接地系统的连接情况进行检查，测量其接地电阻是否满足设计要求。

c. 检查各站、柜内的所有保险丝是否完好无损。检查 UPS 的输入电压和输出电压是否符合设计要求。确认各站、柜内的电源开关均处于"off"位置后，向 PLC 供电。

d. 检查试验各站柜内的冷却风扇运转是否正常。

e. 对辅助机柜内的安全栅、继电器、转换单元等进行检查测试。

f. 逐个给各站、柜内的电源模件单元送电，用直流数字电压表测量其输出的各档直流电压，对超限的电压要进行调整。

g. 逐个接通各站柜内的 CPU 卡、存贮卡、通信卡、辅助卡及其他卡件上的电源开关，根据各卡件上对应状态指示灯的指示状态判断各卡件的工作是否正常。

h. 对备用电源进行切换试验，检查备用电源模件是否能及时启动与切换。

i. 对 PLC 硬件进行综合检查，一般的 PLC 厂家均提供了一套系统硬件的测试诊断程序，所以通过运行硬件的自诊断程序，利用站上的屏幕显示，即可完成系统硬件的测试工作。

② PLC 的软件调试：

a. 软件调试前，调试人员先在操作员站上将存贮在硬盘或磁带上的已经安装过"工厂级"组态好的控制软件调出，分别下行加载到各控制站、监测站的内存中。

b. 在安装调试阶段对 PLC 软件的调试，主要是通过对操作站各项功能的检查、组态检查、冗余设备切换功能检查等来进行检查测试。

c. 操作站的功能测试包括：操作监视功能、操作应用功能、运行管理功能、用户自定义功能、趋势记录功能等。具体检查方法可按照系统操作手册中的说明进行。

d. 用户应用软件的检查测试包括：检查测试数据库生成、历史库（包括趋势图）生成、图形生成、控制回路组态等应用软件，主要方法是在操作站上通过各种键盘操作，调出要检查的各种显示画面，与对应的组态设计（数据）表进行比较核对。

e. PLC 冗余设备切换功能检查包括：检查 CPU、通信模件、电源模件、I/O 模件等重要模件冗余措施。

③ PLC 的系统模拟调试。

PLC 的离线调试期间，PLC 不应与现场仪表连接。在此阶段分别进行检测系统、调节系统、报警系统和联锁系统的模拟调试，目的是为了测试 PLC 的各输入输出通道是否都已打通，PLC 的各个部分是否都已处于正常工作状态，同时为下一阶段的在线调试创造条件。

a. 系统模拟调试的方法：可调电阻箱与直流毫安表（0～25mA）串联，模拟变送器的输入信号，安装至 I/O 柜的变送器端子上；用开关模拟开关量输入信号；用电压、功率相符的信号灯模拟开关量输出信号；用脉冲信号发生器输出的脉冲信号模拟脉冲量输入信号；用 $250\sim750\,\Omega$ 的直流电阻作为调节器输出端的模拟负载电阻，串联一个 $0\sim25\text{mA}$ 的直流毫安表后，按到 I/O 柜的调节器输出端子上。

对 PLC 的各输入输出通道逐一进行模拟调试。当检查某一个回路时，在操作员站的 CRT 上调出该回路的画面，改变模拟输入信号，观察画面上的测量指示值、报警值是否符合要求；通过键盘操作，用手动或自动方式改变画面上调节器的输出信号，在输出端子上测量其输出值，检查两者是否一致。

b. 联锁系统的模拟调试。调试人员可自制一个模拟板，安装一系列的小开关和信号灯，用来模拟各输入输出点的"I"或"O"状态。一般"I"表示开关通，灯亮；"O"表示开关断，灯灭。准备部分毫安、毫伏、电阻等模拟信号发生器，用来提供联锁调试所需的模拟信号。根据联锁系统的联锁控制原理和动作程序逐步进行调试。

2）PLC 的现场在线调试

① 现场在线调试应具备的条件：

a. PLC 的现场离线调试工作已全部结束，调试结果得到调试小组各方的确认。

b. 现场仪表的全部安装工作都已完成，仪表系统已具备了同 PLC 连接的条件。

c. 电气专业的调试工作已结束，与电气专业的接口已具备接收和输出信号的条件。

d. 有关工艺参数的整定值（报警动作值、联锁动作值等）均已得到确认。

② 现场在线调试方法：

a. 将现场各类传感器、变送器、执行器等按照施工接线图和回路原理图正确连接到 PLC 的相应接线端子上。

b. 在检测系统、调节系统的信号发生端（变送器或检测元件处）输入压力、DO 值、MLSS 值、毫安等模拟信号，在 CRT 上调出相应的回路显示画面，观察测量指示值是否符合系统精度要求，输入模拟信号至少应检查 0、50%、100%三个点。

在操作员站上通过键盘操作，让调节器以手动或自动方式输出 $4\sim20\text{mA}$ 的控制信号，观察执行机构的动作方向和行程是否符合设计要求。一般检查 4mA、12mA、20mA 三个点对应的行程误差。

c. 对各种成分分析仪表，用事先配备好的标准样液浸泡分析仪表的探头，观察操作员站 CRT 画面上的显示值是否与标准样液的已知浓度相符。

d. 报警系统的调试可与检测系统、调节系统输入回路的调试结合进行，即在给有报警要求的检测、调节回路输入模拟信号时，让模拟信号超越报警设定值，检查操作员站 CRT 上的报警显示情况是否与设计相符。

e. 联锁系统的调试必须谨慎、细致，因为它关系到装置的安全生产，在调试中必须给予足够的重视。

联锁系统的在线调试，应按联锁控制原理图逐项进行。须在现场制造联锁源，模拟联锁的工艺条件，观察联锁动作程序和联锁结果是否与设计相符。

联锁系统的调试除应进行分项分系统试验外，还应进行整套系统的联动试验。

f. 在系统调试过程中，调试人员应会同设计人员及建设单位的工艺、设备等专业人员共同对现场的报警源、联锁源的整定参数进一步予以确认和整定。

3. 通水调试技术

（1）通水调试的目的

通水调试是全厂建、构筑物及所有工艺设备、管道、电气参加投料运行状况的检测，是污水处理工程投入运行前的一个重要施工过程。通水的主要目的：

1）检验构筑物池体、渠道的工艺性能。

2）进行设备的单机负荷调试。

3）考核工艺管道性能。

4）考核电气系统性能。

（2）通水试运行的准备工作

1）所有设备已进行单机无负荷调试。

2）厂区各类工艺管道已安装完毕且已试验合格。

3）厂区所有构筑物已施工完毕、满水试验合格并已清理完成。

4）配电系统安装调试完毕。

5）具备满足通水调试需要的水源（水源可为中水或自来水）。根据图纸计算出进水水量及进水时间，某工程进水量、进水时间见表 4.18-1。

某工程进水水量及进水时间统计表　　　　　　　　　　　　　表 4.18-1

序号	构筑物名称	长(m)	宽(m)	深(m)	贮水量(m³)	进水时间(h)
1	进水混合池	40	20	3.5	2800	0.7
2	粗格栅及进水泵房	19.6	25.6	4	2007	0.5
3	1 号初沉池	52.8	25.5	4	5386	1.3
4	2 号初沉池	52.8	25.5	4	5386	1.3
5	1 号生物池	133	60	8	63840	16.0
6	2 号生物池	133	60	8	63840	16.0
7	1 号二次沉淀池	直径 48		5	9043	2.3
8	2 号二次沉淀池	直径 48		5	9043	2.3
9	3 号二次沉淀池	直径 48		5	9043	2.3
10	4 号二次沉淀池	直径 48		5	9043	2.3
11	紫外线消毒渠及排江泵房	17.4	26.6	4	1851	0.5
12	小计				181282	45.3

6）通水调试人员掌握设备的操作及维护规程，并经过培训，具备上岗资格。

7）调试所需要的工器具及检测仪器配备齐全。

（3）通水试运行的检查内容

1）工艺设备及电气设备检验

按照设计的污水处理流程逐个进水各构筑物至设计水位，进水的同时操作工艺设备，设备进行测试内容见表 4.18-2。

工艺设备及电气设备测试内容　　　　　　　　　　　　　表 4.18-2

序号	区域	设备名称	操作	检查测试内容
1	进水混合池	垂直式搅拌机	设备开启前，打开冷却水管阀门	旋转方向、转速符合设计要求；设备应运行平稳，无异常振动和噪声；运行电流、电压正常
		闸门	未进水时试运行，进水时关闭	闸门关闭时观察渗漏量符合规范要求；操作灵活手感轻便，螺杆副的旋合平稳，门板无卡位、突跳现象，限位正确，启闭机的过载保护机构应动作灵敏可靠；运行电流、电压正常

序号	区域	设备名称	操作	检查测试内容
2	粗格栅站	钢丝绳式格栅除污机	设置自动定时开停,累计运行时间大于2h	应传动平稳,耙齿与栅条正确啮合、无卡位、突跳现象,过载装置动作灵敏可靠;在最大设计水位条件下,检验除污效果,耙上的垃圾应无回落渠内的现象;中格栅处无大于2mm杂物;运行电流、电压正常
		无轴螺旋输送机	设置自动定时开停,累计运行时间大于2h	应传动平稳,无异常噪声,过载装置动作灵敏可靠;密封罩和盖板处无物料外溢现象;按设计要求与粗格栅联动运行;运行电流、电压正常
		栅渣压实机	设置自动定时开停,累计运行时间大于2h	应传动平稳,无异常噪声,过载装置动作灵敏可靠;密封罩和盖板处无物料外溢现象;按设计要求与粗格栅联动运行;运行电流、电压正常;压出的污水排水通畅
		闸门	进水时开启	闸门关闭时观察渗漏量符合规范要求;操作灵活手感轻便,螺杆副的旋合平稳,门板无卡位、突跳现象,限位正确,启闭机的过载保护机构应动作灵敏可靠;运行电流、电压正常
3	进水泵房	不堵塞潜水污水泵	现场控制设置到手动	逐台检测水泵的扬程及流量(从进水流量处观察数据),运转时应平稳、无异常声音和振动;运行电流、电压正常;定子高温、泄漏保护动作可靠
4	中格栅	回转式固液分离机	设置自动定时开停,累计运行时间大于2h	应传动平稳,耙齿与栅条正确啮合、无卡位、突跳现象,过载装置动作灵敏可靠;在最大设计水位条件下,检验除污效果,耙上的垃圾应无回落渠内的现象;运行电流、电压正常
		无轴螺旋输送机	设置自动定时开停,累计运行时间大于2h	应传动平稳,无异常噪声,过载装置动作灵敏可靠;密封罩和盖板处无物料外溢现象;按设计要求与粗格栅联动运行;运行电流、电压正常
		栅渣压实机	设置自动定时开停,累计运行时间大于2h	应传动平稳,无异常噪声,过载装置动作灵敏可靠;密封罩和盖板处无物料外溢现象;按设计要求与粗格栅联动运行;运行电流、电压正常;压出的污水排水通畅
		进水闸门	进水时开启	闸门关闭时观察渗漏量符合规范要求;操作灵活手感轻便,螺杆副的旋合平稳,门板无卡位、突跳现象,限位正确,启闭机的过载保护机构应动作灵敏可靠;运行电流、电压正常
5	旋流沉砂池	立式桨叶机	现场控制设置到手动,累计运行时间大于2h	检测设备转速;设备应运行平稳,无异常振动和噪声,运行电流、电压正常
		涡轮砂泵	设置自动定时开停,累计运行时间大于2h	逐台检测水泵的扬程及流量;设备应运行平稳,无异常振动和噪声;进砂管、溢水管的连结应无渗水现象;运行电流、电压正常
		螺旋式砂水分离器	设置自动定时开停,累计运行时间大于2h	应传动平稳,无异常噪声,过载装置动作灵敏可靠;密封罩和盖板处无物料外溢现象;按设计要求与涡轮砂泵联动运行;运行电流、电压正常;污水排水通畅
		进水闸门	达设计水位时开启	闸门关闭时观察渗漏量符合规范要求;操作灵活手感轻便,螺杆副的旋合平稳,门板无卡位、突跳现象,限位正确,启闭机的过载保护机构应动作灵敏可靠;运行电流、电压正常
6	细格栅站	转鼓式格栅	设置自动定时开停,累计运行时间大于2h	应传动平稳,耙齿与栅条正确啮合、无卡位、突跳现象,过载装置动作灵敏可靠;在最大设计水位条件下,检验除污效果,耙上的垃圾应无回落渠内的现象;运行电流、电压正常
		闸门	进水时开启	闸门关闭时观察渗漏量符合规范要求;操作灵活手感轻便,螺杆副的旋合平稳,门板无卡位、突跳现象,限位正确,启闭机的过载保护机构应动作灵敏可靠;运行电流、电压正常

续表

序号	区域	设备名称	操作	检查测试内容
7	初沉池	链条刮泥机	现场控制设置到手动,累计运行时间大于 6h	动作时设备运行平稳,链板无突跳现象;无异常啮合杂声;转速、功率等性能指标应符合有关技术条件;电机电流、电压、温度正常
		撇渣管	现场控制设置到手动	撇渣管开到位时浮渣能顺利进入渣管,关到位时管口高于水池水位并与水面平行;传动装置的旋合平稳,无卡位、突跳现象
		污泥泵	现场控制设置到手动,累计运行时间大于 2h	逐台检测水泵的扬程与流量(观察污泥流量计数据);运转时应平稳、无异常声音和振动;运行电流、电压正常;定子高温、泄漏保护动作可靠
		出水槽		现场观察出水出水均匀,出水口水位符合设计要求
		进水闸门	进水时开启	操作灵活手感轻便,螺杆副的旋合平稳,门板无卡位、突跳现象,限位正确,启闭机的过载保护机构应动作灵敏可靠;运行电流、电压正常
8	生化池	混合液回流泵	现场控制设置到手动,累计运行时间大于 2h	逐台检测水泵的扬程与流量;运转时应平稳、泵筒无异常声音和振动;运行电流、电压正常;定子高温、泄漏保护动作可靠
		潜水推进器	现场控制设置到手动,达设计水位时开启	观察推流方向、转速符合设计要求;运转时应平稳、无异常声音和振动;运行电流、电压正常;定子高温、泄漏保护动作可靠
		可提升式大叶片推进器	现场控制设置到手动,达设计水位时开启	观察推流方向、转速符合设计要求;运转时应平稳、无异常声音和振动;运行电流、电压正常;定子高温、泄漏保护动作可靠
		空气调节电动蝶阀		根据进水水位进行 0～100% 手动调节;操作灵活手感轻便,限位正确,过载保护机构应动作灵敏可靠;开度量显示正确;与管道连接牢固无泄漏
		出水堰板		现场观察出水口出水均匀,出水口水位符合设计要求
		进水闸门	进水时开启	闸门关闭时观察渗漏量符合规范要求;操作灵活手感轻便,螺杆副的旋合平稳,门板无卡位、突跳现象,限位正确,启闭机的过载保护机构应动作灵敏可靠;运行电流、电压正常
9	配水井	污泥流泵	现场控制设置到手动,累计运行时间大于 2h	运转逐台检测水泵的扬程及流量(观察污泥流量计数据);时应平稳、无异常声音和振动;运行电流、电压正常;定子高温、泄漏保护动作可靠
10	二沉池	刮吸泥机	现场控制设置到手动,累计运行时间大于 6h	应传动平稳、撇渣板和刮泥板等部件均无卡位、突跳现象,过载装置动作灵敏可靠;检验撇渣效果;现场观察出水口出水均匀,出水口水位符合设计要求;电机电流、电压、温度正常
		污泥套筒阀	二沉池出水时开启	操作灵活手感轻便,管路及排泥筒排水顺畅,排泥筒上、下限位标高符合设计要求
11	排江泵房	潜水轴流泵	现场控制设置到手动,累计运行时间大于 2h	逐台检测水泵的扬程及流量(从出水流量处观察数据),运转时应平稳、无异常声音和振动;运行电流、电压正常;定子高温、泄漏保护动作可靠
		进水闸门	进水时开启	闸门关闭时观察渗漏量符合规范要求;操作灵活手感轻便,螺杆副的旋合平稳,门板无卡位、突跳现象,限位正确,启闭机的过载保护机构应动作灵敏可靠;运行电流、电压正常
12	鼓风机房	电机驱动单级高速离心式鼓风机	现场控制设置到手动,生物池满水时开启	逐台检测风机的扬程及流量(从空气流量处观察数据),观察对鼓风机的噪声及振动进行检测,高温、过电流等保护动作灵敏可靠

序号	区域	设备名称	操作	检查测试内容
13	供配电系统	配电箱、控制箱		内部元器件温度正常、无异常响声；按钮、转换开关动作准确、灵活；设备保护装置动作迅速可靠，指示灯颜色正确，电流表、电压表显示准确，内部接线牢固无打火发热现象
14	曝气管路系统	空气主管道及曝气装置	生物池满水时开启对应的阀门	空气流量、出口压力符合设计工艺要求；管道畅通无堵塞、积水；阀门与构筑物、管道连接牢固无渗漏；阀门操作轻便灵活、限位正确；能有效地将来自鼓风机的有压空气，均匀地扩散于水体中，并能保持有效的充氧效果，停止供气时有效的闭合，并不会造成池底的积泥

2) 回流系统检测

当各构筑物达到设计水位后，按设计工艺要求分别检测内回流及外回流系统的性能，主要检测内容参照表 4.18-3。

回流系统检测内容 　　　　　　　　　　　　　　　　　　表 4.18-3

序号	系统	设备名称	操作	检查测试内容
1	内回流	进水闸门	渠道水位到设计水位时开启	水泵开启时观察渗漏量符合规范要求；操作灵活手感轻便、螺杆副的旋合平稳、门板无卡位、突跳现象，限位正确，启闭机的过载保护机构应动作灵敏可靠，运行电流、电压正常
		内回流泵	现场控制设置到手动，累计运行时间大于 2h	逐台检测水泵的扬程及流量；运转时应平稳、泵筒无异常声音和振动；运行电流、电压正常；定子高温、泄漏保护动作可靠
		渠道		观察渠道无渗漏，最大水量时溢流
2	外回流	外回流泵	现场控制设置到手动，累计运行时间大于 2h	逐台检测水泵的扬程及流量(观察外回流流量计数据)；运行时应平稳、无异常声音和振动；运行电流、电压正常；定子高温、泄漏保护动作可靠
		渠道		观察渠道无渗漏，最大水量时溢流
		管道		观察渠道无渗漏，最大水量时回流

3) 放空系统检测

构筑物达设计水位且设备的负荷运行时间达 2h 以上时，分别对各构筑物进行放空。

① 关闭相应的进水闸门，开启相应的超越闸门。

② 开启对应的放空阀门前检查闸门、阀门与构筑物、管道连接是否牢固，无渗漏。

③ 打开相应的井盖，观察水流情况。

④ 逐个开启放空阀门，检查管道排水是否畅通、无渗漏，各处检查井有无溢流等情况。

4. 全厂联动调试技术

联动调试一般指在污水厂进水后 24～72h 连续运行，主要是对设备和工艺的自控、远控、保护、联动等设计参数及逻辑关系的测试。在这一阶段中，以工艺参数作为实际运行指导，根据实际进水水量和水质情况，通过调整合适的工艺控制参数，以保证运行的正常进行和使出水水质达标的同时尽可能降低能耗。

结合七格污水厂三期工程（处理规模 60 万 t/d）的 AAO 脱氮除磷生物处理工艺的现场调试经验，针对工艺设备多、逻辑关系复杂的系统，总结了污水水力提升、格栅除污、生物处理、污泥浓缩脱水系统联动调试技术。

（1）污水水力提升联动调试技术

1）联动设备概况

该厂进水提升泵房设置 10 台进水泵机组（其中 8 台为直接启动，有 2 台配置变频启动），进水提升泵房分为两仓，每组设 1 台超声波液位计、5 台进水泵机组（其中 4 台为直接启动，有 1 台配置变频启动），其主要功能提升进水水池的污水至设计高程，并实现各台水泵均等、平稳、高效地运行。

2）污水提升泵组启泵控制程序

每组潜水泵的启停依据本仓测量的水位，当水位达到启泵水位后开启第 1 台水泵；当水位超过一个设定的高位值，并且在设定的时间间隔内水位保持在设定的高位值以上时，将增加一台水泵投入运行。控制系统应能监视泵的启动和停止过程，如泵故障应报警并选择代替的泵。七格污水厂三期工程启动泵组程序如图 4.18-1 所示。

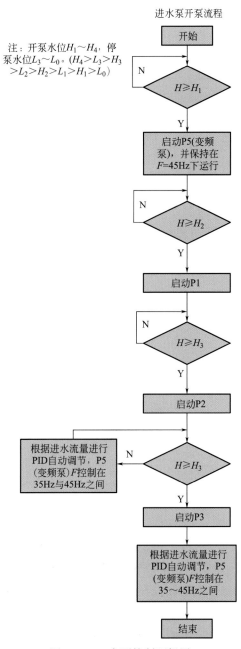

图 4.18-1　启泵控制逻辑图

P5、P10 为变频泵，P1～P4、P6～P9 为工频泵，P4、P9 备用

3）污水提升泵组停泵控制程序

当集水井水位低于设定的低位值，并且在设定的时间间隔内水位维持在设定的低位值以下时，将减少一台水泵运行。七格污水厂三期工程停泵控制程序如图4.18-2所示。

4）污水提升泵组启停泵优先程序

设计的控制程序按每台水泵累计运行时间值优先循环启动可供使用的泵，使泵组的每台泵运转时间大致均衡。

控制程序使每一台泵每小时启动次数少于6次，且不论何种情况，不得同时启动2台及2台以上水泵。

所有状态在中央控制室内监控系统可观察并记录，发生故障时在中控室有报警提示，提醒操作人员现场检查。

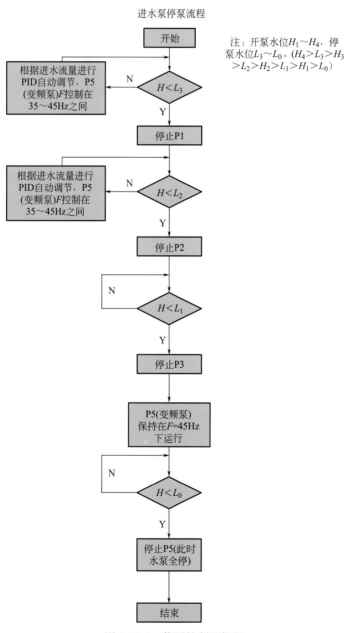

图 4.18-2　停泵控制逻辑图

P5、P10 为变频泵，P1～P4、P6～P9 为工频泵，P4、P9 备用

（2）格栅除污机联动调试技术

1）联动设备概况

格栅除污机的功能是去除污水中漂浮物，以保证污水处理系统的正常运行。主要联动控制设备一般由格栅除污机、前后液位计、螺旋输送机和压渣机组成。

2）定时间隔联动运行

定时间隔联动运行是格栅除污机根据时间间隔及持续时间的定时方式来运行。时间间隔及持续时间可用时间继电器来设定，时间间隔应能从 0 调整到 24h，但每一档不少于 30min，持续时间应能从 0 调整到 24h，但每一档不少于 5min，一般最初应将时间间隔设置为 3h，持续时间为 15min，最后可根据污水中杂物处理的效果设定。螺旋输送机和压渣机应与除污机同时起动运行，在除污机停止运行后，螺旋输送机和压渣机将继续运行 120s 后停机，即同时开，延时关，延时时间约 2min（可设定），输送机停机后，再延时约 1min 停止压渣机运行。所有状态在上位监控系统可观察并记录，发生故障时在中控室有报警提示，提醒操作人员现场检查。

3）液位差联动运行

每一格栅的前后安装有液位测量，根据液位差检测格栅是否堵塞。如果液位差超过控制器设定的数值，则除污机开始连续工作，同时螺旋输送机和压渣机应与除污机同时起动运行，直至液位差低于设定的数值，如果液位差继续增加，应触发警报，并且除污机继续工作。另外，格栅故障报警的复原应由操作人员进行，不能设置自动恢复。预先设定的液位差的范围不宜超过 0.3m，每一档不大于 0.05m，每套格栅应被独立控制。所有状态在上位监控系统可观察并记录，发生故障时在中控室有报警提示，提醒操作人员现场检查。

（3）污水生物处理联动调试技术

1）联动设备概况

经过预处理的污水依次流经厌氧段、缺氧段和好氧段，达到有机物的降解和脱氮除磷的处理效果。污水进入厌氧段进行污泥放磷，混合液内回流至缺氧段进行反硝化，使氮气逸出脱氮；好氧段进行 BOD_5 降解和有机碳去除、NH_4-N 硝化以及污泥吸磷，通过二沉池沉淀后剩余污泥排放除磷。生物反应池中活性污泥浓度依靠外回流泵，通过调节来自污泥泵房的外回流污泥流量与污水进水混合来维持，保证其生物处理所需的生化反应能力；内回流泵按一定比例将混合液调节进入缺氧段，进行反硝化并去除硝态氮。污水生物处理主要参与的设备有鼓风机、内回流泵、外回流泵、潜水推进器、搅拌器、闸门、空气调节阀等，主要参与的仪表为溶解氧、氧化还原电位、污水流量计、空气管压力、流量等。

2）鼓风曝气 PID 调试技术

鼓风曝气好氧处理是生物处理工艺一个非常重要的环节，也是污水处理厂能耗消耗最大的设施。自控系统正式切入前，应测定曝气池内各阶段溶解氧的时空分布，手动调节对应的空气管支管阀门，使厌氧、缺氧、好氧区域的溶解氧达到设计提的要求，确定鼓风机开启台数和最经济有效的运行模式。

传统的鼓风曝气控制是通过独立的空气调节阀门的开度来调节鼓风曝气风量，完成生物池内溶解氧的控制调节，使之好氧段溶解氧 DO 的控制目标值保持在 2～3mg/L 之间。由于生物反应过程带来的系统调节滞后性，调试时初始设定每 1min 进行 5s 的调节阀门的开度调节，同时阀门的开启、关闭速度为每 5min 动作不超过 3%，同时所有空气调节阀的阀门开度要设置下限，以避免总管风量的快速变化引起鼓风机的喘振。

上述传统依据溶解氧测量值进行曝气流量调节控制，会因污水处理过程实际耗氧状况的非线性以及仪表检测滞后性而引起生物池溶解氧的过大波动，而且过多依赖于溶解氧测定仪的测量准确性和稳定性。曝气流量 PID 调节技术是当进水水质发生相对较大变化，引起溶解氧的波动，系统将根据溶解氧的变化趋势、溶解氧的控制目标，结合进出水的水质参数，重新设定配气流量控制目标值，及时调整曝气量，克服扰动，使溶解氧快速恢复到目标值；当来水水质和水量相对较稳定，而曝气系统中因鼓风机组出口压力、流量波动或其他调节回路动态调节引起本控制回路流量波动时，系统根据所测流量值的变化及时调节，迅速改变调节阀的开度，保持配气流量不变，系统干扰未影响到溶解氧前已经被克服，即使有干扰，波动也很小。

3）混合液内回流比 IRQ 调试技术

混合液内回流比的调节控制是整个系统控制的一个重要环节，通过设置最佳的内回流比可有利于充分发挥硝酸盐在反硝化过程中置换出的氧，这样可消耗进水污水中的碳原C，去除BOD，从而节省好氧段的曝气量，降低能耗。

为保证A/A/O工艺正常运行，达到稳定的脱氮除磷效果，回流污泥泵和内回流污泥泵分别从1台开始起动，观察厌氧段和缺氧段的溶解氧变化值、污泥浓度变化值、氧化还原值，逐步提高水泵流量，最终达到设计规模和设计的出水水质要求。

调试时利用设置在缺氧段线检测仪表氧化还原电位（ORP）的数据来控制混合液内回流泵的运行数量和运行时间，如发现缺氧段ORP值（设定在－100mV）升高，说明内回流带入的DO太多，要降低内回流泵比；如发现缺氧段ORP值（设定在－1000mV）降低，说明内回流带入的DO太少，要提高内回流泵比；调试时分析总进水量、进水TN（总氮）、缺氧段ORP值之间回流比的关系，总结出最佳内回流比。

4）外回流比的调试技术

外回流比的调节控制是整个系统控制的又一个重要环节，最佳的外回流比不仅能保持生物反应池中活性污泥浓度，还可消耗在硝化过程中产生的氢离子，产生大量的碱度，从而有利于A_2O生物反应池中硝化反应过程的进行，防止二沉池硝酸盐浓度过高，反硝化后氮气逐出，从而影响沉降效果。在保证二沉池不发生反硝化及二次放磷的前提下，外回流比一般在50%～100%之间，以免将太多的硝态氮带回厌氧段，影响脱磷效率。

调试时利用设置在厌氧段线检测仪表氧化还原电位（ORP）的数据来控制外回流泵的运行数量和运行时间，在厌氧段以除磷为主时，若厌氧段混合液中的硝态氮浓度越高，ORP值也越高，就必须降低外回流比；反之，若厌氧段混合液中存在磷酸根浓度升高时，ORP值随磷酸根的浓度升高而降低，要保证脱氮除磷的效果，就必须提高外回流比；调试时分析总进水量、进水TP（总磷）、缺氧段ORP值之间回流比的关系，总结出最佳外回流比。

5）鼓风机组的调试技术

鼓风机组是污水处理厂的核心重要设备，主要功能是向生物池提供其所需空气。鼓风机现场控制由设备配套供货的LCP就地控制箱及MCP总控协调盘实现，远程控制由通过Profibus DP现场总线与PLC分控制站来实现。LCP就地控制箱面板设手动/自动转换开关，手动状态下，由面板上的操作按钮进行控制；现场自动状态下，其MCP总控协调盘设有人机操作界面HMI，MCP总控协调盘根据出风总管压力值，控制调节鼓风机的开启台数和进出口导叶片角度，使得出风管压力保持恒定；远程控制状态下，由上位监控计算机进行设定出风总管压力值，通过自动控制调节鼓风机的开启台数和进出口导叶片角度，使得出风管压力保持设定值。

（4）污泥浓缩脱水处置联动调试技术

1）联动设备概况

污泥经浓缩、脱水处理，目标是降低污泥含水率，减少污泥体积，便于污泥进一步后处置。污泥脱水系统一般由污泥浓缩脱水机组（每套机组含1台脱水机、1台污泥切割机、1台进泥泵、1台加药泵、1台电动排泥阀、1台冲洗阀）、污泥输送装置（一般由2台螺旋输送机、2台污泥输送泵）等组成。

2）污泥脱水联动调试技术

当污泥浓缩脱水机组机旁控制柜开关处于遥控状态下时，现场PLC分控站可远程控制浓缩脱水机组的投运和退出，污泥浓缩脱水机组根据污泥均质池液位高低来控制。

当污泥均质池液位增加到某个设定值 H_1 时，自动开启第 1 号组（1 号污泥切割机、1 号进泥泵、1 号加药泵、1 号脱水机、1 号电动排泥阀）和第 8 号组（8 号污泥切割机、8 号进泥泵、8 号加药泵、8 号脱水机、8 号电动排泥阀）机组，并同时启动 1 号、2 号螺旋输送机和 1 号、2 号污泥输送泵。当污泥均质池液位继续增加到某个设定值 H_2 时，再开启 2 号和 9 号机组，1 号、2 号螺旋输送机和 1 号、2 号污泥输送泵保持运行状态。依次类推，七格污水厂三期工程污泥浓缩脱水机组开机控制程序如图 4.18-3 所示。

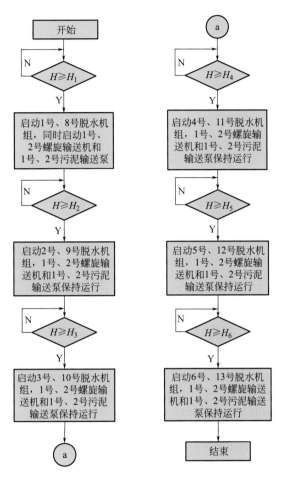

图 4.18-3　启动浓缩脱水机组控制逻辑图

注：1.1 号～7 号脱水机为第一组，7 号备用，对应 1 号螺旋输送机和 1 号污泥输送泵；

8 号～14 号脱水机为第二组，14 号备用，对应 2 号螺旋输送机和 2 号污泥输送泵。

2.开机泥位 L_5～L_6，停机泥位 L_5～L_0（$H_6 > L_5 > H_5 > L_4 > H_4 > L_3 > H_3 > L_2 > H_2 > L_1 > H_1 > L_0$）。

当污泥均质池液位下降到某个设定值 L 时，关闭 1 号（1 号污泥切割机、1 号进泥泵、1 号加药泵、1 号脱水机、1 号电动排泥）和 8 号（8 号污泥切割机、8 号进泥泵、8 号加药泵、8 号脱水机、8 号电动排泥）机组，打开 1 号、8 号冲洗阀对脱水机进行清洗；1 号、2 号螺旋输送机和 1 号、2 号污泥输送泵保持运行状态。依次类推，七格污水厂三期工程污泥浓缩脱水机组停机控制程序如图 4.18-4 所示。

当污泥均质池液位继续下降到某个设定值 L_0 时，关闭所有机组，1 号、2 号螺旋输送机延时（时间可设）停机。

PLC 系统将实时记录每套污泥浓缩脱水机组的运行时间，每次总是启动组中累计运行时间最短的一套机组；并且每次总是停止组中累计运行时间最长的一套机组，以使得组中每套机组的运行时间基本趋于相等。所有状态包括进泥量、加药量等在上位监控系统可观察并记录，发生故障时在中控室有报警提示，提醒操作人员现场检查。

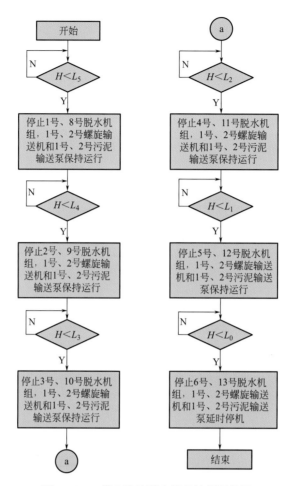

图 4.18-4　停止浓缩脱水机组控制逻辑图

注：1.1号～7号脱水机为第一组，7号备用，对应1号螺旋输送机和1号污泥输送泵；

8号～14号脱水机为第二组，14号备用，对应2号螺旋输送机和2号污泥输送泵。

2.开机泥位 $H_1 \sim H_6$，停机泥位 $L_5 \sim L_0$（$H_6 > L_5 > H_5 > L_4 > H_4 > L_3 > H_3 > L_2 > H_2 > L_1 > H_1 > L_0$）。

第 5 章

流域水环境综合治理
关键技术

如今人们日益注重与自然和谐相处，城市流域水环境综合治理被赋予新鲜血液，人们绿色环保、资源节约等意识不断加强，对身边"山、水、林、田、湖"环境保护要求不断提高。流域水环境综合治理已经从以前简单清淤、刷坡等措施升级为全面提升水环境品质，采用河道清淤及淤泥就地处置、河道生态修复、市政管网截污调蓄系统、河道智慧监测等关键技术，从而实现改善水质、打造滨河景观、提高生效益的目的。

5.1 市政排水管网截污调蓄系统关键技术

1. 技术简介

当前我国多数城市的基础设施建设较落后，采用雨水、污水合用同一管道的情况较多，合流制的排水系统使雨污分流实施不彻底，污水排入河道造成河道水环境不断恶化。而大量的雨水进入污水管网，由于雨水稀释了污水浓度，水体污染指数降低，导致污水处理厂的运行负荷增大且处理效率降低。针对合流制的排水系统，管网截污及调蓄技术是主要的解决方案。

2. 技术内容

（1）管网截污技术

管网截污技术通过在合流制排水系统末端设置截污井，并在井中设置智能弃流设备，以达到截污弃流的目的。

1）智能弃流设备的运行原理如图 5.1-1 所示：

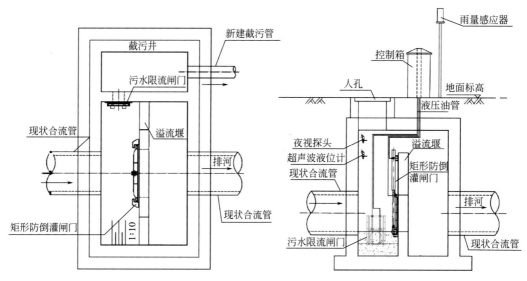

图 5.1-1 智能弃流设备运行原理图

① 旱流（晴天）时，污水限流闸门开启，矩形防倒灌闸门关闭，此时原有合流管内污水通过新建截污管进入市政污水管网。

② 雨天时（由雨量计感知），由于初期雨水（含有大量地表污染物）属于污水，需要排至污水管网，此时污水限流闸门全开，矩形防倒灌闸门关闭，现状合流管内污水通过新建截污管进入市政污水管网；当雨量持续，雨水达到排河标准时（由初雨持续时间器控制，初雨持续时间可根据当地气候进行设定调整），污水限流闸门关闭，矩形防倒灌闸门开启，相对干净的雨水直接排入河道中。

③ 截污井内设置超声波液位器，当现状合流管内运行水位超过截流井内溢流堰顶标高时，为防止污水溢流至路面，液位计发出相应信号，矩形防倒灌闸门开启，污水限流闸门关闭；当现状合流管内运行水位回落至截流井溢流堰顶标高之后，液位计发出相应信号，矩形防倒灌闸门关闭，污水限流闸门开启，恢复截污作用。

④ 当外埠河道水位超过截流井溢流堰顶时，矩形防倒灌闸门关闭，污水限流闸门开启，避免河水

倒灌进截流井。

2）智能弃流设备安装技术要点：

① 液压闸门固定须在井壁上，直径不大于 400mm 闸门采用膨胀螺栓固定，大于等于 500mm 的闸门采用化学螺栓或预埋件焊接固定。采用化学螺栓及焊接方式时，井壁须是钢筋混凝土结构。闸门安装必须横平竖直，液压缸应垂直安装。

② 液压油管沿井壁固定，出井外必须设置套管，套管宜使用镀锌钢管；超声波液位计固定在井侧，安装点位考虑液位计盲区及量程。

③ 雨量感应计及控制柜基础采用混凝土浇筑，厚度须满足膨胀螺栓锚固最小厚度。

④ 所有设备外壳均须接地。电源含 PE 线，则直接接入控制柜 PE 接地排。

（2）调蓄系统关键技术

调蓄技术通过在沿河规划绿地内建设调蓄池及设置污水一体化点源处理设备（以下简称"处理设备"）就地处理生活污水及初期雨水，使处理后水体水质达到中水标准，并作为河道补水，改善城市河道流域水质。

1）调蓄池

调蓄池采用重力式进水，提升泵压力提升排放，门式水力冲洗系统冲洗。其运行原理图如图 5.1-2所示。调蓄池运行包括 2 种工况：

① 晴天工况及降雨初期工况：截污管道闸门开启，截污管道内污水进入调蓄池，通过出水提升泵提升至处理设备处理后向河道补水。若水量不足，则开启市政管网污水闸门，引市政污水入调蓄池作为补充。若污水量超过处理设备处理能力，则出水提升泵直接将调蓄池内污水泵入市政污水官网。

② 降雨后期工况：雨水通过截污井直接排入河道，调蓄池闸门及提升泵关闭。

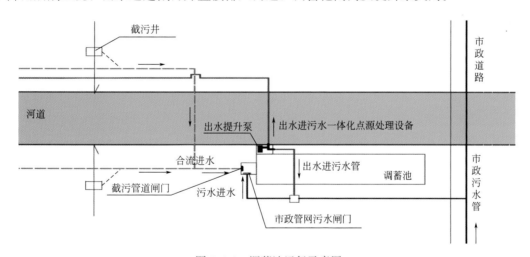

图 5.1-2　调蓄池运行示意图

③ 调蓄池施工技术要点：

工艺流程图如图 5.1-3 所示。

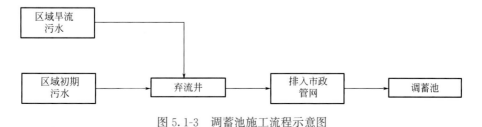

图 5.1-3　调蓄池施工流程示意图

调蓄池施工分为结构主体和设备安装两大方面。调蓄池主体结构一般采用钢筋混凝土浇筑成型。调蓄池一般为全地下式形式，在施工中支护体系的选择是施工主体的技术关键，混凝土一般采用P6、P8混凝土保证池体防水性能，是主体施工的质量保证。

设备安装：主要设备有初期雨水或污水在调蓄池中停留，将在调蓄池中沉淀积泥，因此需要对调蓄池定期冲洗，一般采用自动冲洗系统。调蓄池内安装潜污离心排水泵以及 PLC 控制柜。

（3）污水一体化点源处理设备

处理设备采用"预处理单元＋生化处理单元＋多段沉淀单元＋深度处理单元"的组合工艺（OPSM工艺），运行原理如图 5.1-4 所示。

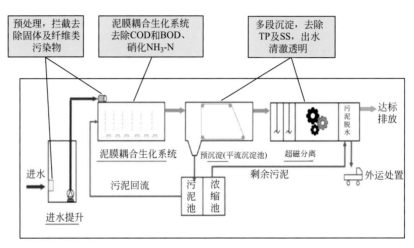

图 5.1-4　污水一体化点源处理设备运行原理图

工艺流程说明：排口和污水管网送来的污水经提升泵提升预处理，拦截去除固体及纤维类污染物。经预处理后的污水和回流污泥进入泥膜耦合生化系统，在好氧环境下利用微生物作用去除污水中 COD、氨氮等有机污染物。泥膜耦合生化系统出水进入预沉淀系统（平流沉淀池），泥水混合液进行固液分离，沉淀池底部沉淀的活性污泥回流至前端泥膜耦合生化系统，提供生化反应所需的活性污泥量。沉淀池上层出水自流进入超磁分离系统，通过在超磁分离系统内投加磁种、聚合氯化铝（PAC）和聚丙烯酰胺（PAM），使悬浮物在较短时间内形成以磁种为载体的"微絮团"，系统出水前将微絮团吸附打捞，再次进行固液分离净化，最终去除悬浮物（SS）和总磷（TP），保证水体达标排放。预沉淀多余的沉淀污泥和超磁分离产生的化学污泥进行外运处置。

5.2　无围堰河道清淤技术

1. 技术简介

城市河道由于早期规划的不够全面，经过长久的雨水冲刷，河道两岸水土流失严重，还有人们的环保意识较弱，日常生产生活产生的有机垃圾排入河道，导致河底淤泥淤积较多。如果河道淤泥不及时予以清理，日积月累，淤泥当中就会产生大量的病原菌、寄生虫、重金属以及难以降解的有毒有害物质，对人们生活的环境造成严重的污染，直接影响到人们的身体健康。因此河道清淤是城市流域水环境综合治理工程中不可缺少的环节之一。

无围堰河道清淤方法适用于不通航或水深不超过 4m 的可短时间禁航的河道。

无围堰河道清淤是在河道内先放置浮箱，水路两栖挖掘机置于浮箱上面，挖掘机安装污泥绞吸泵吸取河底淤泥，通过管道将淤泥输送至岸边封闭罐车，罐车将淤泥运至污泥处理站进行处理，使河水净化。相对于常规的围堰导流施工方法，该技术可有效降低清淤作业期间对河道行洪能力的影响，缩短施工工期。

某河道清淤现场如图 5.2-1 所示。

图 5.2-1　某河道清淤现场

2. 技术内容

（1）施工工艺流程

无围堰河道清淤施工工艺流程如图 5.2-2 所示。

（2）技术要点

1）清淤设备组装

① 浮箱安装。

在水陆两栖挖掘机机身两侧安装两个增大浮力的浮箱，如图 5.2-3 所示，确保水陆两栖挖掘机可漂浮在水面作业。安装浮箱前需对浮箱进行严密性试验，以确保浮箱严密性无渗漏。浮箱移动通过水陆两栖挖掘机动力系统行走，浮箱采用钢板焊接组装，吃水深度应不超过水箱高度的 70%。

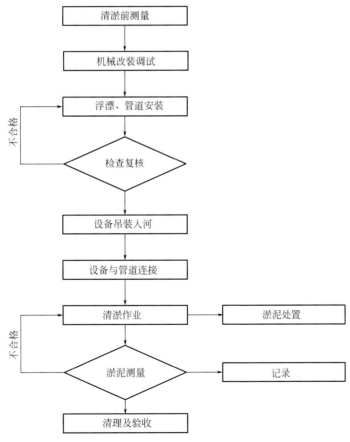

图 5.2-2　无围堰河道清淤施工工艺流程图

② 绞吸泵安装。

绞吸泵安装前需将水陆两栖挖掘机的挖斗拆除，将绞吸泵安装在挖斗位置，如图 5.2-4 所示，并使绞吸泵和两栖挖掘机的液压动力管路连接紧固。绞吸泵应根据淤泥处置量进行合理选择，淤泥厚度作为发动机功率的选择依据之一，在柴油发动机的驱动下进行吸淤作业。

图 5.2-3　水陆两栖挖掘机加装浮箱

2）设备调试

设备改装完成后，需对绞吸泵进行正转、反转测试，试运转保证机械正式工作时无故障，如图 5.2-5 所示。

图 5.2-4　绞吸泵安装

图 5.2-5　绞吸泵及设备调试

3）机械入河

机械进河施工作业一般采用两种方式，根据现场施工情况可分为直接开入河中，或者采用吊装方式。

机械直接入河：根据现场施工条件直接开进河中的浮箱上，在挖掘机行进过程中应采取必要的安全措施，确保行进全程安全。

图 5.2-6　管道浮漂安装

机械吊装至浮箱：机械吊装应按吊装方案执行。吊装机械设备选择应考虑以下因素：①计算水陆两栖挖掘机、绞吸泵、浮箱整体重量；②测量吊装设备与水陆两栖挖掘机入河的河面高程、位置。

4）管道安装

①浮漂安装。

根据管道直径、管道材质、运行重量选择相匹配的浮漂，安装前逐个检查浮漂的完整性，并对浮漂进行气密性测试，测试合格后方可安装，如图 5.2-6 所示。

②管道连接。

绞吸泵出口与管道连接处选择具有一定柔韧性、可弯曲钢丝橡胶管道，连接方式为法兰连接；其他部位管道可选择连接可靠、抗冲击能力好、抗应力开裂性好、耐化学腐蚀、耐老化的 PE 管材，连接方式亦采用法兰连接。

　　5）清淤作业

　　① 清淤前设备性能检查。

　　施工作业前，对机械设备安全使用性能做好检查，对特种施工作业人员进行教育。对绞吸泵进行挖、剪、绞吸、射吸等基本操作检查，若发生异常，则检查动力系统管路是否连接正常；螺栓是否紧固，确认系统正常运行后开始清淤施工。

　　② 清淤施工。

　　按图纸桩段逐段进行清淤作业，如图 5.2-7 所示，将淤泥通过绞吸泵泵送管道输送至封闭式储罐车，由储罐车将淤泥运至污泥处理站进行处理。在施工过程中，机械操作人员通过显示屏上的铰刀头的相对设计断面来控制铰刀位置，提高开挖精度。

图 5.2-7　清淤作业

5.3　河道淤泥"无害化"处理技术

1. 技术简介

　　随着城镇加大河道水环境治理措施，由河道清淤出来的淤泥需要二次处理，其含水量多达 80% 以上，常规处理方法是将淤泥在晾晒场晾晒后再外运至弃土场，其缺点是晾晒周期长、占用场地大，成本高，且污染环境。近几年，河道淤泥"无害化""资源化"处理措施被推广应用。

　　河道淤泥"无害化"处理，是在城镇现有污水管网附近布置淤泥处理站，承担一定区域的河道淤泥处理任务。淤泥处理站将淤泥中的污水脱离并经初级处理后排至污水管网由污水处理厂进一步处理；淤泥脱水后的淤泥经分离、化学处理用于建筑材料制造。

　　河道淤泥处理站规模小、投资少、"无害化"处理效果好。

　　淤泥处理工艺如图 5.3-1 所示。

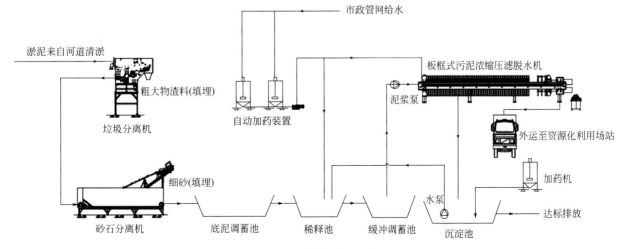

图 5.3-1　淤泥处理工艺

2. 技术内容

（1）施工工艺流程

河道淤泥"无害化"处理施工工艺流程如图 5.3-2 所示。

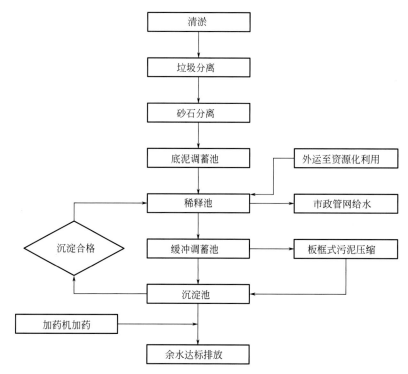

图 5.3-2　河道淤泥"无害化"处理施工工艺流程图

（2）技术要点

1）垃圾分离

淤泥垃圾分离采用垃圾分拣设备，其主要部件"过滤筛面"由楔形钢棒经精密研磨制成的不锈钢平面构成，分拣设备的过滤目数根据所筛选介质特性确定。

垃圾分拣设备工作原理：淤泥泥浆通过绞吸泵由管道输送至倾斜筛面上，由于筛网表面间隙小、平滑，背面间隙大，排水顺畅，不易阻塞，在振动的作用下，固态物质被截留，过滤后的水从筛板缝隙中流出，同时在水力作用下，固态物质被推到筛板下端排出，从而达到固液分离的目的。筛分出的粗大物料垃圾按照相关规定进行后处理。

2）砂石分离

经垃圾分离后的淤泥采用砂石分类机进行三级筛分处理，筛分出碎石、砂、粉砂。碎石与砂经过水洗后可直接用作建材粗细骨料；粉砂可用作混凝土砌块掺合料，与黄土搅拌后可用于建筑或绿化垫层等。

3）底泥调蓄池、稀释池、缓冲调蓄池、沉淀土工池防渗处理

① 底泥调蓄池、稀释池、缓冲调蓄池及沉淀池土工池，如图 5.3-3、图 5.3-4 所示，其深度均为 2.0～3.0m，铺设防渗土工膜，土工膜为两布（土工布）一膜（HDPE 膜）结构，土工布及 HDPE 规格均为 400g/m²，HDPE 膜连接采用热熔焊接。

② 土工膜铺设要求：

a. 土基表面应平整顺直，并碾压密实，压实度达到 95%，土基表面平整度控制在 ±2cm/m²。

b. 清洁度：垂直深度 2.50cm 内不得有树根、瓦砾、石子、混凝土颗粒等尖棱杂物。

c. 铺设施工气候要求：气温 5～40℃为宜，考虑到土工膜的热胀冷缩性，根据以往工程经验，气温

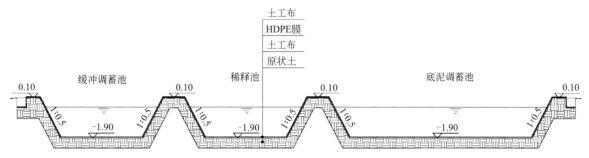

图 5.3-3　底泥调蓄池、稀释池、缓冲调蓄池剖面图

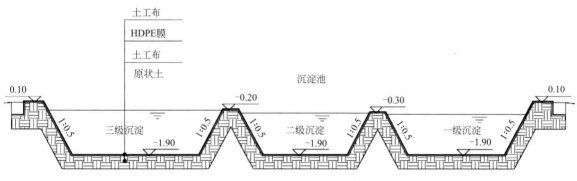

图 5.3-4　土工沉淀池剖面图

低时，土工膜的铺设应紧凑；气温高时，土工膜铺设应适当松散。

d. 自动加药装置。

自动加药装置将干粉污泥调理剂制成一定浓度的溶液，通过管道输送至稀释池及板框式污泥浓缩压滤脱水机（以下简称"压滤机"），以达到快速降低污泥含水率的目的。一般工程可选择 PAM（聚丙烯酰胺）高分子絮凝剂作为脱水剂，配置溶液体积浓度控制在 0.05%～2% 之间，具体浓度根据淤泥脱水效果可随时在自动加药装置进行调整。

e. 压滤机。

经缓冲调蓄池后的淤泥通过淤泥泵泵送至压滤脱水机进行淤泥干化处理，压滤机操作压力一般为 0.3～1.6MPa，过滤面积可根据所用的板框数目进行增减，板与框采用电动螺旋方式压紧。干化的泥饼含水率低于 60% 时，进行外运。

f. 余水检测及排放。

经压滤机压滤出来的泥浆余水流入余水沉淀池（以下简称"沉淀池"）内，通过沉淀池加药机再次投加混凝剂，加速泥浆的絮凝沉淀，并经过三级沉淀后，一部分泵送于稀释池用于污泥稀释，满足系统运行，达标余水排入市政排水管网。加药机可实时检测余水各项指标来确定加药量。

5.4　河道生态修复关键技术

1. 技术简介

随着现代经济的发展，人类的活动一方面创造着极为丰富的物质财富，另一方面极大地破坏生态环境。原来河道的治理着重于防洪、排水，河道越挖越宽，越挖越深，但疏于河道生态环境的管理，导致河边杂草丛生，垃圾肆意，因生活污水的随意排放，致使河道水质恶化。90 年代初国家开始重视河道水环境的整治，并强化了一系列措施，陆续开展河道水质污染治理。河道生态修复是指通过生态护岸、生态浮床、恢复沉水植物、治理河岸排口等方法恢复河道水质，改善生态环境。

河道水域健康平衡特征包括：水质自净化功能稳定、水生植物群落稳定、实现生态功能自我更替、无有害青苔、藻华等藻类暴发、水生动物调控得当无泛滥等。通过在河道中实施水生植物种植、生态浮岛及曝气设备安装等关键技术实现水体自我净化，建立优良水生态系统，恢复系统中多条食物网链，最终使水体中物质（污染物）、能量、信息自我流通，实现污染物的输出转化，提升水体自我净化能力，让水体真正的活起来。

2. 技术内容

（1）水生植物种植

水生植物对水环境的修复主要是通过自身的生长以及协助水体内的物理、化学、生物等作用而去除受污染水体中的营养物。污水中的部分有机、无机物质以及含氮、磷等污染物作为植物生长所需的养料被吸收，部分有毒物质被富集、转化、分解。

同时水生植物为微生物提供活动场所，并通过其发达的通气组织将氧气输送到根际，抑制厌氧微生物生长，为好氧微生物降解有机污染物提供良好的根际环境。

水生植物根据其造景功能、形态特征及生活习性，可分为挺水植物、浮水植物、浮叶植物、沉水植物4种类型，如图5.4-1所示。

图5.4-1 水生植物类型

(a) 挺水植物；(b) 浮水植物；(c) 浮叶植物；(d) 沉水植物

一般河道水生植物种植采用挺水植物和沉水植物。水生植物在水生态修复尤其是提高水的能见度和景观营造方面的作用日益受到人们的重视。针对本工程的特点，种植水生植物的方法主要有：①"叉子种植法"。叉子种植法一般用一头带叉的竹竿或木杆作工具，作业时，作业人员乘船用叉叉住植株的茎部，叉入水中。此法适宜于丛生的沉水植物，如黑藻（Hydrillaverticillata）、苦草（Vallisnerianatans）等5～6株捆绑后种植。适用范围为软底泥在10cm以上，水深0.5～2.0m甚至更深的水系（水深在0.5m以内，施工人员可直接种植。超过0.5m，手已不够长，才需要借助工具）。②"抛掷法"。将植物直接抛入水中，若干天后，这些植物自然会慢慢沉入水底，生根萌发新芽。③"包裹无纺布"。用无纺布包裹种植土和植株根部，抛掷入水中，根部沉入水底，植株起初借助包裹内的种植土生长。适用于底部浆砌或无软底泥发育的水系，单生沉水植物以及因苗源紧张采用扦插法种植的沉水植物，如黑藻、伊乐藻（Elodeacanadensis）、竹叶眼子菜等。对水深没有要求。

挺水植物是水生植物的主要组成部分，能为其他多种生物提供生存环境，增加生态系统的多样性和稳定性；挺水植物根系发达，能充分促进水体的自我净化，其作用如下：

1）通过根系向沉积物输送氧气，改善沉积物氧化还原条件，可直接吸收营养盐，减少氮、磷等营养盐释放。

2）为微生物提供良好的根区环境，增加微生物的活性和生物量，从而提升对水体的净化作用。

3）固定水体沉积物，减少沉积物再悬浮。

挺水植物群落还具有阻止水流，维持水体内部稳定环境，使水体内部沉水植物旺盛生长、生态系统平衡的作用。挺水植被对面源污染也有着明显的缓冲作用，面源污染经过挺水植物带净化后，营养盐得到一定的削减。此外合理配置的挺水植被，还具有一定的观赏性和美观性，如图 5.4-2 所示。

图 5.4-2　挺水植物群落

沉水植物在河流与湖泊中分布较广、生物量较大，可成为浅水型生态系统的主要初级生产者，也是水体从浮游植物为优势的混水态转换为以大型植物为优势的清水态的关键。

沉水植物可固定沉积物，减少再悬浮，降低水体内源污染，增强生态系统对浮游植物的控制和自净能力；另一方面，其根、茎和叶均可为微生物提供良好的附着环境。在植物叶片、根际光合作用下，植物体周围及根际处形成厌氧-好氧微环境，最终形成具有强大净化效能的高等水植物-微生物"生物膜"系统，沉水植物如图 5.4-3 所示。

图 5.4-3　沉水植物

沉水植物选择原则：

1）促进悬浮物沉降，防止其再悬浮。

2）净化能力强，四季净化。

3）生态景观效果好。

4）生态安全，非外来物种。

5）物种多样，增加抗逆性及稳定性。

水生植物种植技术要点：

1）现场的渣土、工程废料、宿根性杂草、树根及其他有害污染物清除干净。

2）种植时水位控制在 30cm，种植后 15d 内水位控制在 50cm。

3）栽植水生植物区域，铺上至少 15cm 厚的栽植土；

4）土壤 pH 值应符合栽植土标准或按 pH 在 5.6～8.0 范围内进行选择。

5）土壤全盐含量、土壤表观密度应达到规范要求。

6）水生植物栽植土土壤质量不良时，应更换合格的栽植土，使用的栽植土和肥料不得污染水源。

（2）生态浮岛

生态浮岛（图 5.4-4）是一种以水生植物为主体，运用无土栽培技术，以高分子材料等为载体和基质，应用物种间共生关系，充分利用水体空间生态位和营养生态位的人工生态系统。它用以削减水体中的污染负荷，大幅度提高水体透明度，有效改善水质指标，特别对藻类有很好的抑制效果。

图 5.4-4　生态浮岛实景

通过浮岛植物根系对污染物的吸附与吸收、植物根系分泌化学物质抑藻、植物与微生物的协同作用以及浮岛本身的遮光作用净化水质、创造生态环境、改善景观。

1）生态浮岛净水原理

生态浮岛净水原理如图 5.4-5 所示，主要有以下几点：

① 利用植物发达的根系吸收水中的氮、磷等营养盐，并将其转换成植物机体，通过人为定期收割，将污染物从水中转移。

② 植物根系附着大量微生物形成高效生物膜。

③ 生态浮岛是鱼类产卵的栖息地，有利于组建完善的生物链。

④ 水生植物群落的形成野生动物和昆虫提供栖居地。

⑤ 污染水体流经植物、动物形成的生态群落形成持续而稳定的循环净化过程，保证了浮岛作用水域的水质持续良好。

2）生态浮岛安装技术要点：

① 生态浮岛安装固定方式有插杆式固定、驳岸牵拉式固定等多种方式（图 5.4-6，图 5.4-7），具体根据工程特点及实际情况进行选择或优化组合。

② 现场施工中，先在河道中完成浮岛组装后再放置种植篮和植物，如浮岛面积比较大，可在浮岛上铺设木板，避免踩坏浮岛，造成不必要的损失。

③ 曝气设备。

河道曝气方式一般有射流式、喷泉式、叶轮式、微孔式等（图 5.4-8），其适用条件见表 5.4-1。曝气设备的主要作用是改善河水微生态环境，强化水体自净能力，改善水质。

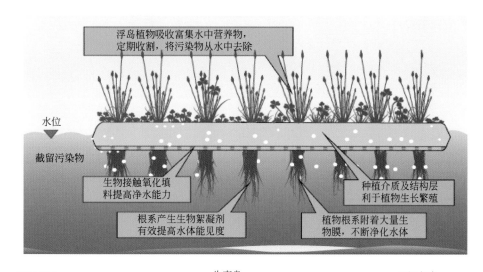

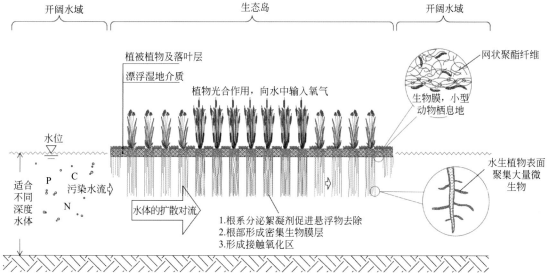

图 5.4-5　生态浮岛净水原理图

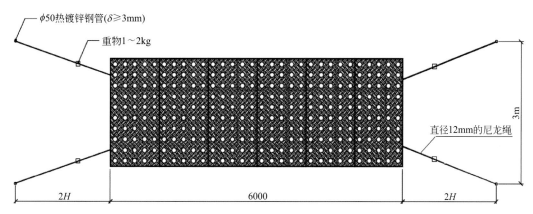

图 5.4-6　生态浮岛插杆式固定方式

曝气设备增氧原理是通过水体的上下增氧循环，提高水体的溶解氧并消除水体的死角，使整个水体形成缓慢的水流，达到流水不腐的目的。

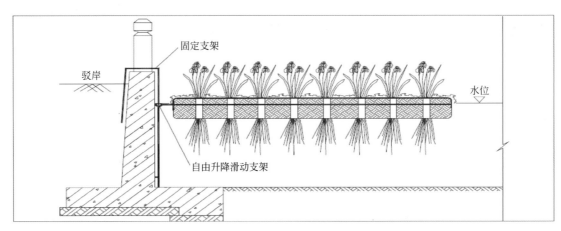

图 5.4-7 生态浮岛驳岸固定方式

图 5.4-8 曝气方式

曝气设备适用类型　　　　　　　　　　　　　　　表 5.4-1

名称	适用水深(m)	安装方式	特点	适用范围
射流曝气	2m以上	浮水、沉水	安装方便,工作噪声小;维修较麻烦;景观效果差	适用于不通航河道;可用于黑臭水体及其他水体供氧、水体交换
喷水式曝气	1m以上	浮水	景观效果强,噪声一般;动力效率高	适用于不通航河道、湖泊;适用于表层水体增氧,可用于水塘、景观水及其他水体供氧、水体交换。一般不用于黑臭水体
叶轮式曝气	1～1.5m	浮水	安装方便,基本不占地;产生噪声,外表不美观	多用于渔业水体,尤其适用于较浅水体
微孔曝气	0.5～3m	岸边建设鼓风机房,曝气盘沉水放置,使用管道系统连接	增氧面积均匀、层次均衡;机械耗能较少;资金投入大;微孔易堵塞,管养难度大	适用于不通航河道、湖泊;可用于黑臭水体及其他水体供氧

　　喷泉式曝气设备特有的水体对流形式,在制造垂直循环流过程中,使表层水体与底部水体交换,新鲜的氧被输入河底,在河底形成富氧水层,消化分解河道底部沉积污染物,同时废气被夹带从水中逸

出，底层低温水被输送到表层后，调节表层水温，抑制水体表面藻类繁殖及生长，改善微生态环境，强化水体自净能力，可短期内改善水质。曝气设备实景及原理图如图 5.4-9 所示。

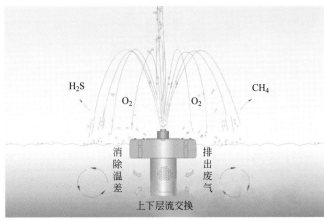

图 5.4-9　喷泉实景及原理图

喷泉式曝气机主要的特点如下：

a. 促进水体循环，提高流动性，提升底层溶解氧浓度。

b. 增强底泥中微生物活性，加速分解底泥污染物。

c. 快速去除硫化物、甲烷及氨气，减轻水体臭味。

d. 缩减上下温差，有助于打散藻类，抑制蚊虫滋生。

e. 设备漂浮水面，无需安装基础，不受水位影响。

f. "水体净化＋喷泉景观"，二合一功能。

喷泉式曝气机安装技术要点：

a. 工作区域的水深不得浅于 0.5m。

b. 安装深度应对照技术参数表严格控制，不可任意调节工作深度。

c. 河道内不可有金属线、绳子、塑料袋等长纤维杂物，以免缠绕叶轮和堵塞进水口等部位。

d. 电源线应选用可移动橡套防水电缆，其中一芯与电机外壳可靠接地。

e. 开机后几秒内观察电机运转方向是否正确，如反转及时调整。

f. 安装大样如图 5.4-10 所示。

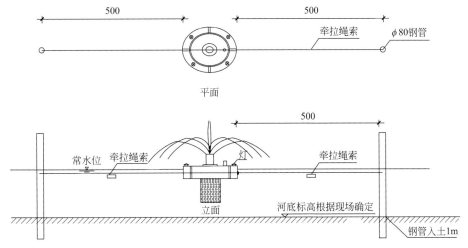

图 5.4-10　曝气机安装大样图

　　随着现代经济的发展，人类的活动一方面创造着极为丰富的物质财富，另一方面极大的破坏生态环境。由于前期河道的治理观念重点强调防洪、排水，忽略河道的其他功能，致使河道越挖越宽，越挖越深。河道管理不够，河边杂草丛生，垃圾肆意，生活污水排放，致使水质变化。针对此现象可采用通过生态护岸、生态浮床、恢复沉水植物、治理河岸排口等方法恢复河道水质及生态环境。

5.5　河道智慧监测系统关键技术

1. 技术简介

　　随着信息化、AI智能化技术的发展，河道监测已经由原来的"信息化"管理升级为"智慧化"管理；监测数据由原来的人工、单一站点测报向自动采样、自动分析数据、自动实时传输和处理的智慧管理演变。在智慧河道监测系统中，关键技术有水质监测系统、水位监测系统、流量监测系统、数据传输通信网络系统等。

　　水质、水位、流量数据可通过有线、无线通信传输到水务管理平台中心数据库平台进行统一存储、集中展示，为河道监控调度管理系统提供数据基础。

2. 技术内容

　　（1）水质自动监测技术

　　水质自动监测站由采水单元、预处理单元、配水单元、水质分析单元、辅助单元、控制单元、通信单元、自动留样单元以及站房等组成，如图 5.5-1 所示。

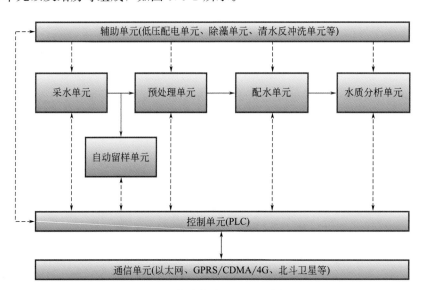

图 5.5-1　水质自动监测站组成框图

　　水质自动监测站工艺流程如图 5.5-2 组成。

　　1）采水单元：负责完成水样采集和输送的功能，分别有浮船式、栈桥式、浮台式等，如图 5.5-3 所示。

　　2）预处理及配水单元：负责完成水样的一级、二级预处理和将水或气导入到相应的管路，以达到水样输送和清洗的目的。

　　3）水质分析单元：由监测分析仪表组成，完成系统水样监测分析任务。目前主要监测的参数有温度、电导率、溶解氧、pH、浊度、总磷、总氮、氨氮、叶绿素 a、蓝绿藻、有机物、重金属、综合毒

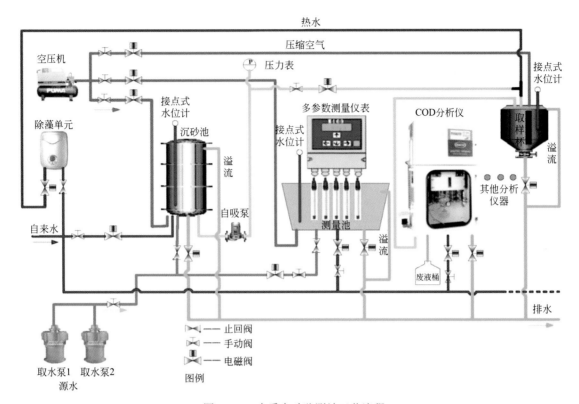

图 5.5-2 水质自动监测站工艺流程

图 5.5-3 采水方式

性、微生物等。

4) 控制单元：负责完成水质自动监测系统的控制、数据采集。

5) 通信单元：负责完成监测数据从各水质自动监测站到监测中心的通信传输工作。

6) 辅助单元：保证水质自动监测系统正常稳定运行的重要组成部分。主要包括：清洗装置、除藻装置、空气压缩设备、停电保护及稳压设备、防雷设备、超标留样装置、纯水制备、废水收集处理等。

（2）水位监测技术

通过在闸口、泵站、水库、暴雨及洪水易淹易涝点及重要支流汇入口等重点区域设置水位监测站，能为防汛抗灾提供准确、及时的水位数据信息。

水位监测站点设备主要有遥测终端 RTU、室外箱、蓄电池、太阳能板、水位计等。RTU 集成 GPRS/北斗卫星通信模块。水位遥测站设备组成如图 5.5-4 所示。

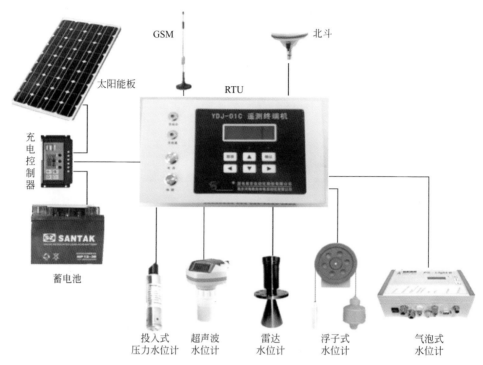

图 5.5-4　水位遥测站设备组成图

水位计的选用取决于河道水位监测断面的实际情况：河道护岸有直立面的可采用浮子式水位计、雷达水位计、超声波水位计；河道护岸坡缓且长、死水位低的可采用气泡式水位计、投入式压力水位计。

1）浮子式水位计安装技术要点（图 5.5-5）：

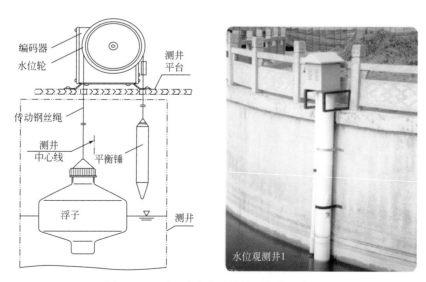

图 5.5-5　浮子式水位计结构及安装示意图

① 水位测井应当符合《水位观测平台技术标准》SL 384—2007 的规定。一般要求浮子和平衡锤与测井内壁之间的间隙不小于 75mm。

② 测井井壁应垂直，测井底应低于被测最低水位 0.5m 以上，测井口应高于被测最高水位 0.5m

以上。

③ 测井可以建于岸边或沿水工建筑物倚墙建造，也可以建于水面（必须建造坚固支架和人行桥）。

2）雷达或超声波水位计安装技术要点（图 5.5-6）：

① 安装前需了解安装站点历史最高、最低水位，测量范围不得低于历史最高水位。

② 安装点应避免漂浮物或影响雷达波反射的物体。

③ 立杆横臂及雷达探头应保持水平，与液位的反射面垂直，避免造成测量误差。

④ 安装完毕后需测量高程，调试校准。

图 5.5-6　雷达或超声波水位计安装

3）投入式压力水位计安装技术要点（图 5.5-7）：

① 水位计通常投入直径大于水位计直径的 PVC 管、钢管。管道固定在水中，不同高度打若干小孔，以便水进入管内通畅无阻。管道底部加装阻尼装置，以避免泥砂、动态压力和波浪对测量的影响。

② 水位计要投到管道底部但不可接触底部的泥砂或淤泥。

③ 严禁用硬物碰触压力传感器膜片，变送器及变送单元壳体应接地。

4）气泡式水位计安装技术要点（图 5.5-8）：

① 探头安装位置应固定牢靠，不能随水流和浪涌产生颤动。

② 气管尽可能埋在地下，管路必须沿向下的坡度敷设，弯管处应光滑，采用高密度混凝土块稳定的插入河岸关键部位以固定气管，防止洪水威胁或坍塌。

③ 气管出口一般安装于最低水位 0.5m 处。

（3）流量监测技术

流量监测技术可以对河道内重要断面实时监测，实现水质与流量的协同联动，通过流量监测数据变化，实时控制相关引排水闸门，实现生态补水或防洪排涝。

河道流量测量目前使用较多的有明渠流量计及 H-ADCP 声学多普勒流速剖面仪（2 声道多点流速

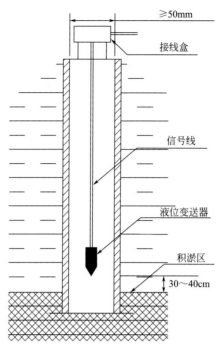

图 5.5-7　投入式压力水位安装

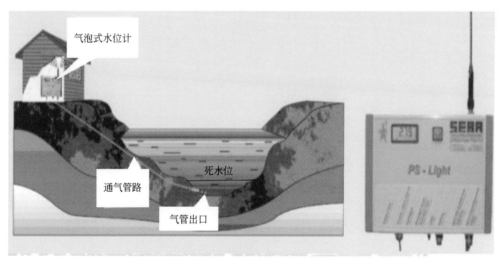

图 5.5-8　气泡式水位计安装

仪）等。流量监测系统组成如图 5.5-9 所示。

1）明渠流量计主要用在河道有标准的测流断面，通过测量水面平均流速与水位，应用已知的水位断面面积关系计算出断面瞬时流量。其安装技术要点如下（图 5.5-10）：

① 宽度 5m 以内河道，流量计安装在河道中间；河道宽度超过 5m 以上，在河道的左右各安装一个。

② 流量计安装的位置，要高于河道底部的淤泥。

③ 在流量计距离 1m 内的 60°发射角度范围内，不能有任何障碍物。

2）声学多普勒流速剖面仪如图 5.5-11 所示。

声学多普勒流速剖面仪可测量水面以下声道方向上多点流速（最多可达 255 个点流速），计算出该断面的平均流速，并经率定后的水位断面面积关系，计算出断面瞬时流量。该方法测量精度高，适合河道不规则断面测流，但成本比较高，需多次率定建模。其安装技术要点如下：

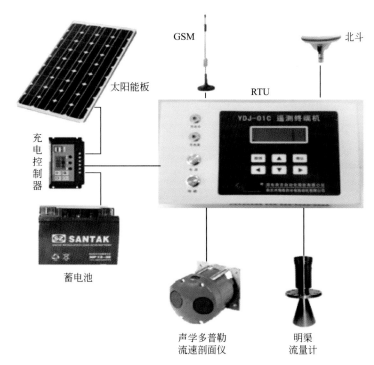

图 5.5-9　流量监测系统组成

图 5.5-10　明渠流量计安装示意图

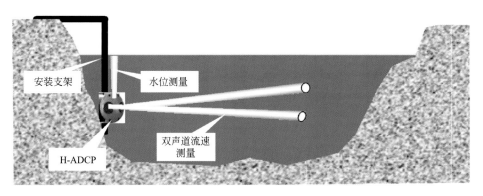

图 5.5-11　H-ADCP 安装示意图

① 探头安装在具有固定断面的河道顺直段下游，顺直段长度最好是河道水力半径的 5～10 倍（顺直段越长测量精度越高），且这一距离范围内不得有过流阻挡物（如水闸、堰等），以保证探头前段水流流态的均匀稳定。

② 探头安装尽量靠近河底，当河底有杂质沉积及水草生长或滚动的卵石时，可抬高安装位置以避开河底沉积物与水草覆盖探头或卵石冲撞探头；探头距河底的具体高度最好为 100～250mm，具体视河道最低测流水位而定。当河道水深较高且具有一定的最低水位时，为了安装方便可将探头安装在最低水位以下 0.5 倍处。

③ 探头在河道横断面处的安装位置一般如下：矩形断面安装于河宽的 0.15～0.2 倍处；梯形断面安装于坡脚处；对于宽度较大的河道，需安装 2 台或 2 台以上的探头，具体位置视河道宽度及横断面上的流态分布而定，如图 5.5-11 所示。

（4）数据传输通信网络技术

网络建设根据主流数据通信方式的对比，目前阶段一般采用"4G 网络"与"光纤＋宽带接入"多种通信混合协作的方式，来满足各监测站点对数据传输的要求，数据通信网络拓扑图如图 5.5-12 所示。

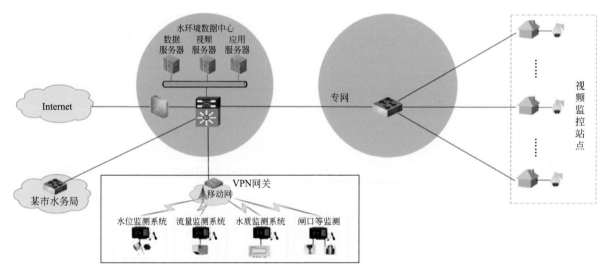

图 5.5-12　数据通信网络拓扑图

第 6 章

生活垃圾焚烧发电工程
关键施工技术

由于城市规模的不断扩大，生活垃圾大量产生，一旦垃圾处理不当就会对环境造成巨大危害，如占用土地、污染土壤、污染地下水资源、污染空气、传播疾病、影响居民健康等。相对于堆肥、填埋等传统方式，垃圾焚烧发电具有无害化、资源化率高、减容减重效果好等优点，是垃圾无害化处理的一个最有效最科学的方式。本章结合工程实际，以生活垃圾焚烧发电的技术与应用为主线，重点论述了烟囱筒体液压翻模技术、垃圾储运池施工技术、锅炉安装技术、汽轮发电机安装技术、烟气净化安装技术等内容。

6.1 垃圾储存池施工技术

1. 技术简介

生活垃圾通过密封性好、具有自动装卸功能的汽车运至生活垃圾焚烧站卸料大厅并倒入垃圾储存池内，储存数天后送入焚烧炉内燃烧。卸料大厅一般设置空气幕，垃圾储存池卸料口安装电动卸料闸门，在卸料期间，打开空气幕，由设于垃圾储存池上方的排风系统将臭气送入焚烧炉燃烧，防止恶臭气体外逸。生活垃圾在储存等待燃烧期间，所含水分陆续渗出至垃圾储存池底部形成滤液，滤液由排水管道流至滤液处理站进行处理。为防止滤液渗透产生污染，生活垃圾储存池底及池壁应严禁渗漏。为此，生活垃圾储存池底及池壁混凝土应使用防水混凝土。

某工程生活垃圾焚烧发电厂项目垃圾储存池结构如图 6.1-1 所示。

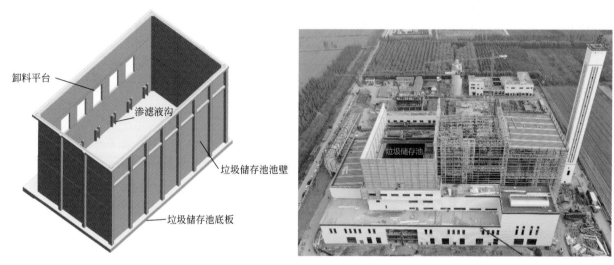

卸料平台
渗滤液沟
垃圾储存池池壁
垃圾储存池底板

图 6.1-1　某工程生活垃圾焚烧发电厂项目垃圾储存池结构图

垃圾储存池底部结构施工内容包含：素土夯实、混凝土垫层、卷材防水层、细石混凝土保护层、现浇防水钢筋混凝土底板、防腐防水涂料层。

垃圾储存池施工采用了新型止水对拉螺栓技术，即采用五段式止水对拉螺栓，解决了螺栓处理、孔洞剔凿等繁琐工序，能有效提高施工效率、节约材料；池底混凝土斜面部分采用分层浇筑技术，即采用"一个坡度，薄层浇筑，循序推进，一次到顶"方法，解决了混凝土振捣不密实、蜂窝麻面、漏筋等问题，提高结构自防水，有效解决了垃圾仓、渗滤液沟道间、渣仓、各种储水池如渗滤液处理站池体、工业消防水池抗渗等问题，效果良好。

2. 技术内容

（1）施工工艺流程

垃圾储存池施工工艺流程如图 6.1-2 所示。

（2）技术要点

1）卷材防水层

卷材防水层是垃圾储存池防水的第一道屏障，也是整个工程的重要环节。卷材主要有四大类：一是

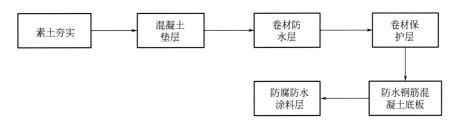

图 6.1-2　垃圾储存池施工工艺流程图

橡胶系列防水卷材；二是塑料系列防水卷材；三是橡塑共混型防水卷材；四是高聚物改性沥青防水卷材。根据不同的卷材编制针对性的施工方案和技术交底。过程中严格按照施工方案及交底施工，及时做好材料实验检验工作，以保证工程质量。

2）外加剂防水混凝土

普通防水混凝土是一种富砂浆混凝土，强调密实度，水泥砂浆起到填充、润滑和粘结的作用，粗骨料周围形成一定浓度的砂浆包裹层。混凝土硬化后，粗骨料彼此之间被具有一定密实度的水泥砂浆所填充，并切断混凝土内部沿石子表面形成的连通的毛细渗水通路，使混凝土具有较好的抗渗性。

外加剂主要是以吸附、分散、引气、催化或与水泥的某种成分发生反应等物理、化学作用，使混凝土得到改性。不同的外加剂，其性能、作用各异，应根据工程结构和施工工艺等对混凝土的具体要求，慎重选用。

① 提高混凝土抗渗性的措施：

a.水灰比：水灰比过大或过小，均不利于防水混凝土的抗渗性。水灰比同时还影响混凝土的耐久性，当其比值大于 0.6 时，衡量耐久性的重要指标之一的抗冻性明显下降。适宜的水灰比才能获得良好的和易性、抗渗性及耐久性。

b.水泥用量：水灰比确定之后，水泥用量直接影响混凝土抗渗性。在砂率固定的条件下，若水泥用量过小，则水泥不能充分包裹砂子表面，不仅使混凝土拌合物干涩，而且会使混凝土内部产生孔隙，从而降低密实度，导致抗渗性下降。因此对于防水混凝土，无论是从强度还是抗渗性要求来说，均应寻求一个水泥最小用量。

c.砂率：保证混凝土中水泥砂浆的数量和质量，减少和改变孔隙结构，增加密实度，提高抗渗性。防水混凝土的砂率以 35％～40％ 为宜。

d.灰砂比直接表明水泥砂浆的浓度，以及水泥包裹砂粒的情况，是衡量填充石子空隙的水泥砂浆质量的标准。根据经验，灰砂比宜控制在 1：2～1：2.5。

e.坍落度：在水灰比和砂率均固定的条件下，坍落度越大，骨料沉降越剧烈，较重的粗骨料下沉速度快，当粗骨料沉降趋于稳定后，其间的水泥砂浆还在继续沉降，一部分游离水绕过骨料上升到混凝土拌合物表面，形成外部泌水；另一部分水积聚在粗骨料下面，成为一层水膜，将粗骨料同水泥砂浆隔开，形成内部泌水。在混凝土硬化过程中，多余水分蒸发，泌水通道形成毛细孔道，粗骨料下面形成沉降裂缝，使抗渗性下降。因此在选定合适的水灰比的同时，还应控制坍落度。

② 防水混凝土选材要求：

a.水泥：水泥标号宜不低于 42.5 号；应区分使用环境，宜在侵蚀性介质和冻融作用下选用或受硫酸盐侵蚀介质作用下选用。

b.砂石：严格按国家现行规范《普通混凝土用砂、石质量及检验方法标准》JGJ 52 及《普通混凝土配合比设计规程》JGJ 55 选取。

c.水：严格按国家现行规范《混凝土用水标准》JGJ 63 取用。

d.矿物掺合料：严格按国家现行标准《用于水泥和混凝土中的粉煤灰》GB/T 1596 等选用。

③ 配合比的设计：

a.设计原则：抗渗性及耐久性确定水泥的品种，混凝土强度确定水泥的标号；砂、石材料应合理选用；水灰比主要依据工程要求的抗渗性和施工最佳和易性来确定。

b.防水混凝土的试配工作由试验室承担：按规定制作试块，试验结果作为施工配合比的依据。

④ 外加剂选择：

a.熟悉外加剂生产厂提供的技术资料，以及产品说明书。

b.以工程实际所用材料（包括水泥、砂、石、水等）的性能、用量、配比，结合现场施工条件（施工方法、施工温度等）的要求，进行模拟试验，以试验效果评定所选外加剂是否可以采用。

c.参考普通混凝土配合比的技术参数，通过试配求得外加剂的最佳掺量。

d.加强施工管理，严格遵循外加剂掺量和使用注意事项。

e.随时进行现场监督检查，发现问题，及时采取措施，以保证混凝土施工质量。按有关规定做好外加剂的制备、储存和使用。

f.选用外加剂应进行经济效益分析，根据工程实际情况，做多方案比较，选择经济技术全面合理的方案。

3）防水混凝土工程施工

质量取决：设计、材料性质及配合成分、施工质量。

混凝土搅拌、运输、浇筑、振捣、养护——全过程控制。

高标准严要求、组织严密、措施落实、施工精细。

① 施工准备：

a.编写施工组织设计，选取经济合理的施工方案，健全技术管理系统完善技术措施，落实技术岗位责任制并进行技术交底，完成质量检验及评定工作。

b.原料进行试验并分类保管。

c.施工机具准备。

d.混凝土试配，并应提高 $0.2N/mm^2$。

e.为防止带水、带泥浆施工情况影响质量，基坑应进行降排水，水位控制至设计图纸要求水位。

f.保证水电供应。

② 模板：

a.平整，严密，具备足够的刚度、强度，吸水率小。

b.构造应牢固稳定，并满足侧压力及施工荷载。

c.固定模板对拉螺栓的处理，应具有止水环并双面焊接。

d.绑扎铁丝，尤其是贯通构件截面禁止采用。

e.较大的预留洞或套管，底部注意开孔，利于排气；预埋件应牢固、紧贴模板。

f.基础底板：基础底板外模可采用砖胎膜或支设模板。由于基础底板上墙体为上返部位，必须进行悬模支设。在支设模板时配合使用对拉螺栓、山形卡、方木、钢管进行支设固定。

g.脚手架钢管位于防水底板处，下部使用设有防水片的钢筋支座。

h.池壁模板：采用竹木胶合模板，同时采用方木及脚手架钢管作为背楞配合使用，竖向组装。采用穿墙止水螺栓，通过定形卡与对拉螺栓连结，其位置布置及间距同对拉螺栓相对应。对拉螺栓用于连接内外模板，保持内外模板间距，承受新浇混凝土侧压力及其他荷载，使模板具有足够的强度及刚度。穿墙对拉螺栓采用防水对拉螺杆。

i.支撑体系：采用 $\phi48$ 钢管脚手架体系，并通过墙模板之间的穿墙对拉螺栓连接成整体，如图 6.1-3 所示。

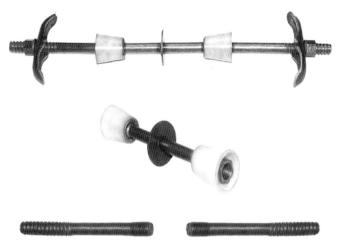

图 6.1-3　防水对拉螺栓

③ 钢筋：

a. 钢筋及其绑扎铁丝不应接触模板。

b. 通过垫块、塑料卡控制保护层。

c. 马凳钢筋不得直接设于垫层或模板上。

d. 止水钢板"开口"朝迎水面，小钢筋电焊在主筋上用作支撑，两块钢板之间的焊接要饱满且为双面焊，钢板搭接不小于 20mm。

④ 混凝土搅拌。

严格配合比、准确计量、控制搅拌时间。

⑤ 混凝土运输。

防止离析及坍落度损失并应在初凝前浇筑完毕，发生显著泌水离析现象严禁加水，并采用原水灰比的水泥浆复拌均匀。

⑥ 混凝土施工：

a. 混凝土浇筑前的准备。

机具准备及检查；保证水电供应；掌握天气季节变化情况；检查模板、支架、钢筋和预埋件；作好劳动力和值班人员的准备。

b. 混凝土进场管理。

质保资料管理：原材出厂合格证、检验报告、配合比等质保资料；小票管理：便于施工中混凝土控制、混凝土质量问题的分析。混凝土小票是分析混凝土浇筑时间是否满足初凝要求的技术资料和凭证。做好现场检验及试验、坍落度、见证取样。

c. 混凝土浇筑方法。

池底（基础）混凝土浇筑：浇筑筏板时，采用斜面分层法"一个坡度，薄层浇筑，循序推进，一次到顶"；根据混凝土自然流淌的坡度，沿坡度布三道振捣棒，第一道在输送管出料口，负责出管混凝土振捣密实；第二道设在斜面中部；第三道设在坡脚底部，确保下部混凝土密实。混凝土振捣时要快插慢拔，严格控制振捣棒移动的距离，避免过振和漏振。

池壁混凝土浇筑：根据浇筑量，底部分阶段结合砂浆，然后浇筑在底部接槎处，用铁锹均匀入模，不得用泵管直接灌入模内，入模应根据墙体混凝土浇筑顺序进行，浇筑砂浆后及时浇筑混凝土，禁止一次将一段全部浇筑，以免砂浆凝结。浇筑时，混凝土由溜槽入模。控制混凝土浇筑厚度，墙体要连续浇筑，按照墙体混凝土浇筑顺序图的要求分层浇筑、振捣。混凝土下料点应分三点布置。在混凝土接槎处应振捣密实，浇筑时随时清理落地灰。振捣点要求均匀分布，一般应不大于 50cm，同时根据钢筋的密集程度，应配备少量的 φ30 振捣棒。洞口进行浇筑时，注意排气及防止洞口变形。在钢筋密集处或墙体交叉节点处，要加强振捣，保证密实。在振捣时，要派专人看模，发现有胀模、跑位等情况时及时处理。

d. 混凝土振捣。

振捣工具：选择对墙、梁和柱均采用插入式振捣器；对板浇筑混凝土时，当板厚大于 150mm 时，采用插入式振动器，但棒要斜插，然后再用平板式振动器振一遍，将混凝土整平；当板厚小于 150mm 时，采用平板式振动器振捣。

插入式振动器：快插慢拔、上下略为抽动；分层浇筑，插入下层内 50mm 左右并在下层混凝土初凝前进行；混凝土表面呈水平、不再显著沉降、不再出现气泡及表面泛出灰浆为准。

"行列式"或"交错式"的次序移动，每次移动位置的距离应不大振动棒作用半径的 1.5 倍；不能紧靠模板，且尽量避开钢筋、预应力筋、预埋件等。

e. 养护：早期湿润养护及其重要；终凝后即应覆盖，养护不少于 14d；防水混凝土不宜用电热法养护及蒸汽养护。

f. 拆模板：不宜过早拆除，强度宜达到 70%；内外温差不超过 15℃；对拉螺栓的扰动问题。

g. 保护：基坑及时回填，防止干缩及温差引起开裂，有利于混凝土后期强度增长和抗渗性提高。

h. 施工缝：防水薄弱部位之一，尽量少留；水平可以，垂直不允许，距孔洞边缘不少于 300mm 并避免设在墙板承受弯矩或剪力较大处，施工缝形式：平口、企口、钢板止水缝，目前常用钢板止水带。缝的处理：缝表面进行凿毛处理清除浮粒，在继续浇筑前用水冲洗并保持湿润，铺上原配合比的去石子砂浆。

i. 需重点注意工序。

施工缝、伸缩缝、沉降缝的处理；止水带的固定方法，位置偏差；穿墙管道、预埋件的表面处理；对拉螺栓防水构造；悬模施工的支架处理；保护层的控制。

4）防腐防水涂料层施工

垃圾储存池常年储存强腐蚀、高污染的垃圾以及渗沥液，为保证池体结构安全性和防腐防水性，需在池壁内侧涂刷防腐防水涂料层，一般为澎内传或者水泥基渗透结晶型防腐防水涂料。防水机理在于以水为载体，通过水的引导，借助强有力的渗透性，在混凝土微孔及毛细管中进行传输、充盈，发生物化反应，形成不溶于水的结晶体。结晶体与混凝土结构结合成封闭的防水层整体，堵截来自任何方向的水流及其他液体侵蚀。达到永久性防水、耐化学腐蚀的目的，同时起到保护钢筋、增强混凝土结构强度的作用。

6.2 渗沥液污水处理池施工技术

1. 技术简介

渗沥液污水处理是生活垃圾焚烧发电工程的一个重要环节，焚烧流程图如图 6.2-1 所示，乐昌市循环经济环保园（垃圾焚烧发电）项目渗沥液污水处理由多组水池结构组成，以乐昌项目为例，渗沥液污水处理总体尺寸为 55m×49m，深度为 11m，池壁厚度 300~500mm，具体结构造型如图 6.2-2 所示，渗沥液采用"预处理＋UASB 厌氧反应器＋MBR 生化处理系统＋NF 纳滤膜＋RO 反渗透膜"处理后回用等工艺，由于渗沥液具有极强的污染性和腐蚀性，并且处理时各水池直接独立生产作业，所以必须满足池体结构抗渗漏条件。

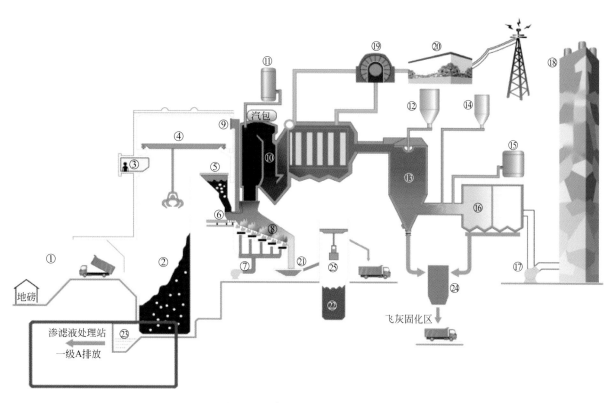

图 6.2-1 典型垃圾焚烧处理流程图

1—脚料平台；2—垃圾仓；3—吊机控制室；4—垃圾吊；5—垃圾给料斗；6—给料炉排；7—一次风机；8—焚烧炉；
9—一次风入口；10—余热锅炉；11—SNCR；12—半干法脱酸石灰储仓；13—脱酸反应塔；14—干法脱酸石灰
储仓；15—活性炭仓；16—布袋除尘器；17—引风机；18—烟囱；19—汽轮机发电机组；20—升压站；
21—出渣机；22—渣池；23—渗滤液收集池；24—灰仓；25—渣吊

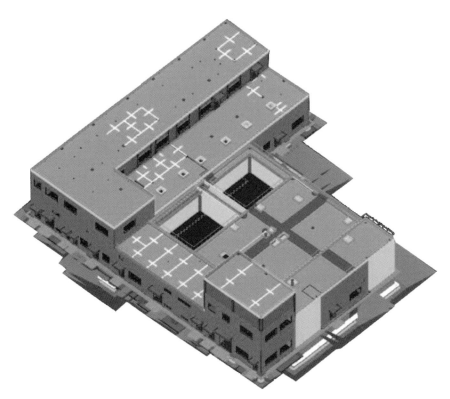

图 6.2-2 渗沥液污水处理站布置图

垃圾焚烧处理时会产生大量成分复杂、危害较大的渗沥液，渗沥液主要特点包括以下几点：①有机物浓度高垃圾渗沥液中的 COD_{Cr}、BOD_5 浓度可高达几万 mg/l，与城市污水相比，浓度非常高，特别是低分子量的脂肪酸类、腐殖质类高分子的碳水化合物、中等分子量的灰黄霉酸类物质。②氨氮含量高。垃圾渗沥液的氨氮浓度含量较高，一般在 2000mg/l，有的可高达 3000mg/l 以上，造成渗沥液中的 C/N 比失调会降低生物处理的效果。③重金属离子浓度高，渗沥液中通常含有多种金属离子，其浓度与垃圾的类型、组分和厌氧时间等密切相关。由于垃圾本身成分的复杂性及垃圾厌氧反应与代谢过程的复杂性，重金属元素等也会出现在渗沥液中。据报道，生活垃圾中的微量重金属溶出率很低，在水溶液中为 0.05%～1.80%，微酸性溶液中为 0.5%～5.0%，且垃圾本身对重金属有较强的吸附能力，因而，对处理城市生活垃圾焚烧厂渗沥液而言，重金属浓度较其他污染物低得多。除了重金属离子之外，由于垃圾中 Fe、Al、Ca 的含量较大，所以渗沥液中此类金属的浓度较高。渗沥液成分复杂，经过分析渗沥液的特征污染物是耗氧性有机物（COD、BOD）和 NH_3-N，同时由于生成环境长期处于厌氧状态，厌氧生化过程使渗沥液具有典型的高色度与恶臭特征，同时具有强烈的腐蚀性。

考虑到渗沥液的众多危害，为保证渗沥液污水处理能够有效地运行，必须有效控制结构混凝土抗渗和开裂，在禹城市生活垃圾焚烧发电项目土建总承包工程、乐昌乐昌市循环经济环保园（垃圾焚烧发电）项目中提高渗沥液污水处理工程的抗渗、抗裂，从而形成了渗沥液污水处理池施工技术。

选用聚丙烯混凝土增加混凝土的抗渗抗裂性能技术：混凝土是当今社会工程建设的主要原材料，但混凝土开裂引起的耐久性问题一直影响着工程建设及维护，混凝土的极限拉伸率低，一般为 0.01%～0.20%，而聚丙烯纤维的拉伸率高达 15%～18%，均匀散布于混凝土中的聚丙烯单丝纤维，不仅阻止了骨料的下沉，改善和易性及泌水，减少离析，而且有效地承受因混凝土收缩而产生的拉应变，延缓或阻止混凝土内部微裂缝及表面宏观裂缝的发生发展，提高混凝土的抗渗性。聚丙烯纤维混凝土受冲击荷载作用时，阻止混凝土裂缝的扩展，提高混凝土的抗收缩性、抗渗性、和易性和抗疲劳性等性能。

聚丙烯纤维是由丙烯聚合而成的高分子化合物，是一种结构规整的结晶性聚合物，简称为 PP 纤维。生产纤维的聚合物为乳白色、无臭、无味、无毒的热塑性材料。作用于混凝土中与其他外加剂不易发生化学反应，从而不会影响混凝土本身的成型效果。

防水防腐施工技术：选用德国进口澎内传 401 水泥基渗透结晶型防水防腐材料针对水池池底板和池壁进行防水防腐处理，有效地控制渗沥液外漏、外渗的情况发生。

2. 技术内容

（1）施工工艺流程

渗沥液污水处理池施工工艺流程如图 6.2-3 所示。

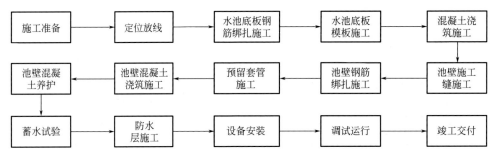

图 6.2-3　渗沥液污水处理池施工工艺流程图

（2）技术要点

1）施工准备

技术准备：①根据业主提供图纸进行图纸会审，协同建设单位、设计单位、监理单位一同解决图纸中存在的问题，并形成图纸会审记录。②提出物资需用量计划，保证材料按时到位，经过复检后投入现场使用。③编制施工方案、技术交底。④实际考察聚丙烯纤生产厂家资质，产品检测报告及专业技术指导。⑤组织搅拌站进行试配比试验并收集试块检测报告结果进行分析。

生产准备：①机械设备，优先选用塔式起重机进行起重吊装作业，方便快捷节省工期，根据现场加工场位置选择合理的位置及型号。②准备好现场的计量器具，随时进行检查。确认每次到场的材料合格，施工满足规范要求。尤其是对到达现场的材料进行坍落度检测，保证混凝土的可泵送性。③根据试配比试验结果，确认聚丙烯纤维的添加量，保证现场混凝土强度。按照10kg每袋进行生产包装，方便现场混凝土生产过程中操作工人的添加。④施工旁站要求，在关键部位进行施工时，项目部施工员、质检员协同专业监理工程师进行旁站，如出现不符合规范要求时进行现场交底。

2）定位放线

工程定位依据建设单位提供的建筑角点桩位进行该工程的平面位置确定，并对各角桩进行角度、距离检查、闭合、调整。为了在今后施工放线中对各轴线能够方便控制和运用，在施工现场将该工程的各轴线进行埋桩控制，控制点、桩点和标记各角、边检测均应满足规程中的精度要求，允许误差1/10000。控制桩位必须用混凝土保护，地面以上设醒目的围护栏杆，防止施工机具车辆碰压。

将+0.000m标高控制点引至基坑内，复核无误后在基坑内打木桩用红油漆标识小三角，作为+0.000m以下标高控制的基准点。

3）水池钢筋施工

钢筋配料是根据设计图中构件配筋图，先绘出各种形状和规格的单根钢筋简图并加以编号，然后分别计算钢筋下料长度和根数，填写配料单，经审查无误后，方可以对此钢筋进行下料加工，所以一个正确的配料单不仅是钢筋加工、成型准确的保证，同时在钢筋安装中不会出现钢筋端部伸不到位，锚固长度不够等问题，从而保证钢筋工程的质量。因此对钢筋配料工作必须认真审查，严格把关。

所有钢筋的下料及加工成型，全部在场外加工场地进行。这样可长短搭配，合理下料，能提高钢筋的成材率。

钢筋除锈：钢筋的表面应洁净，所以在钢筋下料前必须进行除锈，将钢筋上的油渍、漆污和用锤敲击时能剥落的浮皮、铁锈清除干净。对盘圆钢筋除锈工作是在其调直过程中完成。

钢筋调直：采用调直机，钢筋经过调直后应平直，无局部曲折。

钢筋切断：钢筋切断设备主要有钢筋切断机，将根据钢筋直径的大小和具体情况进行选用。

切断工艺：将同规格钢筋根据长度进行长短搭配，统筹排料。一般应先断长料，后断短料，减少短头，减少损耗。断料应避免用短尺量长料，防止在量料中产生积累误差，为此宜在工作台上标出尺寸刻度线，并设置控制断料尺寸用的挡板。在切断过程中，如发现钢筋劈裂、缩头或严重的弯头等必须切除。

质量要求：钢筋的断口不能有马蹄形或起弯现象。

钢筋加工允许偏差见表6.2-1。

钢筋加工允许偏差　　　　　　　　　　　　　　　　　　　　表6.2-1

检查项目	允许偏差（mm）
受力钢筋顺长方向全长的净尺寸	10
弯起钢筋的弯折位置	20

4）混凝土浇筑施工

为满足本工程抗渗抗裂的要求，在混凝土施工过程中采用聚丙烯混凝土增加混凝土的抗渗抗裂性能技术。依据乐昌市循环经济环保园（垃圾焚烧发电）项目的体量，混凝土HZS120生产线如图6.2-4所示。

图 6.2-4　混凝土 HZS120 生产线

防水混凝土的选择参见 6.1 垃圾储存池施工技术，相比一般混凝土渗沥液污水处理池，增加聚丙烯纤维的混凝土施工时存在一定区别，主要区别在于混凝土拌和和后期混凝土养护两方面。

在拌制聚丙烯纤维混凝土时，施工难点主要集中于聚丙烯纤维计量、投放方面。因该材料具有特殊性，需指派专人精准称量、投放聚丙烯纤维。聚丙烯纤维混凝土选取 HZS120 强制式拌合站设置专线进行搅拌施工，防止出现少加、多加、漏加的现象。投放前检查聚丙烯纤维材料，保证聚丙烯纤维能够充分、均匀地在混凝土内散布。为确保混凝土内聚丙烯纤维均匀分布，需适当增加搅拌混凝土的时间。相比一般强度等级相同的混凝土，聚丙烯纤维混凝土搅拌时间可延长 30％～100％。填充内部孔隙增加了整体的密实性，同时大量乱向分布于混凝土中，有效阻止裂缝的产生。与同强度（28d 龄期）未掺聚丙烯纤维混凝土比较，抗渗性能提高 70％。有效地抑制混凝土拌合物的离析与泌水，改善混凝土的和易性。因此采用聚丙烯混凝土技术能够有效改善混凝土的抗收缩性、抗渗性、和易性和抗疲劳性。

混凝土到达现场后要进行坍落度试验检测，确认混凝土的塑化性能和可泵送性能，用来检查聚丙烯混凝土是否搅拌均匀。混凝土坍落度是在实际施工中用来判断混凝土施工和易性好坏的一个标准，如果坍落度较大容易引起拌合物的离析，如果太小则给施工带来难度，可以在不改变水灰比的情况下改变集料的用量，或加入水泥浆来改变。

5）施工缝的处理

作为混凝土结构水池，为防止混凝土应力过大、不均匀沉降、方便施工等原因，均会设置沉降缝、施工缝。施工缝有多种形式，最为常见的有间歇式膨胀加强带、橡胶止水带、止水钢板等样式。施工缝是工程结构中的薄弱部位，若处理不好容易形成贯通裂缝或者引起渗漏等现象。这样就降低了结构的受力性能，影响结构的整体性和耐久性，甚至危及安全。

为了不影响结构，混凝土结构施工缝应当做如下处理：①若施工间歇时间未超过所采用水泥的初凝时间（根据试验确定，无试验资料时，不应超过 2h），继续浇筑混凝土时，可将新混凝土均匀倾入，盖满先浇好的混凝土，然后用振捣工具穿过新混凝土达到已浇好的混凝土层内 5～10cm，将新老混凝土一并捣实，结成整体。②若施工间隔时间较长，已浇筑的混凝土早已终凝，在新浇筑混凝土前应作如下处理：a. 清除接缝表面的水泥浮浆、薄膜、松散砂石，软弱混凝土层、油污等。b. 将钢筋上的锈斑及浮浆刷净。大量实验表明接续面进行粗糙处理可以明显提高接续面粘结强度。下面做法可以得到较好的粗糙界面：首先将旧混凝土适当凿毛，不要触碰钢筋，使旧混凝土表面呈现锯齿状，根据混凝土粗骨料粒径大小（一般为 2～4cm）锯齿深度为粘结面旧混凝土最大骨料粒径的 1/4～1/2，切槽的平均宽度为粘结面旧混凝土最大骨料粒径的1～1.5倍；其次用清水冲洗旧混凝土表面，使旧混凝土在浇筑新混凝土前保持湿润；然后浇筑新混凝土前，在接缝上应先铺一层厚度为1～1.5cm的水泥砂浆（对于水平施工缝，该水泥砂浆厚度宜为2～3cm）；最后将施工缝附近的混凝土细致捣实。

6）预留套管施工

水池结构作为一个容器，必须有进出水管，进出水管根据图纸要求设置刚性防水套管或者柔性防水套管，位置要进行多次验收复核，防止出现误差过大影响设备安装，套管止水环处严格按照图纸要求进行钢筋绑扎，防止出现洞口处应力过大导致的裂缝。套管下部要进行单独振捣，防止出现套管下部孔洞、蜂窝、麻面等漏振及振捣不密实的情况发生。

7）混凝土养护

聚丙烯混凝土养护施工，是影响混凝土质量最大的子工程，我们施工通常情况下多数为水池结构，需要在水池接茬部位进行覆盖养护，水池内外两侧采用洒水养护。在温度较低的时间进行浇筑作业，完成浇筑施工后可按照气温情况进行养护施工。温度较高的环境中可以采用涂刷混凝土养护液的形式对混凝土进行养护。聚丙烯混凝土相比普通混凝土，养护作业施工要求较高，应将一层塑料薄膜覆盖到表面，随后再将一层PE保温被覆盖其上，保证聚丙烯纤维混凝土表面处于湿润状态，增强后期强度。

在特殊单体及特殊部位使用聚丙烯纤维混凝土材料，必须重视后期养护工作，只有这样才能保证施工效果。通过双层覆盖技术能够有效保持混凝土的自有水分，有效控制了混凝土水分蒸发，解决了混凝土工程普遍存在水化热反应引起的温度收缩裂缝、外界环境等原因引起的干燥收缩裂缝。

8）防水防腐处理

本工程参照乐昌市循环经济环保园（垃圾焚烧发电）项目水泥基结晶型防水和澎内传防腐防水防腐做法进行总结。

第一步基面检查：

① 混凝土基面不应有灰浆皮、油渍、未拆除的木方等杂物；起砂、蜂窝和振捣不实、跑浆等不稳固的混凝土结构需剔凿到坚实处后，修补达到施工要求。

② 混凝土墙面（底板）的钢筋头应低于混凝土表面20mm，结构中裂缝缺陷不应超出设计规范要求。

③ 施工缝中不应有外来物质。

④ 施工缝、裂缝应剔凿成2.5cm×2.5cm的U形槽。

第二步作业条件：

① 混凝土基面应处于潮湿状态，无论新或旧的混凝土基面均应用水浸湿，但混凝土表面不得有明水。

② 混凝土基面应平整、牢固、无油渍、起砂等缺陷。否则，先进行处理后方可施工。

③ 混凝土基面必须洁净，适当粗糙，以利渗透。

④ 遇有穿墙管等细部构造处理，在防水防腐作业前应事先安装；严禁在涂料防水防腐层作业完工后又凿眼打洞。

⑤ 施工用水要达到饮用水标准。

第三步底板防水防腐施工做法：

① 使用角向磨光机打磨基面去除浆皮。

② 使用高压水枪冲洗基面，使其洁净，表面不得有明水存留。

③ 混凝土基面必须洁净，适当粗糙、湿润，以利粘结。

④ 使用半硬尼龙刷涂刷澎内传401浆料，涂刷时要反复用力，使凹凸处都涂刷到位，涂层均匀。阴角与凹处不得涂料过厚或沉积，否则影响涂料渗透或造成局部涂层开裂。待第一遍涂层不粘手时，即可进行第二遍涂刷。

第四步池壁墙体防水防腐施工做法：

① 检查基面，找出结构中需要加强的部位，如：结构中的贯穿裂缝、蜂窝麻面、施工缝、后浇带、

螺栓孔等做出标记。

② 对需要加强的部位进行清理：开 2.5cm×2.5cm 的 U 形槽。

③ 用清水冲洗沟槽、螺栓孔等部位，使其充分湿润，但不要有明水存留。涂刷一遍澎内传 401 浆料后，用 T20 快凝封堵材料分层填充补强，填料要挤压密实，使材料与基面紧密粘结。

PVC 贯通螺栓孔应先把墙体内的 PVC 管取出，用 T20 快凝封堵材料填充封实，使材料与基面紧密粘结。

④ 检查修补过的部位是否有遗漏，是否有未发现的缺陷，按上述办法重新修补。

⑤ 用电动角向磨光机整体清理混凝土结构上的污渍、脱膜剂、松浮物以及其他外来物质，保证混凝土基面适当粗糙以利渗透。

⑥ 清洗湿润基面，用清水冲洗已处理过的混凝土基层，达到湿润、润透，表面无明水。

⑦ 涂刷澎内传 401 时用半硬尼龙刷浆料，涂刷时要反复用力，使凹凸处都涂刷到位，涂层均匀。阳角与凸处涂覆均匀，阴角与凹处不得涂料过厚或沉积，否则影响涂料渗透或造成局部涂层开裂。待第一遍涂层不粘手时，即可进行第二遍涂刷。

第五步检查防水防腐层和修补：

① 涂料防水防腐层施工完，需自检的涂层应达到均匀要求，否则应再次进行作业修补。

② 检查涂层有无爆皮现象，若有应先铲除爆皮，做基面处理，再用涂料涂刷修补。

③ 返修部位的基面，仍须保持湿润，必要时做喷水处理后再修补作业

第六步养护：

施工完毕 24h 后（具体时间适环境温度而定）开始用净水养护，使用喷枪的雾状水均匀喷撒。每天 3～5 次，养护期为 5～7d，严禁用大水量冲洗。如施工后，环境湿度较大，可不必养护，必要时还需通风、除湿。

9）渗沥液污水处理池施工技术总结

为保证渗沥液能够满足《生活垃圾渗沥液处理技术规范》CJJ 150—2010、《城镇污水处理厂污染物排放标准》GB 18918—2002 要求达标排放，并且对所在地地下水及土壤连续三年监测五泄漏要求，必须提高混凝土的抗渗功能，减少混凝土的自然开裂。因此聚丙烯混凝土抗渗抗裂性能技术和加强混凝土的养护能够有效控制混凝土开裂这一现象的发生。严格控制防水防腐的施工能够有效阻止渗沥液外漏外渗。在其他渗沥液污水处理项目施工时可以进行参考。

6.3　烟囱筒体液压翻模技术

1. 技术简介

烟囱的作用是将垃圾焚烧产生的尾气排向大气，利用大气的扩散作用将尾气扩散稀释。烟囱与主厂房及主厂房附屋作为全厂的核心标志性建筑物，设计建筑造型时，应充分考虑垃圾焚烧工艺的功能需要，以简洁、实用、高效的形象，体现工业建筑的韵律、简练和美感，故烟囱采用矩形钢筋混凝土结构。钢筋混凝土烟囱传统施工方法为液压滑模、电动升模、滑框倒模等，这在传统技术基础上展开的液压翻模施工技术，有效地解决了施工空间小、高空作业安全风险大、难以控制烟囱筒体垂直度、提升准备工作繁琐等问题，提高了施工效率。

液压翻模工艺是从滑模施工工艺基础上发展的一种先进工艺，模板系统采用两联板翻模，操作钢平台提升系统采用全套液压提模装置，并为模板系统提供内、外二排挂脚手架和模板定位装置；模板安

装、拆卸、清理、刷油、再安装以及筒壁打磨、养护都能在操作台的内、外二排挂脚手架上进行。

液压翻模板平台操作在地面预组装完并调试，调试完成后进行整体吊装，解决了高空坠物与调试困难大的难题，大大提高了可操作性与安全性。钢平台采用全套液压设备同时提模，保证施工连贯性与整体性，能有效保证筒体垂直度，缩短工期。

2. 技术内容

（1）施工工艺流程

烟囱筒体液压翻模施工工艺流程如图6.3-1所示。

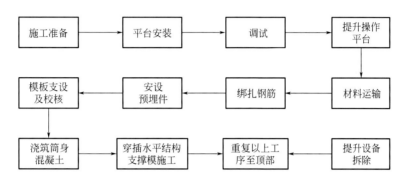

图6.3-1 烟囱筒体液压翻模施工工艺流程图

（2）技术要点

1）施工准备

① 技术准备。

组织工程技术人员熟悉和审查图纸，做好图纸的自审、会审工作。根据总进度计划要求，编制材料及机械设备计划。及时编制该工程的分部、分项工程施工方案，同时做好翻模工艺设计及设备加工等工作。

② 主要设备准备。

主要机械设备为卷扬机、井架、滑轮、钢丝绳、手拉葫芦、液压千斤顶等。

2）液压翻模平台组装

① 操作台主梁的设置。

操作平台如图6.3-2所示。

② 操作平台组装注意事项。

顶升系统：通过液压控制台控制数个液压千斤顶作为提模的提升动力，另备一定数量的液压千斤顶备用。布置于平台的液压千斤顶型号及数量应按专项方案执行。

操作台组装基本完成后，需对操作台进行荷载试压，试压完成后可在内、外挂脚手架上安装模板并进入正常液压翻模施工。

③ 操作台组装：

a. 应根据首层筒壁混凝土浇筑高度需要在筒壁内外搭设脚手架，用于放置操作平台。

b. 铺设平台钢梁→铺设平台钢板→液压千斤顶插入爬杆并固定→液压控制台及油压管路安装→模板安装。

c. 待混凝土强度≥1.2MPa后，安装内、外第一排挂脚手架，安装操作台平台板、脚手架板。

d. 安装外栏杆和单孔井架、缆风绳、井架底部采用圆钢斜拉、操作台平台下部、内外挂安全网，操作台组装基本完成并进行荷载试压。

3）液压翻模设备检查验收

液压提升平台提升前，须对设备检查验收，验收合格后方可使用，整个滑升设备检查项目见表6.3-1。

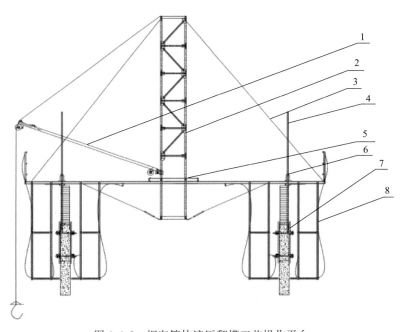

图 6.3-2　烟囱筒体液压翻模工艺操作平台

1—拔杆；2—井架；3—风缆绳；4—支承杆；5—井架底盘；6—千斤顶；7—定形钢模板；8—吊架

滑升设备检查项目　　　　　　　　　　　　　　　　表 6.3-1

检查项目	序号	内容和要求
主要部件	1	主平台梁、环梁连接安装齐全、牢固，位置正确
	2	螺栓拧紧力矩达到技术要求，开口销完全撬开
	3	井架安装垂直度满足要求
	4	结构件无变形、开焊、裂纹
传动系统	5	钢丝绳规格正确，未达到报废标准
	6	钢丝绳固定和编结符合标准要求
	7	各部位滑轮转动灵活、可靠，无卡阻现象
	8	齿条、齿轮、曳引轮符合标准要求，保险装置可靠
	9	各机构转动平稳，无异常响声
	10	各润滑点润滑良好，润滑油牌号正确
	11	制动器、离合器动作灵活可靠
电气系统	12	供电系统正常，额定电压值偏差不超过 5%
	13	接触器、继电器接触良好
	14	仪表、照明、报警系统完好可靠
	15	控制、操作装置动作灵活、可靠
	16	各种电器安全保护装置齐全、可靠
	17	接地电阻应≤4Ω
	18	超载保护装置灵敏可靠
	19	上、下限位开关灵敏可靠
试运行	20	空载
	21	额定载重量
	22	125% 额定载重量

4）液压翻模施工操作要点

a. 通过试验和验算验算知，混凝土对支承杆嵌固强度取 0.7～1.0MPa。提升操作台时的混凝土强度必须≥1.2MPa。

b. 提升操作台前要检查内、外吊脚手架有无与模板连接、挂靠，提升操作台前该项检查工作必须指定专人负责检查，待确认无挂靠后，先预提升 1～2 个千斤顶行程，无异常后再进入正常提升。

c. 操作台提升到位前应用 20kg 大线锤对中，以掌握操作台的漂移方向并加以控制，操作台提升到位后利用丝杆纠正操作台中心，使操作台中心偏移控制在 3cm 以内。

d. 在操作台内环梁上环十字线方向设 4 个距离相同的控制点，通过中心线与 4 个控制点的实测距离计算操作台的偏移方向和偏移量。

e. 提升过程中支承杆必须与环筋焊固，并将支承杆两侧的竖筋焊牢，所有横向钢筋接头处应不少于 3 个焊点，每个焊缝长度不少于 2cm。

f. 支承杆接头应相互错开，相互之间高差约 1m，以后再接定尺长度的支承杆；支承杆接头在离千斤顶 1m 左右时对接，钢管内应加 10cm 长钢管内套进行焊接，焊缝必须磨平。

g. 翻模施工完毕后，将支承杆端口封闭并涂抹沥青防腐。

5）提升设备拆除

① 准备工作：

a. 编制液压翻模设备拆除方案，经批准后方可实施。

b. 对拆除人员开展技术交底和安全技术交底。

c. 设立安全警戒线及警示牌。非施工人员不准进入危险区域或在周围逗留。

② 拆除方法。

采用半整体拆除方法。其顺序为：清理平台→内外模板→安全网、吊脚手架→拉绳→纵平台梁→井架、鼓圈→横向主平台梁。

6.4　炉排式焚烧锅炉安装技术

1. 技术简介

生活垃圾焚烧锅炉是生活垃圾焚烧发电工程的主要设备，由焚烧炉、余热锅炉及辅属系统组成，其中焚烧炉包括钢架、炉排、炉壳、料斗、溜槽及焚烧炉液压系统等设备部件；余热锅炉主要由钢架、汽包、受热面、蒸发面等组成。生活垃圾焚烧炉大多使用炉排式焚烧炉，其具有生活垃圾处理量大、供料连续稳定、对垃圾预处理要求低、适应热值较低的城市生活垃圾、垃圾处理彻底等特点。生活垃圾在焚烧炉膛内，通过干燥、燃烧、燃烬三个阶段得到有效处理。炉排式焚烧炉生活垃圾处理量可达 $160 \times 10^3 \sim 800 \times 10^3$ kg/d，垃圾层面的温度可达 800℃，可使余热锅炉内蒸汽温度超过 350℃。

生活垃圾炉排式焚烧锅炉结构复杂，体积较大，外形瘦高，具有安装技术要求高、施工难度大等特点，在施工过程中应重点控制炉体钢结构、水冷壁、汽包、过热器、省煤器等主要构部件安装及焊接质量。某工程生活垃圾炉排式焚烧锅炉总图如图 6.4-1 所示。

2. 技术内容

（1）施工工艺流程

炉排式焚烧锅炉施工工艺流程如图 6.4-2 所示。

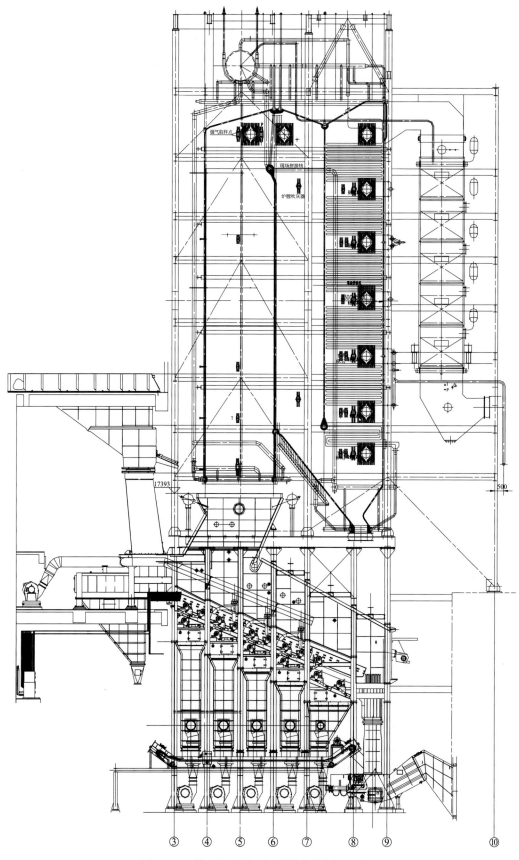

烟气取样点
现场拼接线
炉膛吹灰器

烟气取样点

17393

500

③ ④ ⑤ ⑥ ⑦ ⑧ ⑨ ⑩

图 6.4-1　某工程生活垃圾炉排式焚烧锅炉总图

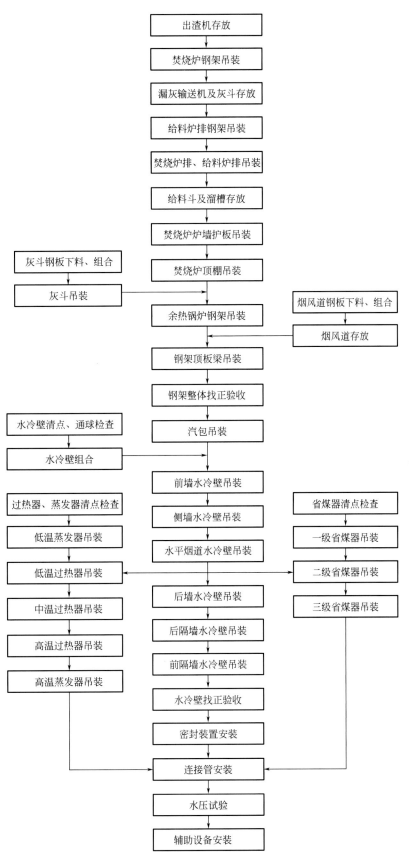

图 6.4-2 炉排式焚烧锅炉施工工艺流程图

（2）技术要点

1）锅炉钢架的安装

① 锅炉钢架安装前的准备：

a. 锅炉钢架安装前应进行表面清理，并画出第一段立柱的 1m 标高线、立柱的中心线。

b. 第一段立柱的 1m 标高应根据厂家图纸，从第一段钢架立柱的下端向上测定，尺寸以图纸标识为准，1m 标高线测定后用样冲打出，并用红色油漆做出清晰的三角标记。

c. 立柱中心点应为立柱轴线梁连接端面的中心，确定出中心点后，将其连接起来就是立柱中心线。中心线确定后用样冲打出，并用红色油漆做出清晰的标记。第一段立柱要求在垂直两端面划出中心线，第一段以上立柱可在其两垂直端面的等同高度上、中、下各划出 1m 长的中心线。

d. 钢架安装前必须将柱底板的接合面清理干净。

② 锅炉钢架的吊装就位及找正：

a. 锅炉钢架按由右向左、由后向前的顺序进行吊装。

b. 吊装前构件表面应清理干净，构件油漆有脱落时应补刷。

c. 将缆风绳、溜绳、摘勾扶梯、脚手架生根件固定在立柱上。

d. 钢架立柱安装用起重机吊装就位。

e. 钢架起吊到离地面 200～300mm 的高度，应检查各吊装索具受力是否均匀，持续 30s 后检查无下沉现象，方可继续起吊。钢架吊装的速度应均匀缓慢，当钢架立柱逐渐落在基础上时应特别小心，防止损坏柱底板的承力面。此时检查柱底板中心线与柱中心是否重合，并在立柱悬吊状态下进行找正工作。

f. 立柱就位后，应按图纸要求，在两侧加装垫板，并用两台经纬仪分两个方向进行垂直找正，然后用缆风绳将其固定。

g. 立柱吊装的过程中，应穿插进行组件之间连梁、水平支撑的吊装，确保构架稳固安全。

h. 每段钢架吊装完后，要进行分段找正，每层钢架吊装完毕要进行整体找正，保证钢架找正的误差在规范允许范围内。两侧连接板有厚度差时，应加软钢垫片补差。

i. 梯子、平台栏杆的吊装与钢架同步进行，并及时进行完善，以确保安全。

2）大板梁安装

① 大板梁安装顺序。

钢架安装验收完毕→炉顶钢架划线并验收→顶板梁安装→主梁安装→次梁安装→各连接梁及支梁安装→钢架整体验收。

② 开箱检查、验收。

锅炉顶板梁在安装前，应根据供货清单，装箱单和图纸清点数量，并作好详细记录，主梁、次梁及小梁等主要部件需作下列检查。

a. 外形尺寸应符合图纸及规范要求。

b. 外观检查有无锈蚀、重皮、裂纹等缺陷。

c. 外观检查焊缝和其他焊接部位的质量。

d. 各托架位置尺寸是否与图纸相符。

③ 安装施工工艺：

a. 测量板梁长度（在板梁上下翼板的两侧测量）、板梁高度（在板梁两端立筋处上下翼板的两侧测量）、板梁宽度（上、下盖板每隔 2m 用钢板尺检测）、板梁腹板中心位置偏差（检测两端面位置，拉线，用钢板尺检测）、板梁盖板倾斜度（用钢尺、直尺检测两端面）、板梁旁弯度（使梁立放，在腹板一侧拉线，用钢板尺检查）、板梁垂直挠度、板梁扭转值，外观检查合格后，在板梁两端分别划出各大板梁上、下翼板面上的中心线。

b. 吊装之前应进行钢架整体检查，检查钢架立柱标高、顶部钢架的跨距尺寸、对角尺寸，实测偏差值应在规范范围内。1m 标高处焊好沉降观察点，并做好观察记录。

3）水冷壁安装

① 水冷壁安装顺序。

施工准备→组对平台搭设→设备检验→水冷壁吊挂装置安装→前墙水冷壁下联箱与膜式壁组合、安装、固定→右侧墙水冷壁上、下联箱与膜式壁组合、安装、固定→左侧墙水冷壁上、下联箱与膜式壁组合、安装、固定→中模式壁Ⅰ水冷壁上、下联箱与膜式壁组合、安装、固定→中模式壁Ⅱ水冷壁上、下联箱与膜式壁组合、安装、固定→后墙水冷壁上、下联箱与膜式壁组合、安装、固定→蒸发器安装→过热器安装→水冷壁整体安装、找正、固定。

② 水冷壁施工要点：

a. 严格按图纸施工，根据水冷壁尺寸搭设各组件组合平台，平台平面应平整。

b. 在设备摆放前，应先检查设备外观无裂纹、擦伤等缺陷，联箱管接头位置、数量是否正确，壁厚用卡尺测量复查，如有缺陷及时上报。

c. 清理联箱内部，不得有焊条头、加工铁屑等杂物，将联箱摆放在组合平台上，找正并标出中心线，在联箱两端打出相应铣眼标记后将联箱加固，加固时严禁在联箱上引弧、点焊或焊接。

d. 将管排及钢管摆放在组合平台上，检查其长、宽、对角线、人孔、吹灰孔位置是否符合图纸后，开展通球试验。通球试验合格后应做好可靠的封闭措施，做好记录，通球试验的同时在管口部位作好明显的标记。通球压缩空气压力不小于 0.4MPa，通球球径根据管子尺寸选取。

e. 对联箱、管排进行地面整体找正，组件长、宽、对角线及各部件间隙均应符合图纸要求，并做好记录，经验收合格后方可对口焊接。

f. 对口前应先进行管口清理，管端内外 10～15mm 范围内无油垢、铁锈，并带有金属光泽。对口焊接时应有防风、防雨措施，焊口完成后依图进行拼缝密封。

g. 依据图纸在组合平台上绘出刚性梁位置，进行刚性梁与管排组合，焊接人孔门、护板密封等附件。

h. 吊装水冷壁就位找正。以汽包标高为基准，使用水准仪、玻璃管水平仪配合找正组件标高及联箱纵横水平度，找正后调整吊杆，使其受力均匀，拧紧螺母，用型钢将联箱临时固定，严禁在联箱上点焊或焊接。

i. 上部四侧炉膛上联箱及水冷壁吊装、找正完成后，检查联箱及水冷壁的间距及对角线尺寸，符合质量要求后，将四面水冷壁及其上联箱与周围钢结构构件、平台扶梯临时固定，以防后序部件安装时移位。再次复查炉膛水冷壁间距、对角线尺寸，合格后再进行后续安装。等所有水冷壁吊装完毕，整体找正后，拆除所有安装用的定位板、脚手架等，割除时严禁损伤设备，接触面应打磨光滑。

4）水冷壁组对

a. 水冷壁的预制组合平台宜搭设在锅炉安装位置附近场地，以便于起重吊装。

b. 膜式壁铺设到组合架上后，应检查管屏的外观表面质量，检查是否存在咬边、凹坑、磨损等缺陷。管屏对接工作完成后，应检查焊缝的外观质量，要求对焊瘤、突出部位进行打磨清理、焊缝不饱满处应进行补焊。

c. 膜式壁两端对接处，制造厂一般会留有一定长度未焊扁钢，以便安装时对口。如对口仍有困难，可继续切割鳍片，待对口焊接工作完成后按图纸要求恢复密封。膜式管屏对接焊口应采用两人两侧同时施焊，可有效防止管子对接折口、甚至管屏弯曲。

d. 为确保受热面整体尺寸，水冷壁管屏制造时一般控制为负公差，对口前应校核管屏整体尺寸，在安装过程中应消除公差，避免累计公差，管屏对口时应以中心为基准进行对口。

e. 管屏吊装时，应选择合理的吊点和吊装辅助工具，防止管屏变形，对增加的临时起吊耳板应在吊装结束后及时拆除。

f.受热面各部件在安装完毕后，应校核整体尺寸满足设计要求，保证管屏的间距和平整度，满足膨胀要求和杜绝"烟气走廊"形成。

g.组合过程中需在管排鳍片处开孔以满足吊装安装吊耳需求、吊耳材质及厚度应按照吊装方案确定，加工制作如图 6.4-3 所示。水冷壁吊点位置应对称且在吊点下部补强、焊接牢固。起吊时，起吊绳通过卡环和吊耳进行捆绑。为方便快速对口，还应在下侧吊装的管屏对口侧焊接定位角铁，吊耳布置如图 6.4-4 所示。

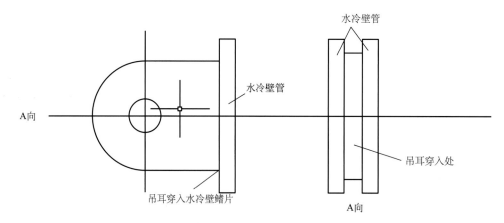

图 6.4-3　水冷壁吊耳图

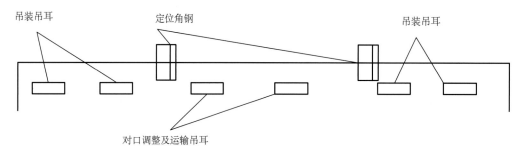

图 6.4-4　水冷壁吊耳布置图

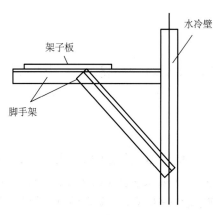

图 6.4-5　脚手架布置图

h.在管排上设置好管排空中对口以及找正时用的脚手架，如图 6.4-5 所示，脚手架的支撑牛腿生根在水冷壁鳍片上并焊接牢固，牛腿上铺设架子板，用铁丝将架子板绑扎在牛腿上，并焊上防护栏杆，便于施工人员来回行走。空中对口结束后拆除临时吊耳及脚手架，并用角向磨光机打磨干净。

5）水冷壁吊装

在组合平台上完成水冷壁单片组装后，采用起重机吊装水冷壁移入炉膛，水冷壁吊挂装置吊挂于大板梁顶板上；组合平台上水冷壁单片组对好后，吊装至安装位置，再进行水冷壁吊挂装置的安装并对水冷壁进行临时固定。必要时，应采取辅助起重机协助吊装。

6）过热器安装

① 安装顺序：一级过热器→二级过热器→三级过热器，过热器安装采用起重机吊装预存方式，再用手拉葫芦进行单片安装，先从一侧找正基准管排，然后再以基准管排进行找正下一片管排，安装过程中应保证管排的平整度及与水冷壁管排的间距。三级过热器蛇形管系直接进行吊装预存，一级、二级过

热器两层单片蛇形管系在地面组对好后再进行成片吊装。

② 一级、二级、三级过热器先在组合平台上检查，做通球试验和上部管的光谱分析，打磨坡口，并将夹板组合在管排上，组合加固后，吊装调整就位。

7）省煤器安装

① 图纸会审→安全技术交底→设备清点、检查、编号→省煤器通球→联箱放线、找正→省煤器第一组安装、找正→第二组安装、找正→整体找正并验收。

② 锅炉省煤器采用三管箱逆流布置，管箱护板结构安装在锅炉后部，管箱支撑在尾部钢架的钢梁上。省煤器安装采用起重机吊装。

8）汽包安装

① 汽包两端封头均设有人孔装置，锅筒用吊架悬吊在顶板梁上，吊架对称布置。

② 顶板和汽包在地面组合完成后，用起重机吊装就位。

9）锅炉水压试验

锅炉受热面系统安装完成后，应按劳动人事部颁发的《蒸汽锅炉安全技术监察规程》及设备技术文件的规定进行水压试验。

① 锅炉水压试验前，一般可进行一次 $0.2 \sim 0.3$ MPa 的风压试验。

② 锅炉水压试验时的环境温度一般应在 5℃ 以上，否则应有可靠的防冻防寒措施。

③ 水压试验的水质和进水温度应符合设备设计文件的规定，无规定时应按《电力建设施工及验收技术规范（火力发电厂化学篇）》DL 5007—1992 的规定执行，一般水温不应超过 80℃，对合金钢受压元件，水压试验的水温应符合设备技术文件及《蒸汽锅炉安全技术监察规程》的规定。

④ 水压试验时锅炉上应安装不少于两块经过校验合格、精度不低于 1.5 级的压力表，试验压力以主汽包或过热器出口联箱处的压力表读数为准。

⑤ 水压试验压力升降速度一般不应大于 0.3MPa/min；当达到试验压力的 10% 左右时，应作初步检查；如未发现泄漏，可升至工作压力检查有无漏水和异常现象；然后，继续升至试验压力，保持 5min 后降至工作压力进行全面检查，检查期间压力应保持不变；检查中若无破裂、变形及漏水现象，则认为水压试验合格。但对焊缝处所发现的大小渗漏，均应进行修理。是否再进行超压试验，应视渗漏量数量和部位的具体情况而定。

⑥ 锅炉在试验压力下的水压试验应尽量少做。

⑦ 锅炉水压试验合格后应办理签证并及时防水；水压试验距化学清洗时间大于 30d 时，应按《电力建设施工及验收技术规范（火力发电厂化学篇）》DL 5007—1992 的规定，采取防腐措施。

6.5　汽轮发电机组安装技术

1. 技术简介

汽轮发电机是指用汽轮机驱动的发电机，由汽轮机和发电机组成，是生活垃圾焚烧发电工程中重要设备之一。由垃圾焚烧锅炉产生的过热蒸汽进入汽轮机内膨胀做功，使汽轮机叶片转动而带动发电机发电，做功后的废汽经凝汽器、循环水泵、凝结水泵、给水加热装置等送回垃圾焚烧锅炉循环使用。汽轮机由台板、汽缸、转子、隔板、汽封等部件构成；发电机组由台板、定子、发电转子、励磁装置及冷却系统等构成。

汽轮发电机组重量重，仅定子重量达数十吨，运输、吊装难度大；许多部位组对间隙允许偏差值小于 0.03mm，组装精度高；较多构部件属精密加工制造，成品保护要求严。施工过程中须严格把控每道安装工序质量。

某城市生活垃圾焚烧发电工程汽轮发电机组如图 6.5-1 所示。

图 6.5-1　某城市生活垃圾焚烧发电工程汽轮发电机结构简图

2. 技术内容

（1）施工工艺流程

汽轮发电机安装工艺流程，如图 6.5-2 所示。

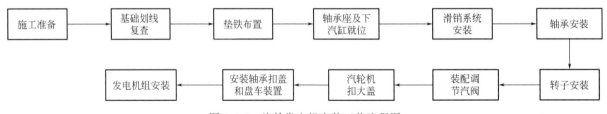

图 6.5-2　汽轮发电机安装工艺流程图

（2）技术要点

1）施工准备

熟悉设计图纸、安装说明书、技术规范等，编制技术方案，开展技术培训，验收施工机械设备，核对到场设备，做好场地平整及交通运输、临时水电等准备工作。

2）对基础的要求

① 基础混凝土表面应平整、无裂纹、孔洞、蜂窝、麻面及露筋等缺陷。

② 设计要求抹面和粉饰的部分，尤其是发电机风室和风道，抹面应平整、光滑、牢固、无脱皮、掉粉现象。

③ 基础的纵向中心线对凝汽器和发电机基座的横向中心线应垂直，确认机组上、下部件连接和受热膨胀不致受阻。

④ 设备下的混凝土承力面及空冷发电机的混凝土风道顶部等处的标高应与图纸相符。

⑤ 地脚螺栓孔内必须清理干净，螺栓孔中心线对基础中心线偏差不大于 $10d$（d 为预埋钢套管内径）且小于 10mm。

⑥ 各牛脚和预埋孔洞的纵横中心线、断面和标高，发电机与凝汽器的安装空间的几何尺寸，发电机与励磁机引出线，通风道，氢冷及水冷的穿管孔尺寸和相对位置尺寸都应符合设计要求。

⑦ 基础与厂房及有关运转平台间的隔振缝隙中的模板和杂物，应清除干净。

⑧ 对基础应进行沉陷观察，观测工作至少应配合下列工序进行：

基础养护期满后。

汽轮机全部汽缸就位和发电机定子就位前、后。

汽轮机和发电机二次浇筑混凝土前。

整套试运行后。

⑨ 当基础不均匀沉陷致使汽轮机找平、找正和找中心工作隔日测量有明显变化时，不得进行设备的安装。除加强沉陷观测外还应研究处理。

3）垫铁布置

在进行汽轮发电机组相关设施安装之前，首先需要对地基混凝土的强度进行检测，确保地基混凝土强度达到预定强度的 70% 以上时才能进行安装。在进行施工之前，首先需要布置合适的垫铁，具体的布置方式如图 6.5-3 所示。

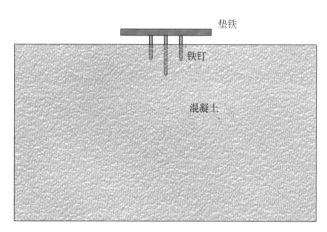

图 6.5-3　垫铁布置方式

垫铁的材质应为钢板或铸铁件，或按制造厂规定使用特制的混凝土垫块。

垫铁的布置应符合下列原则：

① 符合集中的地方。

② 台板地脚螺栓的两侧。

③ 台板的四角处。

④ 台板加强筋部位应适当增设垫铁。

⑤ 垫铁的静负荷不应超过 4MPa。

⑥ 相临两垫铁之间的距离一般为 300～700mm。

垫铁的装设应符合下列要求：

① 允许采用环氧树脂砂浆将垫铁粘合在基础上。

② 每叠垫铁一般不超过 3 块，其中只允许有一对斜垫铁。

③ 两块斜垫铁错开的面积不应超过该垫铁面积的 25%。

④ 台板与垫铁及各层垫铁之间应接触密实，0.05mm 塞尺一般应塞不进，局部塞入部分不得大于

边长的 1/4，其塞入深度不得超过侧边长的 1/4。

⑤ 引进型汽轮机采用埋置垫铁的，垫铁沿汽轮机纵向轴线的标高应使各轴承的标高差符合制造厂的规定，垫铁标高较规定值的偏差仅允许低 1~2mm，每块水平度都应与轴系扬度相适应，偏差不大于 0.1mm/m。

⑥ 以汽轮发电机组纵横中心线为基准，各埋置垫铁位置对螺孔中心的偏差应不大于 3mm。

⑦ 在垫铁安装完毕，汽缸正式扣盖前，应在各叠垫铁侧面点焊。

4）底座架、轴承座及下汽缸就位

轴承座内部应清理干净，无铸砂、裂纹、锈污及杂物，内表面的油漆等应清除彻底。做渗漏试验时，煤油应灌至回油口上边缘，涂石灰水 24h 观察有无渗漏。检查台板与前轴承座放气孔及注油孔，均应清洁畅通，检查轴承座与台板结合面接触情况，四周用 0.05mm 塞尺应塞不入，并用涂色法检查，接触面积应大于 75%，且接触均匀，检查时应注意控制研磨的距离，以防止"假点"的发生。检查前轴承座及台板的滑销间隙，应在厂家图纸规定的范围内，否则应进行调整。轴承座中分面清理检修，上拧紧中分面螺栓后用 0.05mm 塞尺检查水平中分面间隙，应塞不入。各法兰结合面接触，用涂色法检查，应整圈连续接触无间断痕迹。

由于汽轮机厂家在汽轮机出厂之前，要在设备表面喷涂银粉或涂抹黄油，以防止汽轮机在运输过程中因受潮而使设备生锈。因此，在安装过程中将设备表面的黄油或银粉擦拭掉。汽缸清理完毕后，随即对汽缸进行组合。汽缸在出厂之前，高压缸与中压缸已组合完毕，所以在现场不必组合，只需将高中压缸与低压缸进行现场组合。组合时应注意：高中压缸与低压缸的接口处应用刀口尺与百分表配合测量，以防止张口。汽缸组合完毕后，方可进行汽缸就位工作。下汽缸就位完毕后，可对汽缸进行找正、找平及中心调整。

在进行组装的过程中需要充分的考虑汽缸水平面同涂料的结合问题，具体安装时要严格的遵照相关的技术要求，避免在安装的过程中存在技术上的缺陷。在进行安装时要准确地把握汽缸和轴承座之间的相对位置，在进行汽缸的吊装安装时要合理的选择吊装位置，避免在吊装的过程中出现变形，进而对整体造成负面的影响。在汽轮发电机的安装过程中，要尽可能地避免使安装的机械设备出现一定的形变。

5）滑销系统安装

滑销系统在轴承座、汽缸就位前必须进行全面检查，汽缸就位后进行测量修刮。现场安装原则上不得更改销孔位置，所有滑销严禁强行切入而扭斜，各滑销材料应符合图纸要求，不允许随便代用。滑销的间隙测量应尽可能地采用内外径千分尺进行。对间隙不合格的滑销应进行修正，对间隙过小的滑销可进行修刮，对间隙过大的滑销应通知厂家进行重新配制。部分滑销制造厂仅用点焊固定，滑销调整结束验收合格后应全面检查，补焊固定符合要求。在进行汽轮发电机的安装时，要首先确保滑动的区域不存在毛刺和损伤，因此在安装之前需要对相关的部位进行清理。在完成对滑动区域的清理之后，需要进一步进行滑销和槽体之间的清理工作，确保其在滑动的过程中不会出现卡涩的现象。

滑销系统应满足以下要求：

① 对滑销、销槽及引进型机组低压缸的纵、横向定位锚固板应检查其尺寸，确认与设备能互相配合，各滑动配合面应无损伤和毛刺，必要时应进行修刮。

② 用塞尺测量滑销与销槽的配合间隙，或用内、外径千分尺分别测量滑销与销槽的对应尺寸，取其差值作为滑销间隙，并记入安装记录。各部滑销配合的要求应符合制造厂图纸的规定。

③ 沿滑动方向取三点测量，滑销或滑销槽各自三点测得的尺寸相互差均不得超过 0.03mm。

④ 将滑销进行试装，应滑动自如。在一块台板上有两个滑销位于同一条直线上时，应测取其横向相对位移作为间隙值，往复滑动应灵活无卡涩。

⑤ 滑销在汽缸、台板或轴承座上必须牢固地固定，直接镶嵌的必须有一定紧力，用螺栓连接的其

定位销必须紧固，固定滑销的螺钉不得影响滑销的间隙，内外缸水平结合面上的横销在轴向位置固定后必须焊牢。

⑥ 猫爪横销的承力面和滑动面用涂色法检查，应接触良好。试装时用 0.05mm 塞尺自两端检查，除局部不规则缺陷外应无间隙。

⑦ 猫爪横销的定位钉应光滑无毛刺，用涂色法检查应吃力均匀，销孔应无错口。

⑧ 引进型机组在汽缸定位后，应对锚固板两侧配置永久定位垫板，其与锚固板的间隙为 0.03～0.04mm。

⑨ 各轴承座或汽缸与台板的联系螺栓，当螺栓紧至极限位置时，联系螺栓垫片与轴承座或汽缸底座平面间应有 0.04～0.08mm 间隙，螺杆与底座螺孔在热胀方向应留有足够的缝隙。

⑩ 轴承座滑动面上的油脂孔道应清洁畅通，检查轴承座在膨胀范围内油道不应与台板地脚螺孔重叠，对于滑块结构应按制造厂规定在研刮后取下滑块螺钉。

6）轴承安装

轴承通常由上、下两个部分组成，在对其进行安装时首先需要检查轴承与底座之间的连接情况，保证轴承同各个结合面之间存在良好的接触。在完成轴承安装之后，需要对轴瓦的下半部分、瓦座、瓦套之间的连接进行全面的检测，保证三者之间存在较为密切的连接。在完成安装之后应该采用塞尺对三者之间的接触情况进行全面深入的检测，查看塞尺能否插入到结合面的缝隙之中，如果能够将塞尺插入，则说明安装存在失误，需要重新安装，直至塞尺无法插入到缝隙之中。在进行轴承安装时要充分地考虑其与电机轴能否实现完美的配合。在安装时应保证在经过一定时间的研磨之后，轴承同轴之间的接触面积应该大于 75％。

7）转子安装

在进行转子的安装时要确保转子的同轴度，转子运动过程中的轴向和径向跳动满足相关的技术要求。在进行转子安装时首先需要对轴颈和轴承进行清洁，然后在其上涂抹足够的平油。

转子安装前应进行下列各项检查：

① 通流部分应无油脂，汽封、轴颈、推力盘、齿轮、蜗母和联轴器等部件，应无锈污或油漆。

② 转子各部分，包括焊接转子的焊缝，应无裂纹和其他损伤。轴颈、推力盘、齿轮、蜗杆和联轴器应光洁无毛刺。轮毂上平衡重量、锁链、中心孔的堵板及其他锁紧零件均应锁紧，并检查联轴器。

③ 套装叶轮的相邻轮毂之间的缝隙内应清洁无杂物。

④ 轴颈椭圆度和不柱度应不大于 0.02mm，不合格时应研究处理。

⑤ 轴的弯曲度应经复测，做好记录，其数据和相位应与制造厂总装记录基本相符，六级以上的套装叶轮转子中部最大弯曲度应不大于 0.06mm，超过允许值或与出厂记录出入较大时应通知制造厂研究处理。

⑥ 推力盘外缘端面瓢偏应不大于其半径的 0.01/100，不合格时应研究处理。修整后，除按照规定复测跳动值外，还须用平板涂色检查，确认平整光洁，推力盘的径向跳动值应小于 0.03mm。

⑦ 转子上与轴向位移及胀差的检测装置相对应的凸缘应无损伤和凹凸不平的现象。

⑧ 转子叶片及复环应无松动和损伤，镶装应平整，无凸出部分。

⑨ 镶装在轴上的汽封片应牢固，无歪斜和损伤情况。

转子在汽缸内找中心应符合下列要求：

① 转子在汽缸内找中心应在制造厂指定的洼窝位置测量，一般以汽缸前、后汽封或油挡洼窝为准，测量部位应光洁，各次测量应在同一位置。

② 轴承各部件应安放正确，接触良好，保证盘动转子后中心不发生径向变化。

③ 转子第一次向汽缸内就位时，应将汽封块全部拆除。

④ 盘动转子应先检查转动部分和静止部分之间有无杂物阻碍转子转动。用工具盘动转子时严禁损

伤转子、汽缸和轴承座的平面。

⑤ 盘动转子时必须装设临时的止推装置和防止轴瓦转动的装置。

转子在汽缸内找中心完成后，机组各有关部件应达到下列要求：

① 转子的中心位置和轴颈的扬度应符合找正要求，前后洼窝中心应经核对，做出记录，并注明测量位置。

② 汽缸的负荷分配应符合要求，其数值及汽缸水平扬度都应做出记录。

③ 滑销调整好并固定。

④ 转子在轴瓦洼窝和油挡洼窝处的中心位置，应满足在扣好汽缸上盖后仍能顺利取出轴瓦及油挡板的要求。

⑤ 对于双缸或多缸汽轮机转子，其联轴器的找中心工作应连续依次找好，并做出正式记录。

⑥ 对于与转子相连接的主油泵、涡轮组或减速齿轮等装置，应相应地找好中心。

8）装配调节汽阀

在进行阀门的调节时需要对各个阀门的升程和空隙进行恰当的调整，在调整的过程之中要对相关的间隙进行精准的测量。在进行测量的过程中，也要对空气的间隙进行精准的测量，进而保证安装完成之后相关的间隙符合要求。

9）汽轮机扣大盖

在对汽轮机的内部机构进行全面完整的检测之后，确保内部清洁，然后进行扣大盖的工作。在进行这一项工作之前首先对大盖进行全面的检测，确保大盖符合相关的设计要求。安装前应将汽缸内所有零件取出，在每个零部件的接合处涂上二硫化钼粉。扣盖工作连续进行，不允许间断。

汽轮机扣大盖应符合下列要求：

① 扣大盖所需的设备零部件，应预先进行清点检查，无短缺或不合格的情况，并按一定的次序放置整齐。

② 施工用的工具和器具应仔细清点和登记，扣完大盖后应再次清点，不得遗失。

③ 汽缸内各部件及其空隙必须仔细检查并用压缩空气吹扫，确保内部清洁无杂物、结合面光洁、各孔洞通道部分应畅通，需堵塞隔绝部分应堵死。

④ 对汽缸的各个零部件的结合部位，都必须涂敷规定的或适当的涂料。

⑤ 汽缸内在运行中可能松脱的部件，扣缸前应最后锁紧，对于运行中可能松脱的无用部件，如防脱螺栓等应予拆掉。

⑥ 吊装上缸时，应用精密水平仪监视汽缸水平结合面，使之与下缸的水平扬度相适应，安放时应装好涂油的导杆，下降时应随时检查，不得有不均匀的下落和卡住现象。

⑦ 汽缸水平结合面上的涂料，应在上缸扣至接近下缸时涂抹，此时应将上缸临时支垫好，确保安全，涂料应匀薄，厚度一般为 0.50mm 左右，如仅使用耐高温的粉剂，应用力涂擦并吹去多余的干粉。

⑧ 在上下缸水平结合面即将闭合而吊索尚未放松时，应将定位销打入汽缸销孔。

⑨ 扣大盖工作从内缸吊装第一个部件开始至上缸就位，全部工作应连续进行，不得中断，双层结构的汽缸应进行到外上缸扣完为止。

⑩ 扣盖完毕后应盘动转子倾听，汽缸内部应无摩擦音响。

10）安装盘车装置

盘车装置是带动机组轴系缓慢转动的机械装置，盘车装置采用动态投入方式，即先启动盘车电机，在啮合力作用下摆轮到啮合位置并带动转子旋转。当汽轮机转速超过盘车转速时盘车齿轮自动甩开。盘车装置备有电液操纵系统，可以远距离操作或程控操作，也可以手动就地操作，可连续盘车，也可间歇盘车。

启、停盘车时应注意下列事项：

① 停机时，必须等转子转速降到零后，才能投入盘车，否则会严重损坏盘车装置和转子上的齿环。

② 停机后应立即投入盘车，连续盘车到汽缸内壁金属温度降低到 150℃时，可改用间歇盘车，直到所测转子挠度值不再变化时才能停止盘车。

③ 投入盘车装置前，必须先启动润滑油系统，使之有充分的润滑油供给。

在完成安装之后用手转动轴承，如果能够灵活转动则说明安装非常成功，符合技术要求。

11）发电机组安装

汽轮发电机组安装主要技术的控制内容包括：

① 对台板的位置进行有效的调整使其顺利就位，台板就位后用临时垫铁找正找平，起吊定子安装在台板上用铜丝穿过定子中心进行找正，采用接轴法穿好发电机转子。

② 对转子进行试转，确保其能够顺利运动，转子安装前应进行检查，确认槽楔无松动，通风沟内畅通无堵。转子上不应有活动零件，轴颈光滑无油垢、油漆、锈污、麻坑和机械损伤。轴颈的椭圆度和锥度一般不应大于 0.03mm，当超过 0.03mm 时应进行处理。

③ 通过移动定子的左右位置和台板的高低对定子的位置进行初步找平和找正，在确定定子的轴向位置时，应考虑到机组在运行时由于发电机转子的冷热胀缩以及汽轮机转子的相对冷热胀缩（即转子与汽缸的胀差），引起发电机转子横向中心的轴向后移（向励磁机端位移），所以在安装定子时必须使其横向励磁机方向预留约 2mm 的冷热胀缩长度，以保证在运动过程中定子横向中心与转子横向中心的重合。

④ 转子安装。先进行转子吊装，吊装前要确定吊点，保证平衡，务必使转子稳妥可靠地穿入定子之内，拴绳扣处要垫以厚胶皮或柔软物品和硬木，以确保转子不受损坏。转子进入定子内时，应采用手动盘车，使桥式吊车缓慢前进，确保整个穿入过程安全平稳。安装转子前要在定子内部圆周表面放置一层青壳纸，并在转子运送过程中跟随移动，以检查转子和定子有无摩擦现象。

⑤ 联轴器的间隙调整。转子联轴器出现组对间隙偏差时，须进行调整，否则将影响整个汽轮发电机的工作稳定性。根据偏移的情况，采用"逐渐近似"方法进行调整支脚垫片厚度。联轴器找中应以汽轮机转子中心为基准，操作注意事项如下：

a. 每次测量应在两个联轴器各自沿相同方向旋转 90°或 180°后进行，每盘动转子后测量时，两半联轴器的测点位置应对准不变，盘动的角度应准确一致。

b. 端面偏差测量时，应测量在互成 180°位置的两个对应点，以消除转子窜动所引起的误差。

c. 测量时，两个转子之间不允许有刚性连接，均应保持自由状态。

d. 联轴器的找中心工具应有足够的刚度，安装必须牢固可靠，使用的联轴器盘动一周返回到原来的位置以后，圆周方向的百分表读数应能回到原来的数值。端面方向两块表的差值要相等。

e. 在联轴器找中心的同时，应保持油挡洼窝和定位转子轴颈扬度等均在规定范围之内，台板应无间隙，垫铁与台板、垫铁之间用 0.05mm 塞尺塞入检查，以不能插入为合格。

⑥ 安装励磁机。励磁连接线、刷架应固定牢固，导线部分应连接紧密，对地绝缘良好，刷盒与滑环表面间隙安装时调整为 2~4mm，电刷与刷握应有 0.10~0.20mm 间隙。定子引出线接触面应清洁，平整光滑。励磁机的空气隙应均匀，并符合制造厂的规定，偏差控制要求：当间隙在 3mm 以下时不大于平均间隙的 10%，当间隙在 3mm 以上时不大于平均间隙的 5%。

⑦ 联轴器找正。联轴器连接时先将两个联轴器按找中心时的相对位置对正，使用临时螺栓连接，测量联轴器外圆的晃度，每个测点相对变化值不大于 0.02mm。安装联接螺栓应加润滑剂，用小榔头轻轻敲入，螺栓的紧力须符合设备安装说明书规定。联轴器螺栓连接后，应复查联轴器各测量点圆周晃度值和连接前的变化不大于 0.02mm，最后将螺母锁紧。联轴器连接经检查验收合格后，便可以进行联轴器罩壳的安装工作，罩壳的安装按照制造厂家图纸的要求进行。

6.6 烟气净化工程安装技术

1. 技术简介

生活垃圾焚烧是一种被国外、国内普遍认可的垃圾处方式，它的减量化、资源化和无害化效果都比较理想。目前，影响垃圾焚烧技术发展的主要因素是二次污染防治技术特别是废气处理技术是否科学有效。生活垃圾在焚烧过程中，垃圾中的细菌、病毒能被彻底消灭，各种恶臭气体虽能得到高温分解，但烟气中仍含有粉尘、氯化氢（HCl）、二氧化硫（SO_2）、氮氧化物（NOX）、一氧化碳（CO）、二噁英（PCDD）、有机污染物及金属化合物等有害气体，对大气和周边环境产生二次污染。为将生活垃圾"减量化、无害化、资源化"的目标推进到更高的阶段，生活垃圾焚烧尾气必须进行有效处理。生活垃圾焚烧尾气有多种处理方式，其中半干式加布袋除尘处理技术因其具有经济性、高效性、可靠性而被广泛应用，半干式加布袋除尘系统由石灰浆、布袋除尘器、活性炭等部分组成，石灰浆可将烟气中的酸性气体中和、布袋除尘器可吸收并去除灰尘、活性炭吸附并去除烟尘中的二噁英（PCDD）和挥发性重金属。本节介绍一种类似半干式加布袋除尘处理工艺的烟气净化技术，该技术采用SNCR（氨水）＋旋转喷雾半干法＋消石灰干法＋活性炭喷射＋袋式除尘器＋烟气再循环处理工艺，本工艺由炉内脱硝（SNCR）系统、石灰浆制备系统、半干喷雾反应塔系统、消石灰喷射系统、活性炭喷射系统、袋式除尘器系统、飞灰稳定化系统组成，经此工艺处理后的烟气可将污染指标控制在国家规定的范围内，对周围环境的不良影响可大大降低。

烟气净化工程主要设备有反应塔、石灰仓、除尘器、输送机、水泵及辅助系统等，钢结构制作安装工程量大、现场制造非标设备体数量多、输送管路较为复杂，应合理规划非标设备现场加工制作场地、运输道路，统筹各单元、设备安装施工顺序，严控现场施工质量。

烟气净化工艺流程如图 6.6-1 所示。

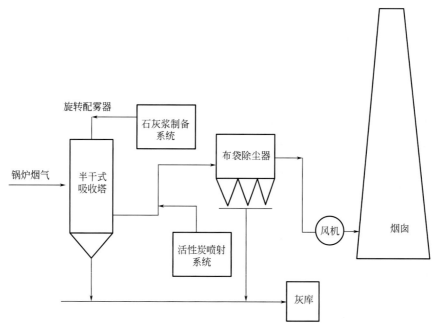

图 6.6-1 烟气净化工艺流程

2. 技术内容

（1）施工工艺流程

烟气净化工程施工工艺流程如图 6.6-2 所示。

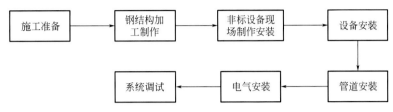

图 6.6-2　烟气净化工程施工工艺流程图

（2）技术要点

1）反应塔安装

反应塔安装施工顺序如图 6.6-3 所示。

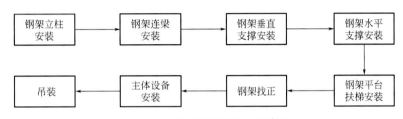

图 6.6-3　反应塔安装施工顺序图

① 钢架立柱安装。

钢架立柱采用起重机进行吊装，吊起柱子后再缓慢、平稳地将柱子送到安装位置，同时用两台经纬仪通过两个垂直方向测量并调整好立柱的垂直度，其误差控制在 1‰ 以内。立柱就位找正后用缆风绳临时固定，待至少相互垂直的两面横梁连接完成后松开。垂直度用风绳、手拉葫芦来调整，符合规范要求。中心位置、垂直度、1m 标高均调整好，相邻两根立柱吊装完后，将两根立柱之间的连梁、垂直支撑安装，形成一个稳定的框架结构。每吊装完一根立柱要测量调整其垂直度、标高、间距及对角线尺寸。

② 钢架连梁安装。

两根相邻立柱吊装完后随即安装连梁，使钢架形成一个稳定的整体，以后每吊一根立柱，紧跟着安装相应的连梁。在安装横梁前，要复查柱距、对角等尺寸，全部符合规范规定后安装。吊装前先复查横梁尺寸、标注方向。横梁的吊装一般采用单台起重机两点吊装，自下而上安装每一行、每一列的横梁。连梁检查方法与立柱检查方法相同，检查完后在地面将各面清理干净。待横梁连接成整体后，方可松拖拉绳。吊装采用起重机吊装就位。

③ 主体设备安装。

反应塔塔径约 6000～10000mm，塔高约 15000～25000mm，塔结构顶高度超过 30m，整体重量约 $40 \times 10^3 \sim 70 \times 10^3$ kg，反应塔体积大、重量重，受施工现场空间限制，无法进行整体吊装就位。一般应采取正装的方式将其分段组装、吊装。反应塔可分为三段分别组装、吊装：下锥段、中间筒段、筒体上部。

a. 反应塔组对。

按照厂家排版图组对反应塔锥体，采取分段组对，组对施工质量应符合设计及施工规范要求。

b. 反应塔吊装。

施工机械选择及布置应根据实际情况编制吊装方案并严格执行。

c.吊装顺序：刚性支撑构件→环形圈座→下椎体→中间段筒体→上段筒体→上部钢构件。

主要施工注意事项：

a.反应塔壁板在安装前必须控制变形，组合件完成后应进行椭圆度检查。

b.塔体上的开孔，开孔孔边缘距焊缝不小于100mm，如必须在焊缝上开孔时，应对开孔直径1.5倍或开孔补强板直径范围内的焊缝进行无损检验，确认焊缝合格后，方可进行开孔。

c.刚性支撑构件在反应塔吊装前，所有柱间横梁及垂直支撑必须安装完毕，所有焊缝满焊并符合设计文件及相关规范要求。其框架尺寸、标高、垂直度、水平度等符合设计文件及规范要求。

d.在锥体所带筒体及中间段筒体上端设置定位挡板，方便上、下两段构件组对焊接，并焊接临时平台及爬梯，方便筒体找正及施焊。在吊装时应对筒体进行加固。

2）布袋除尘器安装

除尘器安装施工顺序，如图6.6-4所示。

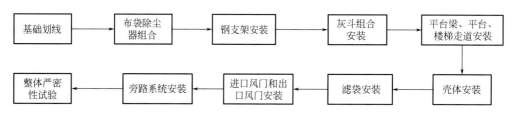

图 6.6-4　布袋除尘器安装施工顺序

① 基础划线。

用经纬仪或用拉钢丝法测出基础中心线和标高，并用油漆标划在基础上，允许偏差见表6.6-1。

布袋除尘器基础允许偏差　　　　　　　　　　　　　　　　　表 6.6-1

项目		允许偏差
轴距	≤10m	1mm
	>10m	1mm
对角线	≤20m	5mm
	>20m	8mm
各基础顶部标高相差(以锅炉房基础标高为基准)±10mm		

② 布袋除尘器组合。

由于布袋除尘器墙板面积大，钢板比较薄，加固筋多，焊接易变形，控制焊接变形是本工程项目施工的一个重点和难点。组合焊接前，按照图纸进行组合，组合尺寸偏差控制在3mm以内，进行点焊固定，复查尺寸没有明显变化，根据组合件的焊接结构特点安排两名及以上的焊工进行对称断焊，减少焊接变形，焊接过程中应分阶段复查组合件的几何尺寸，一旦发现焊接变形超差，应立即停止焊接，待调整合格或采取可靠的反变形措施后方可重新焊接。在制作过程中，应增加复查几何尺寸的次数，严密监视组合件的几何变形，并总结焊接变形的规律，便于后续组合安装的焊接变形的控制。组合完成验收合格的组件，应及时打磨焊疤和焊瘤。

③ 钢支架安装。

为了减少高空作业，缩短吊装时间，钢支柱一般采用"片状组合"安装工艺。先安装基准位置的钢支柱组合件，并以此钢架作为基准排架，使用硬支撑或缆风绳固定、找正、点焊，确认钢架安装状态安全、稳定后，再吊装其余各排钢架，以基准排架为依据进行检查找正。

④ 灰斗组合安装。

a. 灰斗组合。

在组合平台上划线，焊定位块。将灰斗上部四块单片按图组合成形，并将其倒置放在平台上。将四块侧壁板依次按图纸要求对接后施焊，然后将下部灰斗与组合好的上部灰斗对接组焊。按图纸要求安装灰斗内部阻流板，注意安装方向、安装高度和安装角度，阻流板与灰斗壁板的搭接角钢两侧要满焊牢固，间距均匀；阻流板支撑横管要平直，管靴与灰斗壁板接触良好，焊接牢固。灰斗焊缝做渗漏试验，试验合格后方可吊装。

b. 灰斗安装。

采取整体吊装方法，直接将灰斗逐一吊入底梁灰斗框内，摆放在牛腿上，注意灰斗上口的长度方向和管道接口方向。灰斗逐个找正，各支点接触良好、平稳，找正后再安装灰斗与底梁之间的密封板（条）。

⑤ 平台梁、平台、楼梯走道安装。

据图纸设计要求，保证每根平台梁安装精度，并保证整个平台的平面度偏差不能超过 1mm/m。相邻两根梁间距偏差不能超过 8mm，梁与柱的连接要符合设计要求，焊接质量符合图纸要求的等级。

⑥ 壳体安装。

侧板之间拼接及焊接、隔板与侧板焊接、顶板与侧板焊接应符合设计要求及焊接规定。在顶盖安装的同时进行布袋吊架及壳体支撑的安装，安装后进行找正，吊架梁的水平偏差不能大于 1mm/m，吊架上螺栓孔的中心距离偏差不能超过 2mm。

⑦ 滤袋安装。

袋座与平台梁的连接采用密封焊，焊接质量符合设计要求，确保每只袋座的垂直度偏差不能超过 2mm。

⑧ 进口风门和出口风门安装。

进口风门和出口风门在地面组合后进行整体吊装。

⑨ 旁路系统安装。

旁路系统安装应着重控制气缸推力轴线与阀板导向套孔中心线同轴度、气缸推力轴线与阀座导向套孔中心线垂直度，确保系统的严密性，整个底板与本体联接必须密封。

⑩ 整体严密性试验。

整体严密性试验与锅炉整体风压试验同步进行，采用涂抹滑石粉方法进行检漏。

第 **7** 章

典型工程

　　中建安装集团有限公司在净水供应、生活污水处理、工业废水处理、流域水环境治理、污泥处置、生活垃圾处理工程等领域拥有丰富的工程建设和调试运行经验，并将安全、绿色、节能、智慧等理念融入承建的 EPC 项目中，打造了众多一流水平的高质量工程，多次获得国家、省市级奖项，同时积极响应国家"一带一路"政策，拓展国际市场。本章通过近几年承建的典型工程，向读者分享类似工程主要内容、生产工艺及建造成果。

7.1 净水工程

1. 南京市城北净水厂（图 7.1-1）

图 7.1-1　南京市城北净水厂

项目地址：江苏省南京市栖霞区

建设时间：2018 年 9 月～2020 年 12 月

建设单位：南京水务集团有限公司

设计单位：南京市市政设计研究院有限责任公司

建设规模：本工程为扩建工程，设计规模 25 万 m^3/d，深度处理工程设计规模 50 万 m^3/d，污泥处理工程设计规模 50 万 m^3/d。

生产工艺：采用"常规处理＋深度处理"工艺，并运用"折板絮凝沉淀＋臭氧接触池＋活性炭滤池

＋砂滤＋消毒"工艺，可有效防止微生物泄漏。其中活性炭滤池采用上向流池型，增加对进水浊度的去除能力，提高过滤速度，同时加入尾水处理工艺，达到生产废水零排放的要求。

主要工程内容：折板絮凝平流沉淀池、V 形滤池、中间提升泵房、后臭氧接触池及活性炭滤池、清水池、加氯间、排水排泥池、浓缩池、平衡池、脱水机房机修、仓库及中控室等相关单体。

关键技术应用：本工程采用了整浇滤板施工技术、V 形滤池 H 形槽施工技术、电动铸铁闸门安装技术、气动闸板阀安装技术、耦合式潜水离心泵安装技术、行车式吸泥机安装技术、絮凝池折板安装技术、臭氧成套设备安装技术等。

项目建造成果：本项目被列入南京市重要民生工程。项目的投用，有效缓解了南京市主城北部、东部及外围东部部分地区日益增长的用水供需矛盾，进一步改善了南京主城区饮用水水质。

2. 句容市长江引水暨城区水厂、下蜀水厂（图 7.1-2）

图 7.1-2　句容市长江引水暨城区水厂、下蜀水厂

项目地址：江苏省镇江市句容市

建设时间：2019 年 12 月～2022 年 6 月

建设单位：句容市水务集团有限公司

设计单位：上海市政工程设计研究总院（集团）有限公司

建设规模：城区水厂工程总规模为 30 万 m^3/d，下蜀水厂工程总规模为 10 万 m^3/d，长江取水工程总规模为 40 万 m^3/d，北山水库取水工程总规模 40 万 m^3/d。

生产工艺：采用"预臭氧＋折板絮凝平流沉淀＋均质滤料过滤＋臭氧生物活性炭吸附＋氯消毒"工艺；其中长江取水采用"双线顶管＋取水头部"工艺。

主要工程内容：城区水厂、下蜀水厂、长江取水泵站和北山水库取水泵站，以及配套原水管线和清水管线。长江取水部位地下穿越管道顶管直径 $DN1800$，深度位于长江常水位下方 38.9m，江底下方 21.7m，单线长度 1.4km；配套输水管线总长度为 96km（双延米），多处穿越高铁、高速、省道等重要基础设施。

关键技术应用：本工程采用了超深沉井施工技术、输水管线隧道施工技术、桩架式取水头部施工技术、管桥施工技术等。

项目建造成果：本项目被列入句容市重要民生工程，为句容市构建以长江水源和水库水源为主、区域供水作为补充的多水源供水格局，从而统筹城乡供水，满足句容中心城区、宝华镇和下蜀镇的远期用水需求，解决日益增长的用水供需矛盾。

3. 大连湾里净水厂（图 7.1-3）

图 7.1-3　大连湾里净水厂

项目地址：辽宁省大连市金普新区

建设时间：2018 年 2 月～2019 年 11 月

建设单位：大连德泰控股限公司

设计单位：中国市政工程东北设计研究总院有限公司

建设规模：本工程为湾里净水厂扩建（二期）工程，占地面积约 4.6 万 m^2，设计规模日供水能力 15 万 m^3，自用水 1.5 万 m^3，总设计水量 16.5 万 m^3/d。排泥水设计排泥水量 $2000m^3/d$，含水率 99.5％；浓缩后水量 $400m^3/d$，含水率 97.5％；脱水后含水率 75％，泥渣量 $40m^3/d$。

生产工艺：本工程在"常规处理"工艺的基础上运用"网格絮凝＋斜管沉淀＋砂滤＋氯气消毒"新工艺，其中 V 形滤池采用上向流池型，可增强对沉淀后水浊度的去除能力，同时加入污泥和污水处理工艺，达到生产废水零排放的要求。

主要工程内容：工程净水处理系统包括混合配水间、投药间、网格絮凝池、斜管沉淀池、V 形滤池、鼓风机房、高位水池、清水池、加压水泵房、加氯间等单体；工程污泥处理系统包括泥渣脱水间、排泥水浓缩间、一及二期回收水池、排泥水池、泥水平衡池等单体。

关键技术应用：本工程采用了整浇滤板施工技术、预应力池体张拉施工技术、非金属链条刮泥机安装技术等。

项目建造成果：本项目被列入大连开发区重点民生保障工程。项目的投用，有效解决了大连市开发区城区、进出口口岸加工区、石化产业园区等日益增长的用水需求；同时通过新工艺的应用进一步提高了浊度、电导率等各项参数，为大连开发区的经济腾飞保驾护航。

4. 泰兴开发区水厂（图 7.1-4）

项目地址：江苏省泰州市泰兴市

建设时间：2018 年 7 月～2019 年 6 月

图 7.1-4　泰兴开发区水厂

建设单位：中建泰兴水务有限公司

设计单位：上海市政工程设计研究总院（集团）有限公司

建设规模：本工程占地 127 亩（1 亩≈666.67m²），主要包括设计规模 10 万 m³/d 的净水厂工程和40km 出厂配套管线工程，其中清水管线分为东西两路。

生产工艺：净水厂主要采用"常规处理＋深度处理"工艺，做到污水零排放、污泥全处理，保证了水质，实现了环保设计目标。

主要工程内容：沉清叠合池、组合滤池、臭氧接触池、综合加药间、鼓风机房及臭氧发生器间、浓缩池、回收池、排泥池、中控化验楼、机修仓库等单体。

关键技术应用：本工程采用了气动闸板阀安装技术等。

项目建造成果：作为江苏省和泰州市的重点民生项目，开发区水厂的投用有效改善了泰兴市城乡居民的水质，保证了居民饮水需求。

5. 溧水区新水厂（图 7.1-5）

项目地址：江苏省南京市溧水区

建设时间：2018 年 12 月～2020 年 12 月

建设单位：南京溧水城市建设集团有限公司

设计单位：南京市市政设计研究院有限责任公司

建设规模：本工程主要包括设计规模 30 万 m³/d 的净水工程和两座设计规模 21 万 m³/d 的取水泵站工程，以及浑水管和出厂清水主干管工程。

生产工艺：本工程预处理采用"预臭氧"工艺，常规处理采用"机械混合＋折板絮凝＋平流沉淀＋过滤"工艺，其中过滤采用 V 形滤池，深度处理采用"臭氧＋上向流活性炭"工艺。

主要工程内容：取水管、取水泵房及附房、综合加药间、平衡池及预臭氧接触池、机械混合折板絮凝平流沉淀池、臭氧接触池、上向流活性炭滤池、V 形滤池、清水池、吸水井及二级泵房、臭氧发生器间、加矾间、加氯间、反冲洗泵房及鼓风机房、排泥池、回用水池、污泥浓缩池、污泥平衡池、污泥脱水机房及进料泵房、液氧站、机修仓库、综合楼、纯净水厂、浑水管和清水主干管、办公楼等单体。

关键技术应用：本工程采用了整浇滤板施工技术、V 形滤池 H 形槽施工技术、箱式取水头部及取

图 7.1-5　溧水区新水厂

水管道施工技术等。

项目建造成果：项目的投用，解决了溧水区应急供水问题，满足了溧水区供水量发展的迫切需求，进一步提高了供水安全。水厂出水水质实现"合格水"向"优质水"转变，达到了直饮水标准，代表了城市供水行业世界先进水平，同时提升了溧水区城乡居民健康指数和幸福指数。

6. 徐州市骆马湖水源地及第二地面水厂（图 7.1-6）

项目地址：江苏省徐州市经济开发区

建设时间：2015 年 5 月～2016 年 6 月

建设单位：徐州首创水务有限责任公司

设计单位：中国市政工程中南设计研究院总院有限公司、徐州市水利建筑设计研究院

建设规模：本工程总规模 40 万 m³/d，土建一次建成；近期安装 20 万 m³/d。

生产工艺：本工程预处理采用"预臭氧"工艺，常规处理采用"机械混合＋折板絮凝＋平流沉淀＋

图 7.1-6　徐州市骆马湖水源地及第二地面水厂

过滤"工艺，其中过滤采用 V 形滤池，深度处理采用"臭氧＋活性炭"工艺。

主要工程内容：配水井、预臭氧接触池、折板反应池、平流沉淀池、清水池、均粒滤池、V 形滤池、提升泵房、后臭氧接触池、活性炭滤池、送水吸水井、送水泵房、反冲洗吸水井、反冲洗泵房、加药间、臭氧发生间、排水池、排泥池、污泥浓缩间、配电中心等单体。

关键技术应用：本工程采用了叠池防渗透关键技术、大型水池清水混凝土施工技术、V 形滤池 H 形槽施工技术、行车式吸泥机安装技术等。

项目建造成果：项目的投用，使徐州市区供水形成了南有骆马湖水、北有微山湖水、内有地下水的三大水源多路径网状供水格局，同时有效兼顾了区域供水和城乡统筹发展，加快了城乡供水一体化进程，充分发挥了保障城市供水安全、提升市民生活质量、优化生态环境、缓解水源供需矛盾等综合效益。

7. 厄瓜多尔圣埃伦娜水利工程（图 7.1-7）

项目地址：厄瓜多尔瓜亚斯省和圣埃伦娜省

建设时间：2016 年 6 月～2020 年 7 月

建设单位：厄瓜多尔国家水利公司

图 7.1-7　厄瓜多尔圣埃伦娜水利工程

设计单位：中建安装集团有限公司石化工程设计院

建设规模：2 个水库总长 4.42km 大坝维护、5 个灌溉站合计 5.92m³/s 设备拆除改造、2 台 11m³/s 水泵维护改造、3km 直径 1600mm 的压力钢管输水管线施工。

主要工程内容：CHONGON 大坝修复、AZUCAR 大坝修复、AZUCAR 渠道修复、5 个灌溉站拆除改造、CHONGON 泵站扩建、DAULE 泵站维护、CHONGON 泵站维护及 3km 供水管道制作安装等。

关键技术应用：本工程采用了大型水库排水隧洞水下封堵技术、并行调压水塔条件下的水利灌溉站自动控制技术、2.3m³/s 立式离心泵组维护技术等。

项目建造成果：本项目由中国金融机构提供优惠贷款，项目的实施带动了中国标准、设备、材料走出国门，我方在当地投资建造压力钢管生产厂，促进了当地人员就业；项目的投用改善了周边农业灌溉、水产养殖及 50 万人的饮用水问题，厄瓜多尔水利部长莅临项目检查指导，对项目的高标准建设给予了赞扬（图 7.1-8）。

图 7.1-8　厄瓜多尔水利部长莅临指导

8. 哈萨克斯坦玛依纳水电站压力钢管设备制造工程（图 7.1-9）

图 7.1-9　哈萨克斯坦玛依纳水电站压力钢管设备制造工程

项目地址：哈萨克斯坦共和国东南部阿拉木图州莱姆别克区

建设时间：2009 年 7 月～2012 年 7 月

建设单位：玛依纳水电站股份公司

设计单位：中国水电顾问集团成都勘测设计研究院

建设规模：超高水头压力钢管 16516t、岔管 35t。

主要工程内容：主管、支管、变径管、弯管、岔管等压力钢管制作，其中主管内径 4.1m，长 4.321km；支管内径 2.6m，长 31.758m×2。

关键技术应用：本工程采用了超高水头引水钢岔管制造技术、超高水头引水钢管及岔管焊接技术、钢管加工生产线的工艺流程设置与运营维护技术、加工设备生产性能提优技术、超高水头引水钢管卷制技术等。

项目建造成果：玛依纳水电站是哈萨克斯坦国家独立以来自主建设的第一个水电站，是中哈两国在非能源领域合作的第一个重大基础设施合作项目，产品质量获得了国际水电水利工程领域的赞誉，项目的高标准建设成为"一带一路"的国家经济合作倡议的历史见证。

9. 菲律宾大马尼拉供水项目（图 7.1-10）

项目地址：大马尼拉东北部 BULACAN 区

建设时间：2010 年 3 月～2012 年 11 月

建设单位：菲律宾马尼拉供水局

设计单位：SCHEMA KONSULT，Inc. CONSULTING ENGINEERS PLANNERS

建设规模：6 段输水混凝土衬砌隧道，总长约 3.8km；6km 输水钢管明挖埋设；5.5km 现有管线修复。

主要工程内容：输水混凝土衬砌隧道；输水钢管明挖埋设；现有管线采用内衬碳钢管道修复；不同

图 7.1-10　菲律宾大马尼拉供水项目

管线之间的连接工程。

关键技术应用：本工程采用了薄钢衬壁后灌浆修复大直径混凝土管道漏水技术等。

项目建造成果：项目快速修复了管线，缓解了大马尼拉严峻的供水形式，确保了首都的供水安全；菲律宾总统阿基诺亲自出席通水典礼，并在致辞中感谢了中国提供的技术支持，同时高度赞扬了项目提前八个月通水产生的巨大社会效益，展现了中国施工企业的建设速度（图 7.1-11）。

图 7.1-11　菲律宾总统出席通水典礼

10. 刚果（布）布拉柴维尔体育中心配套供水工程（图 7.1-12）

图 7.1-12 刚果（布）布拉柴维尔体育中心配套供水工程

项目地址：刚果（布）金德勒地区

建设时间：2014 年 7 月～2016 年 1 月

建设单位：刚果（布）布拉柴维尔大型工程委员会

设计单位：悉地国际（CCDI）

建设规模：33km 球墨铸铁输水管网。

主要工程内容：帝吉利水厂的扩容改造、供水管网、体育场加压泵房、二次加压泵房、水池以及末端供水接驳；1 个规模 30000m³/d 水厂、2 个规模 1150m³/h 和 1380m³/h 泵房、3 个容积 5000m³、1000m³ 和 1700m³ 水池的机电供货安装；全长约 33km 的球墨铸铁管的供货安装及其配套土建工程。

关键技术应用：本工程采用了超长距离球墨铸铁管线施工技术、国际运输管道保护及损坏管口的技术处理、管沟深支护施工技术、雨季管道施工防坍塌及冲刷技术、大型设备安装技术、取水口水上安装技术、变压器运输及安装技术、高压配电间调试技术等。

项目建造成果：刚果（布）布拉柴维尔体育中心配套供水工程，解决了中西非长距离大高差供水管网安装难题，提升了当地建筑技术水平，助推了当地基础建设进程；同时本项目为当地打造了标杆工程，为刚果（布）的建设和中刚友谊做出了积极贡献，获得了良好的社会效益，深化了中非之间的友好合作。

7.2 生活污水处理工程

1. 南京市江心洲污水处理厂（图 7.2-1）

图 7.2-1 南京市江心洲污水处理厂

项目地址：江苏省南京市建邺区

建设时间：2017 年 5 月～2019 年 6 月

建设单位：江苏金陵环境有限公司（原南京公用水务有限公司）

设计单位：中国市政工程华北设计研究总院有限公司

建设规模：本工程对江心洲污水处理厂实施改造，同步扩容增加污水处理能力 3 万 m^3/d，提标扩容后总规模达到 67 万 m^3/d，通过增加深床滤池、三道深度处理工艺，进一步优化长江南京段水环境。

生产工艺：二级处理采用改良 A^2/O 生物处理工艺，三级处理采用深床滤池过滤工艺，消毒采用液氯消毒工艺，污泥处理采用离心脱水工艺。

主要工程内容：新建 27 万 m^3/d 常规水处理工程，包括生物池及污泥泵房、细格栅间及曝气沉砂池、配电间、稳压配水井、二沉池、二沉池配水井等单体；新建 67 万 m^3/d 提标系列工程，包括深床滤池、反冲洗机房及出水分配井、提升泵房、废水调节池、10kV 配电间、接触池、排放泵房等及其配套工程，碳源投加间及乙酸钠储罐、鼓风机房及 10kV 变配电间、污泥投配池、污泥脱水机房改造、污泥料仓、厂平工艺管线等单体。

关键技术应用：本工程采用了预应力池体张拉施工技术、周边传动刮泥机施工技术、滤池滤砂装填施工技术、污水处理厂综合调试技术等。

项目建造成果：作为江苏省规模最大的污水处理厂，本工程被列为 2017 年度中央环保部重点督查项目。经提标和扩容，江心洲污水处理厂出水水质达到一级 A 国家最高排放标准，已成为一座国际化、生态化、高标准的污水处理厂。

2. 杭州市七格污水处理厂（三期）（图 7.2-2）

图 7.2-2 杭州市七格污水处理厂（三期）

项目地址：浙江省杭州市江干区

建设时间：2008 年 11 月～2010 年 9 月

建设单位：杭州七格污水处理厂工程建设指挥部

设计单位：中国市政工程华北设计研究总院

建设规模：设计规模为 $60 \times 10^4 m^3/d$，远期总建设规模为 $150 \times 10^4 m^3/d$。

生产工艺：污水处理采用生物脱氮除磷处理改良型 A/A/O 工艺、辅助化学除磷工艺；污泥处理采用直接浓缩脱水一体化工艺。

主要工程内容：进水混合池、粗格栅及进水泵房、中格栅、沉砂池、细格栅、初沉池、生物池、二沉池配水井及污泥泵房、二沉池、消毒渠及排江泵房、污泥均质池、1 号～3 号变电所、35kV 变电所、消防及给水泵房、加药间、污泥浓缩脱水机房、鼓风机房、再生水泵房、雨水泵房、中控楼，以及全厂区工艺设备、工艺管道、电气、自动化控制 4 个专业的安装及调试。

关键技术应用：本工程采用了渠道水下隔断施工技术、电动铸铁闸门安装技术、链板式刮泥机安装技术、中心驱动吸泥机安装技术、大型离心鼓风机安装技术、污水处理厂综合调试技术等。

项目建造成果：本工程是经浙江省发展和改革委员会《浙发改投资〔2007〕786 号》核准同意建设的浙江省重点建设项目，是浙江省"五大百亿"工程项目之一，属国内特大型基础设施项目，同时也是"十五"期间杭州投资最大的水环境保护项目，被列为中央国债项目和省、市重点工程。本工程有着专业性强、建设规模大、工期长、参建单位多和紧邻居民社区 5 大特点，项目投用后达到了日处理规模 60 万 m^3。

3. 西安市第三污水处理厂（图 7.2-3）

图 7.2-3　西安市第三污水处理厂

项目地址：陕西省西安市灞桥区

建设时间：2019 年 6 月～2020 年 12 月

建设单位：西安市污水处理有限责任公司

设计单位：中国市政工程西北设计研究院有限公司

建设规模：本工程为厂区扩建工程，采用全地下污水处理生产工艺，污水处理设计规模为 10 万 m^3/d。

生产工艺：本工程污水处理采用"改良 A^2O+MBR"工艺，污泥处理采用"机械浓缩脱水"工艺、除臭采用"化学洗涤＋生物除臭＋活性炭吸附"工艺，出水水质达到地表水准Ⅳ类标准，臭气处理达到废气排放一级标准。

主要工程内容：进水控制间、粗细格栅、曝气沉砂池、提升泵池、初沉池及膜格栅、消防水池、回用水池、生物反应池、MBR 膜池及设备间、排涝及事故检修泵池、变配电室及中控室等相关单体。

关键技术应用：本工程采用了全地下污水厂深基坑"支护桩＋高压旋喷锚索"支护施工技术、全地下污水厂深基坑"高压旋喷桩止水帷幕"施工关键技术、全地下污水厂安装施工技术、全地下屋面加盖混凝土模板支架应用技术、管道检查井逆向施工技术等。

项目建造成果：本项目被列入西安市重点民生工程，为陕西省第一个全地下式污水处理厂。项目的投用，有效处理了浐河以东纺织城及灞河以西浐灞生态区、浐河以西至幸福路的浐河截污分区的污水，对改善浐河及渭河水环境质量、促进区域经济和环境保护协调发展具有重要意义。

4. 简阳市水务局 38 个乡镇污水处理工程（图 7.2-4）

图 7.2-4　简阳市水务局乡镇污水处理工程

项目地址：四川省成都市简阳市

建设时间：2017 年 5 月～2020 年 4 月

建设单位：简阳市水务局

设计单位：核工业西南勘察设计研究院有限公司

建设规模：本工程包括简阳市草池镇、周家乡等 38 个乡镇污水处理厂及配套管网建设工程。项目建设总规模为 39600m³/d，管网建设长度 329976m。

生产工艺：本工程采用"预处理＋生化处理＋深度处理"组合工艺。关键工艺采用 SND 同步硝化反硝化工艺，具有可控式间歇曝气，以应对农村多变的水量水质负荷，实现了好氧、缺氧、厌氧状态的交替转换，既可有效去除有机污染物，又具有良好的脱氮脱磷效果。

主要工程内容：粗格栅及提升泵池、细格栅及调节池、MBR 单元、紫外线消毒渠和巴氏计量槽、贮泥池等相关单体。

关键技术应用：本工程采用了一体化沉浸式 MBR 膜组件的安装技术、深基坑支护及降排水综合施工技术、大直径混凝土管泥水平衡式顶管技术等。

项目建造成果：本项目是 2018 年四川省内最大的乡镇污水处理项目，被列为 2018 中国"一带一路"国家水务环保项目。

5. 郑州新区污水处理厂（图 7.2-5）

图 7.2-5　郑州新区污水处理厂

项目地址：河南省郑州市中牟县

建设时间：2015 年 10 月～2017 年 4 月

建设单位：郑州市污水净化有限公司

设计单位：上海市政工程建设研究总院（集团）有限公司

建设规模：本工程污水处理设计规模 65 万 m³/d，同时铺设全长约 30.6km、管径 $DN3000$～$DN3500$ 钢筋混凝土污水干管。

　　生产工艺：污水处理采用"脱氮除磷"工艺，深度处理采用"高效沉淀池＋V形滤池＋紫外线消毒渠"工艺，污泥处理采用"厌氧消化＋热干化处理"工艺，再生水采用"臭氧脱色"工艺。

　　主要工程内容：进水泵房、粗格栅及细格栅初沉池、生物池及控制室、二沉池及配水井、高效沉淀池、V形滤池及中间提升泵房、紫外消毒池、加药间、臭氧发生间、臭氧接触池、再生水泵房、综合楼及科技楼、宿舍及食堂、化验楼、机修间及仓库、水源热泵房等建、构筑物及其范围内的相关设备、工艺管装、电气、道路照明、消防、暖通安装等工程内容。

　　关键技术应用：本工程采用了中心驱动吸泥机安装技术等。

　　项目建造成果：工程投入运行后，日平均污水处理量71.9万m³，出水达标且优于设计标准，运行能耗及污水处理运行费用指标达到了国内领先水平，大量减少了排入水环境的有机物，对淮河流域的水质改善作用非常明显，有利于投资环境的改善，增加了招商引资的吸引力，对地区的经济和社会发展做出了突出贡献。

6. 东郊污水处理厂及再生水厂（图7.2-6）

图 7.2-6　东郊污水处理厂及再生水厂

　　项目地址：天津市东丽区

　　建设时间：2017年12月～2020年4月

　　建设单位：天津城市基础设施建设投资集团有限公司

　　设计单位：中国市政工程华北设计研究院总院有限公司

　　建设规模：本工程总建筑面积344018m²，污水处理设施设计规模60万m³/d，再生水设施设计规模5万m³/d，远期规模10万m³/d。

　　生产工艺：污水处理采用"改进型的多级AO＋高效沉淀池＋深床滤池＋臭氧氧化＋紫外线消毒"工艺，再生水处理采用"膜过滤＋部分RO＋臭氧脱色"工艺。

　　主要工程内容：生物池、二沉池、污水臭氧接触池、紫外线消毒区、出水泵房、均质池、污泥处理车间、清水池及再生水泵房、臭氧制备间、再生水臭氧接触池、膜格栅及清水池废水池、超滤车间、反渗透车间、10kV及各池体相对应的变电站、电控间等单体。

　　关键技术应用：本工程采用了水厂地下管廊管道施工技术、全套厌氧段设备安装技术、混合液回流泵安装技术、电动铸铁闸门安装技术、管式曝气器安装技术、非金属链条刮泥机安装技术、成套排泥系统安装技术、耦合式潜水离心泵安装技术、臭氧成套设备安装技术、紫外线消毒成套设备安装技术、污泥处理成套设备安装技术、膜格栅成套设备安装技术、超滤成套设备安装技术、反渗透成套设备安装技术等。

项目建造成果：作为亚洲规模最大的半地下综合污水处理及再生水厂，本项目污染少、噪声少、异味少，对周边环境影响非常低，同时污水厂上盖景观作为南淀郊野公园的一部分，将污水处理设施同人居文化生活融为一体，体现了人与自然和谐相处的理念，为天津市民打造生态宜居城市做出贡献。项目的投用惠及了天津市 4 个行政区、195 多万居民，承担起天津市 1/5 污水净化任务，助力提升了京津冀区域整体水环境质量。

7.3　工业废水处理工程

1. 绍兴滨海印染产业集聚区污水深度处理工程（图 7.3-1）

图 7.3-1　绍兴滨海印染产业集聚区污水深度处理工程

项目地址：浙江省绍兴市柯桥滨海工业区

建设时间：2015 年 7 月～2018 年 11 月

建设单位：绍兴柯桥江滨水处理有限公司

设计单位：中国市政工程东北设计研究总院有限公司

建设规模：本工程总规模 40 万 m³/d，一期深度处理工程规模 20 万 m³/d，二期预处理工程 20 万 m³/d。

生产工艺：深度处理工程采用"臭氧＋臭氧接触池＋活性炭滤池"工艺，对钱塘江地块污水处理工程的尾水进行深度处理。二期预处理工程采用"进水调节＋混凝沉淀＋曝气氧化沟"工艺处理集聚区印染企业原水。

主要工程内容：深度处理工程包括臭氧发生装置系统、臭氧接触池、活性炭滤池、纤维转盘滤池及相关的附属设施；二期预处理工程包括厂内工艺管道、阀门管件、粗细格栅、各类水泵、搅拌器、推流器等安装。

关键技术应用：本工程采用了臭氧成套设备安装技术等。

项目建造成果：柯桥印染产业集聚区内印染企业占全国产能的近 1/3，产生的印染废水体量大、碱性高、水质复杂且有机污染物含量高，属难处理的工业污水。本项目作为绍兴滨海印染产业集聚区的重要配套设施，处理了印染产业集聚区内的所有工业污水，完成了污水"全收纳、全达标"、污泥"全处理、全处置"、臭气"全收集、全处理"的目标，实现了企业成本降低、污水处理高效、社会环境美化的良好社会效应。

2. 徐州大晶圆工业污水处理厂（图 7.3-2）

图 7.3-2 徐州大晶圆工业污水处理厂

项目地址：江苏省徐州市鼓楼区

建设时间：2019 年 3 月～2019 年 10 月

建设单位：徐州比迪恩建设有限公司

设计单位：中国市政工程华北设计研究总院有限公司

建设规模：本工程为新建工程，占地面积 37733m²，处理规模 3 万 m³/d 工业污水。

生产工艺：工程采用工业污水"改良三级处理"工艺。一级处理采用"粗细格栅截留"工艺，可有效滤渣、增强分离效果；二级处理采用"改良 A2/O 生物处理"工艺，提高脱氮除磷效果；深度处理采用"纤维滤池过滤＋臭氧催化氧化"工艺，增加对难降解物质的消解功能；除臭采用"生物滤池"工艺，效率高，成本低；消毒采用"次氯酸钠"工艺，经济且环保；碳源采用"外投乙酸"工艺；污泥处理采用"离心脱水"工艺。

主要工程内容：粗细格栅、曝气沉砂池、生化池、絮凝池、二沉池、纤维板框滤池、臭氧催化池、污泥脱水机房等相关单体。

关键技术应用：本工程采用了预制滤板施工技术、预应力池体张拉施工技术等。

项目建造成果：本项目是徐州市建立无废城市的试点工程。项目的投用，有效缓解了徐州市经开区工业废水日益增长的排水需求，为徐州市创建"无废城市"起到了良好的促进作用。

7.4 流域水环境综合治理工程

1. 南京浦口城南河水体水质提升工程（图 7.4-1）

项目地址：江苏省南京市浦口区

建设时间：2019 年 8 月～2020 年 10 月

建设单位：南京浦口城乡水务发展有限公司

图 7.4-1 南京浦口城南河水体水质提升工程

设计单位：天津市市政工程设计研究院

建设规模：纳入水环境治理的有城南河（主流浦口段、东支和西支）、大马山河、八里河、光明支沟、雨山河、新河、东方红河（浦口段）、珠西支河、珠北河、新合中心河、新合和平涵河等 11 条河道，总长约 30.82km；流域汇水总面积约 81.6km²。

生产工艺：采用排污管道末端"控源截污＋调蓄池"工艺，可有效从源头对入河的污水进行截留，将其引流至市政污水管网，最终进入污水处理厂进行处理；采用河道生态修复工艺可实现河流水体自我净化，建立优良水生态系统，提升水体自我净化能力；采用智慧河道工艺，可有效实时地检测河道的水质、水位、流量等参数，并实时上传至数据中心自动分析，发出预警等；河道沿岸景观绿化工艺可打造沿河的景观生态绿廊，营造出一个以绿色生态观光、市民休闲娱乐为一体的生态公园景观。

主要工程内容：在城南河流域沿河建设海绵城市系统、控源截污系统以及东方红、新河、珠北河、八里河四座调蓄池；同时建设实施河道生态修复工程、驳岸整治工程、沿河亲水景观提升工程、生态浮岛、生态湿地，打造各类河道景观休闲走廊、滨河公园、娱乐景点等。

关键技术应用：本工程采用了市政排水管网截污调蓄系统关键技术、河道生态修复关键技术、河道智慧监测系统关键技术等。

项目建造成果：项目的投用，提升了城南河流域水质，恢复了水环境生态系统，美化了河道景观，营造出生态平衡、人水和谐的共生城市滨水环境，为"江北明珠"增加了一道亮丽的风景线。

2. 深圳南山区小微水体综合治理工程（图 7.4-2）

项目地址：深圳市南山区

建设时间：2019 年 4 月～2020 年 6 月

图 7.4-2 深圳南山区小微水体综合治理工程

建设单位：深圳市南山区水务局

设计单位：中国建筑东北设计研究院有限公司

建设规模：本工程对新屋村工业区等 77 个区域排水管网工程、大学城路等 10 条市政路污水管网工程、大沙河等 3 条河道清淤工程、桂庙渠截污泵站等 12 个截污泵站进行改造，施工区域遍布深圳市南山区。

生产工艺：采用无围堰河道清淤工艺，可有效避免清淤作业期间对河道行洪能力的影响，缩短施工工期，节约施工成本；采用"淤泥就地垃圾分离＋砂石分离＋压缩脱水处理工艺"，实现河道淤泥就地减量化、无害化处理。

主要工程内容：城中村、工业区等老旧小区的市政排水管网改造；道路的市政排水管网新建、改造；河道清淤及河道截污泵站改造等。小区排水管网改造主要针对小区内雨污合流管道改造，实现雨污水管道分离；市政排水管网改造是对污水管道或雨污合流管网进行改造，增加排水能力或规模，或雨污分流，新建雨水管道；河道清淤主要对河道内常年淤积的淤泥进行清除，改善河道水质，提高河道行洪能力；河道截污泵站改造主要内容为截污泵站内泄漏点堵漏、老旧闸门更换、原有泵站内部分设备更换等。

关键技术应用：本工程采用了无围堰河道清淤技术、河道淤泥就地处置技术等。

项目建造成果：本工程为深圳市南山区重点民生工程。项目的投用，极大地完善了南山区的雨污水系统，为实现南山区正本清源做在突出贡献，保证水清岸绿，提高人民的生活品质。

7.5 污泥处置工程

1. 长沙市污水处理污泥处置工程（图 7.5-1）

项目地址：湖南省长沙市望城县

建设时间：2012 年 3 月～2014 年 12 月

图 7.5-1　长沙市污水处理污泥处置工程

建设单位：湖南军信污泥处置有限公司

设计单位：中国市政工程华北设计研究总院

建设规模：本工程总建筑面积为12000m²，建设规模为500m³/d，主要处置来自长沙市八座污水处理厂的脱水污泥以及餐厨垃圾无害化处理项目预处理后的含磷有机淤泥。

生产工艺：本工程处理工艺采用"污泥热水解＋脱水＋干化"工艺，处理后的污泥用作垃圾填埋场覆盖土的添加料。

主要工程内容：污泥及垃圾接料仓站、污泥热水解处理站、污泥混合池、污泥控制室、污泥消化池、脱硫塔、沼气柜、沼气火炬、沼气发电机房及锅炉房、生物除臭池、污水处理系统、后贮泥池、污泥脱水机房、污泥干化车间。

关键技术应用：本工程采用了深基坑降排水技术、密闭空间下设备安装技术、耦合式潜水离心泵安装技术等。

项目建造成果：本工程属环保节能型项目，列入国家 863 计划重点推广项目。项目的投用，彻底解决了污泥的污染问题，实现了污泥的稳定化、减量化、无害化和资源化，具有良好的社会效益、经济效益和环保效益。

2. 无锡蓝藻藻泥处理工程（图 7.5-2）

图 7.5-2　无锡蓝藻藻泥处理工程

项目地址：江苏省无锡市惠山区

建设时间：2019 年 3 月～2020 年 1 月

建设单位：无锡华光锅炉股份有限公司

设计单位：无锡市市政设计研究院有限公司

建设规模：近期蓝藻藻泥处理规模为 1000m³/d，远期蓝藻藻泥处理规模为 1500m³/d。

生产工艺：藻泥预处理及脱水系统采用"预处理＋药剂混合调理＋板框压榨脱水"工艺；藻泥废水处理系统采用"调节池＋混凝除钙池＋UASB 厌氧反应器＋A/O-MBR"工艺；臭气处理系统中高浓度臭气除臭采用"臭气收集＋化学洗涤＋生物滴滤＋光催化氧化＋活性炭吸附"工艺，低浓度臭气除臭采用"臭气收集＋化学洗涤＋光催化氧化＋活性炭吸附"工艺。

主要工程内容：本工程总占地面积约 31366m²，新建藻泥脱水及预处理车间、污水处理系统、除臭系统、雨水回收系统、沼气脱硫装置、污泥干化车间等工程。其中蓝藻藻泥处理工程包括蓝藻藻泥脱水车间、滤液水处理构筑物及其配套的辅助用房内所有主体设备和辅助设备、管线、密封罩等的安装调试；市政污泥处理工程包括市政污泥蒸汽烘干车间、卸料车间及其配套的辅助用房内污泥蒸汽烘干机及辅助设备、电气、自控、管线等的安装调试。

关键技术应用：本工程采用了隔膜板框压滤机成套设备施工技术、污泥干化机成套设备施工技术、不锈钢除臭密封罩施工技术等。

项目建造成果：本工程主要处理无锡市太湖蓝藻打捞站打捞并藻水分离后产生的 85% 含水率蓝藻藻泥和市区内各污水厂产生的经过深度脱水的剩余污泥，是国内最大蓝藻污泥处理工程。

7.6 生活垃圾处理工程

1. 禹城市生活垃圾焚烧发电厂（图 7.6-1）

图 7.6-1 禹城市生活垃圾焚烧发电厂

项目地址：山东省德州市禹城市

建设时间：2019 年 11 月～2020 年 11 月

建设单位：禹城光大环保能源有限公司

设计单位：广州华科工程技术有限公司

建设规模：本工程为禹城市生活垃圾焚烧发电项目，总设计规模为 1000m³/d，其中一期规模为 600m³/d。

生产工艺：本项目采用机械炉排炉焚烧方式处理生活垃圾，烟气净化系统采用"NCR 炉内脱硝＋半干式脱酸＋干法喷射＋活性炭吸附＋布袋除尘＋预留 SCR"组合工艺；渗沥液采用"预处理＋UASB 厌氧反应器＋MBR 生化处理系统＋NF 纳滤膜＋RO 反渗透膜"处理工艺。

主要工程内容：主厂房及附属工程、烟囱、上料坡道、工业水池、消防水池、中水深度处理站、综合水泵房及循环水进水水池、冷却塔、天然气调压站基础、SNCR 间、乙炔仓库、初期雨水收集池及事故水池、地磅基础及地磅房、渗滤液处理站、飞灰养护车间等建、构筑物单体以及水、电、通风空调、消防、供暖系统；厂区总图范围内的道路、电缆沟、通信、综合管网、架空管廊基础、主变及汽机的事故油池、沉淀池、定排降温池、巴歇尔槽等。

关键技术应用：本项目采用了烟囱筒体液压翻模技术、垃圾储存池施工技术、炉排式焚烧锅炉安装技术、汽轮发电机组安装技术等。

项目建造成果：本项目被列入德州市重点民生工程。项目投用后作为禹城市最大的生活垃圾发电厂，通过垃圾焚烧发电为主的生活垃圾处理方式，实现了生活垃圾处理的无害化、资源化、减量化，同时缓解了禹城市生活垃圾处理压力，为打造碧水蓝天的人居环境贡献力量。

2. 乐昌市循环经济环保园垃圾焚烧发电厂（图 7.6-2）

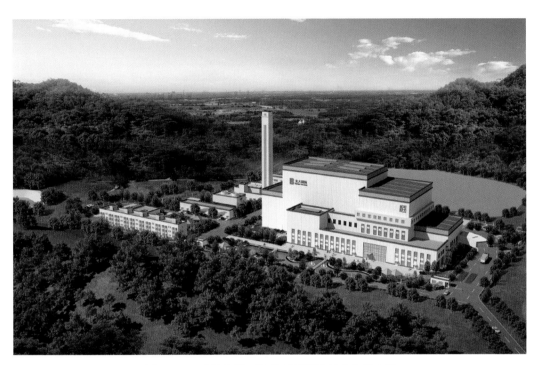

图 7.6-2　乐昌市循环经济环保园垃圾焚烧发电厂

项目地址：广东省韶关市乐昌市

建设时间：2019 年 11 月～2020 年 12 月

建设单位：光大环保能源（乐昌）有限公司

设计单位：中国轻工业广州工程有限公司

建设规模：本工程为乐昌市生活垃圾焚烧发电项目，总设计规模为 $1000m^3/d$，其中一期规模为 $500m^3/d$，发电装机容量约为 12MW（远期总规模可达 24MW）。

生产工艺：本工程采用机械炉排炉焚烧方式处理生活垃圾，烟气净化系统采用"NCR 炉内脱硝＋半干式脱酸＋干法喷射＋活性炭吸附＋布袋除尘＋预留 SCR"组合工艺；渗沥液采用"预处理＋UASB 厌氧反应器＋MBR 生化处理系统＋NF 纳滤膜＋RO 反渗透膜"处理工艺。

主要工程内容：综合主厂房（含卸料平台、垃圾仓、锅炉间、烟气净化、汽机间、主控楼等）、烟囱、上料坡道、综合水泵房、冷却塔、油库油泵房、初级雨水收集池、事故油池、室外管架基础、排污降温池、工业废水处理站、渗滤液处理站等单体以及水、电、通风空调、消防、供暖系统；厂区总图范围内的道路、路灯照明、通信、综合管网等。

关键技术应用：本项目采用了烟囱筒体液压翻模技术、垃圾储存池施工技术、渗沥液污水处理池施工技术、炉排式焚烧锅炉安装技术、汽轮发电机组安装技术等。

项目建造成果：项目投用后作为乐昌市最大的垃圾发电厂，通过垃圾焚烧发电为主的垃圾处理方式，为乐昌市实现垃圾处理无害化、资源化，减轻城市垃圾处理压力有着重大意义。

3. 济南市第二生活垃圾综合处理厂（图7.6-3）

图 7.6-3　济南市第二生活垃圾综合处理厂

项目地址：山东省济南市济阳区

建设时间：2019 年 2 月～2019 年 6 月

建设单位：光大环保（中国）有限公司

设计单位：中国轻工业广州工程有限公司

建设规模：生活垃圾处理规模为 $1100m^3/d$，其中一期规模为 $600m^3/d$。

生产工艺：渗滤液处理系统采用"预处理＋两级 A/O＋超滤＋化学软化＋两级 DTRO＋HPRO（高压反渗透）＋RO＋离子交换"处理工艺；膜浓缩液蒸发系统采用"预处理＋MVR 强制循环蒸发＋单效釜蒸发＋深度处理（RO＋离子交换）"工艺。

主要工程内容：膜车间、综合处理车间、蒸发区域等单体以及水、电、通风空调、消防、供暖系统；厂区总图范围内的土石方工程、道路、综合管网等；外线供电、外接给水排水、外接渗滤液管道等；检查井、阀门井等；原有道路、部分围墙、绿化的破除和恢复等。

关键技术应用：本项目采用了垃圾储存池施工技术、炉排式焚烧锅炉安装技术、汽轮发电机组安装技术等。

项目建造成果：项目投用后作为目前济南市最大的垃圾渗滤液和浓缩液全量处理厂，通过处理垃圾渗滤液和浓缩液为主的污水处理方式，为济南市实现生活垃圾处理无害化、资源化，有效缓解城市垃圾渗滤液和浓缩液的处理压力有着重大意义。

4. 贵港市生活垃圾焚烧发电厂（图7.6-4）

项目地址：广西贵港市港北区

建设时间：2013 年 7 月～2015 年 4 月

建设单位：广西贵港北控水务环保有限公司

设计单位：中国城市建设研究院有限公司

建设规模：本工程为新建工程，一期工程处理城市生活垃圾规模为 $600m^3/d$，年处理 21.9 万 m^3 垃

图 7.6-4　贵港市生活垃圾焚烧发电厂

圾；二期工程处理城市生活垃圾规模为 900m³/d，年处理 32.85 万 m³ 垃圾。

生产工艺：本工程垃圾焚烧发电工艺包括焚烧系统工艺、余热锅炉系统工艺、烟气净化工艺、汽轮机发电工艺、飞灰稳定化工艺。

主要工程内容：综合主厂房、汽机除氧间厂房、主控楼、烟囱、上料坡道、工业消防池、冷却塔、渗沥液处理站等相关单体。

关键技术应用：本工程采用了炉排式焚烧锅炉安装技术、余热锅炉安装技术、重型锅筒一次就位安装技术、焚烧炉给料器安装技术、锅炉水冷壁安装技术、烟气净化工程安装技术、汽轮发电机组安装技术、狭小空间环境下旁路凝汽器安装技术等。

项目建造成果：本项目为贵港市 2014 年"三年目标任务行动计划"30 个重大项目之一，也是广西贵港循环经济环保产业示范基地的建设内容之一。项目的投用从根本上解决了贵港市固体废弃物处理的难题，对推进生态文明建设和构建资源节约型、环境友好型社会具有重要的战略意义。

5. 四川嘉博文生物科技餐厨垃圾处理厂（图 7.6-5）

图 7.6-5　四川嘉博文生物科技餐厨垃圾处理厂

项目地址：四川省成都市双流县

建设时间：2016 年 12 月～2017 年 10 月

建设单位：四川嘉博文生物科技有限公司

设计单位：核工业西南勘察设计研究院有限公司

建设规模：本工程为环保提标项目，总建筑面积为 2274.5m²，位于成都中心城区餐厨垃圾无害化处理厂西北侧，占地 5393.3m²，与原厂紧邻而建，实现两厂功能一体化，协同处理餐厨垃圾。

生产工艺：预处理（原料接收、一次固液分离、破袋、自动分选、二次固液分离、固相自动预混工艺）＋固相高温快速好氧发酵制备生物腐殖酸工艺＋液相渗滤液湿热处理、油水分离工艺（提取粗油脂）、液相厌氧发酵产沼（厌氧发酵罐单元＋生物脱硫单元＋储气柜单元＋锅炉燃烧回用为工艺系统提供热源）＋污水处理［沼渣分离＋IC 厌氧＋气浮＋HBF（A/O）＋MBR］＋异味除臭处理（水洗系统＋碱洗系统＋生物过滤＋低温等离子系统）。

主要工程内容：本工程对原厂区预处理车间工艺进行技术升级和全密封改造，新建 7 号沼渣及污水综合车间、8 号综合水池、9 号 HBF 池、厌氧发酵罐、IC 反应罐、冷却水循环水池、干式储气柜、脱硫设备、火炬、预处理车间、除臭处理车间等相关单体的土建工程和管线综合工程施工等。

关键技术应用：本工程采用了深基坑钢管支护桩与降排水技术、深基坑施工监测技术等。

项目建造成果：本项目的投用，降低了餐厨垃圾各个处理环节的污染物排放量，解决了周边环境条件变化带来的环境污染问题，实现了绿色生态。

参考文献

［1］《国务院关于加快培育和发展战略性新兴产业的决定》（国发〔2010〕32 号）.

［2］中华人民共和国住房和城乡建设部.海绵城市建设评价标准（征求意见稿）［S］.北京：中国建筑工业出版社，2018.

［3］王航.浅谈城市河道水环境综合整治［J］.环境工程，2018，36（06）：42-46.

［4］朱韻洁，李国文，张列宇，等.黑臭水体治理思路［J］.环境工程技术学报，2018，8（05）：495-501.

［5］周琦.流域水环境综合治理设计研究——以广东佛山南海区北村水系流域水环境综合治理为例［D］.南京农业大学硕士学位论文.2017

［6］黄怿炜.流域水环境治理 PPP 项目绩效评价研究［D］.北京建筑大学硕士学位论文.2017.

［7］杨桂兴.论固体废弃物管理现状及改进对策［J］.集成电路应用，2017，34（05）：86-90.

［8］方凤娇.《"十四五"污染防治攻坚战将升级新格局下环保企业如何分享百亿市场"蛋糕"?》［N］.华夏时报，2020-8-16.

［9］洪翩翩.《新产业周期下　外企、民企、国企三类环境企业走向何处?》［N］.全联环境商会，2019-11-5.